生命科学 1

―― 生物個体から分子へ ――

生命科学編集委員会 編

コロナ社

執筆者一覧 (五十音順)

浅野 真司（立命館大学薬学部）：2.6 節
池永 誠（立命館大学生命科学部）：2.1 節
位田 雅俊（立命館大学薬学部）：2.1 節, 2.5 節
小野 文一郎（立命館大学生命科学部）：まえがき, 1 章, 2.1 節, 2.2 節, 2.4 節, 2.5 節, 2.7 節, 3.1 節, 3.5 節, 3.9 節, 3.10 節, あとがき, 編集後記
笠原 賢洋（立命館大学生命科学部）：2.9 節, 2.11 節
木村 富紀（立命館大学薬学部）：3.2 節
久保 幹（立命館大学生命科学部）：まえがき, あとがき, 編集後記
里見 潤（立命館大学生命科学部）：3.1 節, 3.3 節
下妻 晃二郎（立命館大学生命科学部）：3.8 節
鈴木 健二（立命館大学薬学部）：2.9 節
鷲見 長久（立命館大学保健センター）：3.7 節
高田 達之（立命館大学薬学部）：2.11 節
高橋 卓也（立命館大学生命科学部）：2.8 節
寺内 一姫（立命館大学生命科学部）：2.8 節
西澤 幹雄（立命館大学生命科学部）：2.10 節
早野 俊哉（立命館大学生命科学部）：2.10 節
堀 利行（立命館大学生命科学部）：3.4 節
松宮 芳樹（立命館大学生命科学部）：1 章, 2.5 節
矢野 成和（立命館大学生命科学部）：2.2 節, 2.3 節
吉田 真（立命館大学生命科学部）：まえがき, あとがき
吉田 真子（立命館大学生命科学部）：3.5 節, 3.6 節
若山 守（立命館大学生命科学部）：2.2 節, 2.3 節, 2.8 節

まえがき

「20世紀は生物学の時代，21世紀は生命科学の時代」とよくいわれる。これは，20世紀の生物学（特に，20世紀後半の分子生物学）の発展に伴って，生物のつくりや働きの基本原理が明らかになり，21世紀には，その理解がさらに深まるとともに応用・実用の道が拓けることへの期待のあらわれである。"生命科学（life science）"は，1970年代はじめ頃から使われ始めた言葉であり，時代とともに"生物学"から"生物科学"へ，さらに"生物科学"から"生命科学"へと変遷してきている。

20世紀における生物に関する知識の飛躍的な増加のきっかけになったのは，19世紀半ば過ぎの"メンデルによる遺伝の法則の発見"である。発見当初はほとんど注目されなかったが，1900年の"メンデルの再発見"以後，幅広く認知されるようになり，遺伝学の時代が到来した。この遺伝学の流れに化学から派生した生化学が合流して生まれたのが分子遺伝学であり，さらにそれが分子生物学に発展した。なお，分子生物学の誕生には物理学の影響が大きいことが見逃せない。

分子生物学は，"生物が物質の集合体であること"ならびに"その集合体がプログラムによって作動していること"を明らかにした。つまり，生物現象ならびに生命現象を物質の言葉で語ることができる（むしろ，語らなければならない）ことが明確になった。これは，原子力エネルギーの開発を可能にしたことと並ぶ20世紀の科学の成果といえる。

生命科学は，"生物の世界の体系"および"生物に対する知識の体系"について考える学問であり，分子生物学が提示した"生物のつくりと働きの基本原理"が生命科学の出発点である。ただし，人間が生物であるがゆえに，生命科学は人間も対象に含むことになる。"人間が自分自身を知る"という意味では，哲学・倫理学に通じる。また，近年の脳科学の進展に伴い，"心の動き"が脳の活動として理解されるようになってきており，心理学や言語学・文学までもがその基盤に生命科学を置く（置かざるを得ない）状況になっている。さらに，別の面からみると，人間の社会活動や経済活動も，その影響が及ぶ範囲（環境）を考慮すると，生命科学を避けては通れない時代になっている。加えて，医療はまさに人間そのものを対象に行われる行為であり，人体の理解と生命倫理の実践の場であるとともに生命科学の最先端でもある。

このように，生命科学は多岐に広がる学問分野であり，文社系からのアプローチも可能な分野である。また，文社系学生のみならず一般人も通常の生活において，さまざまな局面で

まえがき

生命科学の知識やそれを利用した技術に接することが多く，生命科学の基礎知識が求められる時代になっている。

本書は，「生物のつくりを基本にしたうえで，生物の働きを理解する」という立場（生物科学の延長線上の生命科学），また，「生物の世界全体を把握（生物世界におけるヒトの位置をきちんと認識）したうえで，人間が抱える諸課題について考える」という立場をとる。

なお，本書では，生物の世界を理解するためには二つの視点が必要であると考える。一つ目は"個々の生物の生命"という視点である。つまり，生物が，"物質（分子）の組織化［細胞の形成］"から始まり，"細胞の組織化［個体の形成］"，"個体の組織化［個体群ならびに種の形成，地球生態系の形成］"，さらには宇宙全体につながる階層性を有していること，またそれぞれの階層において，"個別識別"が重要な役割を担っていることの認識である。二つ目は"時間軸"という視点である。別ないい方をすると，個々の生物が現在生きていることと，過去から現在まで連綿と生物が生き続けていることの認識である。

本書は，文社系学部の学生（特に，1～2回生）に提供する生物系科目の教科書として使われることを第一の目的にしている。教科書としてできるだけ幅広い話題と視点を入れるように心がけたが，決してすべてを網羅しているわけではない。また，暗記を前提にしているわけでもない。理工系教員が提供する話題が理工系でない学生にどこまで受け入れられるかは興味のあるところであるが，「このような背景がある」ということを示すためにかなり細かいところまで書き込んである。とっつき難いところもあるであろうが，少し我慢して取り組んでもらいたい（意欲のある読者はどんどんチャレンジして欲しいが，そうでない読者はどんどん読み飛ばしてもかまわない）。理工系の思考方式に慣れれば，「なるほど」と思える点が出てくるものと確信している。

本書『生命科学』は2巻構成になっている。第1巻（生命科学1── 生物個体から分子へ ──）は，科学論から始まり，生物体の内部構造と機能について考える。一方，第2巻（生命科学2── 生物個体から生態系へ ──）は，生物個体から出発して，生物集団へと展開する。第1巻と第2巻とを合わせて生物の世界の全体像を描くものであり，両方の併読を強く要望する。

2012年3月

著　者

目　　　次

1. 生命科学とは

1.1 科学とは ……………………… 1
1.2 科学と哲学 …………………… 2
1.3 理学と工学 …………………… 4
1.4 生命科学とは ………………… 4
1.5 生命科学の歴史 ……………… 5
1.6 生命・生物とは ……………… 7
1.7 意識の中の生物 ……………… 7

2. 生物体のなりたち

2.1 生物のからだ：細胞 ………… 11
 2.1.1 生物の大きさ …………… 11
 2.1.2 細　　胞 ………………… 12
 2.1.3 原核細胞と真核細胞 …… 13
 2.1.4 生物体の元素組成 ……… 14
 2.1.5 原子と化学結合 ………… 15
2.2 生物のからだ：化学物質 …… 22
 2.2.1 細胞を構成する化合物 … 22
 2.2.2 低分子化合物 …………… 23
 2.2.3 高分子化合物 …………… 29
 2.2.4 生体膜 …………………… 35
 2.2.5 細胞小器官 ……………… 37
 2.2.6 細胞骨格 ………………… 37
2.3 生物体の働き：代謝 ………… 39
 2.3.1 物質代謝 ………………… 39
 2.3.2 エネルギー代謝 ………… 43
 2.3.3 酵　　素 ………………… 47
 2.3.4 "炎"と"いのち" ……… 48
2.4 生物体の働き：増殖 ………… 50
 2.4.1 有性生殖 ………………… 50
 2.4.2 無性生殖 ………………… 51
 2.4.3 細胞分裂 ………………… 51
 2.4.4 生物の生殖の具体例 …… 54
 2.4.5 生物の多様な性決定機構 … 56
2.5 生物体の働き：遺伝 ………… 57
 2.5.1 遺　　伝 ………………… 57
 2.5.2 メンデルの実験 ………… 59
 2.5.3 別の視点から見たメンデルの実験
  　　　………………………… 60
 2.5.4 メンデルの法則の再発見 … 61
 2.5.5 メンデルの法則の例外 … 62
 2.5.6 突然変異と連鎖 ………… 63
 2.5.7 遺伝子は化学物質 ……… 63
 2.5.8 二重らせん ……………… 64
2.6 セントラルドグマ …………… 65
 2.6.1 RNAの役割 ……………… 66
 2.6.2 遺伝暗号表 ……………… 67
 2.6.3 転写と翻訳 ……………… 68
 2.6.4 転写の分子機構 ………… 68
 2.6.5 翻訳の分子機構 ………… 70
 2.6.6 セントラルドグマの修正 … 73
2.7 生物の働き：遺伝子発現制御 … 74
 2.7.1 大腸菌のラクトースオペロン … 75
 2.7.2 大腸菌のマルトースオペロン … 76
 2.7.3 大腸菌のアラビノースオペロン … 77
 2.7.4 大腸菌のトリプトファンオペロン
  　　　………………………… 77

- 2.7.5 出芽酵母の GAL genes ……… 79
- 2.7.6 出芽酵母の PHO genes ……… 80
- 2.7.7 出芽酵母の MET genes ……… 80
- 2.7.8 真核生物における遺伝子発現制御（一般モデル）……………………… 82
- 2.8 タンパク質の構造と機能 ………… 83
  - 2.8.1 タンパク質の構造 ………………… 83
  - 2.8.2 タンパク質の立体構造と機能 …… 87
  - 2.8.3 タンパク質の構造解析と構造予測 ………………………………… 87
  - 2.8.4 酵素の働きの分子モデル：具体例 ………………………………… 88
  - 2.8.5 タンパク質の一生 ………………… 90
  - 2.8.6 タンパク質と生物時計 …………… 90
- 2.9 遺伝子工学 ……………………… 93
  - 2.9.1 実験技術 ……………………… 94
  - 2.9.2 遺伝子工学の実用例 ……………… 99
- 2.9.3 遺伝子工学の展望 ……………… 100
- 2.10 ゲノムプロジェクト ……………… 100
  - 2.10.1 ヒトゲノムプロジェクト ……… 101
  - 2.10.2 ゲノム科学の展望 ……………… 105
  - 2.10.3 RNA 干渉 ……………………… 107
  - 2.10.4 ゲノム情報を生かした新しい医療 ………………………………… 110
  - 2.10.5 究極の個人情報 ………………… 110
- 2.11 発生・細胞分化 ………………… 111
  - 2.11.1 細胞分化と遺伝子発現 ………… 112
  - 2.11.2 動物細胞の全能性 ……………… 112
  - 2.11.3 植物細胞の全能性 ……………… 114
  - 2.11.4 アポトーシス …………………… 116
  - 2.11.5 細胞分化とエピジェネティクス ………………………………… 116
  - 2.11.6 生物の発生における細胞分化と遺伝子発現の具体例 …………… 117

3. 人間と医療

- 3.1 人間のからだ ……………………… 121
  - 3.1.1 全体像 ………………………… 121
  - 3.1.2 運動器系（骨・骨格筋）・外皮系（皮膚）……………………… 123
  - 3.1.3 呼吸器系・消化器系 …………… 124
  - 3.1.4 泌尿器系・生殖器系 …………… 126
  - 3.1.5 循環器系（血管・リンパ管）…… 127
  - 3.1.6 制御系（神経系・感覚器系・内分泌系）……………………… 128
  - 3.1.7 防御機構 ……………………… 131
- 3.2 感染症 …………………………… 134
  - 3.2.1 感染症の歴史 ………………… 135
  - 3.2.2 感染症とコッホの四原則 ……… 136
  - 3.2.3 病原体 ………………………… 137
  - 3.2.4 感染症の現状と対策 …………… 138
  - 3.2.5 ワクチン ……………………… 151
- 3.3 生活習慣病 ……………………… 153
  - 3.3.1 食物の消化・吸収 ……………… 153
  - 3.3.2 血糖値の調節 ………………… 153
  - 3.3.3 中性脂肪の代謝 ………………… 154
  - 3.3.4 生活習慣病 …………………… 155
  - 3.3.5 生活習慣病とメタボリックシンドローム ………………… 155
  - 3.3.6 生活習慣病の原因 ……………… 156
  - 3.3.7 動脈硬化と動脈硬化のリスクファクター ……………… 156
  - 3.3.8 生活習慣病の予防 ……………… 159
- 3.4 がん ……………………………… 160
  - 3.4.1 がんとはどういう病気か ……… 160
  - 3.4.2 がんの起源 …………………… 161
  - 3.4.3 発がんウイルスからがん遺伝子へ ………………………………… 162
  - 3.4.4 細胞の増殖シグナルとその制御機構 ………………………………… 163
  - 3.4.5 発がんを防ぐ分子 ……………… 165
  - 3.4.6 環境要因 ……………………… 166
  - 3.4.7 多段階発がん仮説 ……………… 167
  - 3.4.8 がんの生物学的意義 …………… 168
  - 3.4.9 がんの新しい治療法 …………… 168

- 3.5 臓器移殖・再生医療 …………… 170
  - 3.5.1 臓器移植の歴史 …………… 170
  - 3.5.2 輸　血 …………………… 171
  - 3.5.3 組織適合性 ………………… 172
  - 3.5.4 臓器移植と脳死 …………… 172
  - 3.5.5 再生医療 …………………… 173
- 3.6 不妊治療 …………………………… 177
  - 3.6.1 不妊症とは ………………… 177
  - 3.6.2 不妊治療 …………………… 178
- 3.7 こころと脳 ………………………… 181
  - 3.7.1 人間らしさと脳 …………… 181
  - 3.7.2 ヒトの脳の特徴 …………… 182
  - 3.7.3 脳の神経細胞 ……………… 183
  - 3.7.4 脳の可塑性 ………………… 185
  - 3.7.5 脳の異常とこころの病 …… 186
  - 3.7.6 こころは脳にあるのか …… 187
- 3.8 医療・福祉制度 …………………… 190
  - 3.8.1 医薬品の技術評価システム ……… 190
  - 3.8.2 医療・福祉制度の現状と課題 …… 193
  - 3.8.3 わが国の医療が直面している課題 …………………………… 195
- 3.9 医療倫理 …………………………… 197
  - 3.9.1 患者と医者 ………………… 197
  - 3.9.2 医療制度と医療倫理 ……… 199
  - 3.9.3 患者の人間性の尊重 ……… 199
  - 3.9.4 患者側の倫理意識 ………… 200
  - 3.9.5 事例集 ……………………… 201
- 3.10 生命倫理 …………………………… 204
  - 3.10.1 生命倫理（バイオエシックス）とは ………………………… 204
  - 3.10.2 zoe-logy と zoe-ethics の提唱 …… 205

引用・参考文献 ……………………………………… 207
あとがき ……………………………………………… 210
　編集後記 ………………………………………… 211
索　引 ………………………………………………… 212

『生命科学 2 ── 生物個体から生態系へ ──』目次

4. 生物集団のなりたち

4.1 生物の多様性
  4.1.1 生物の分類と系統
  4.1.2 生物の集団：個体群の構造と維持
  4.1.3 生物群集と生態系
  4.1.4 生態系とその平衡
4.2 生物の進化
  4.2.1 いろいろな進化論
  4.2.2 生命の起源
  4.2.3 地球外生命体の探査

5. 環境と人間

5.1 地球上での物質循環
  5.1.1 地球生態系における物質循環：微生物の重要な役割
  5.1.2 物質循環に関わる生物
5.2 地球環境と人間社会
  5.2.1 人間社会が及ぼす地球環境変化
  5.2.2 地球環境の現状と浄化・改善へ向けての取組み
  5.2.3 持続型社会の構築に向けての人類の役割
  5.2.4 環境倫理

1 生命科学とは

はじめに 本書の題名は『生命科学』である。したがって，「生命科学はどのような学問か？」から始めるべきであるが，まず科学について考え，その後，生命科学を，さらに生命・生物について概説し，論考する。

1.1 科学とは

"科学"は，辞典によると，『《science》一定の目的・方法のもとに種々の事象を研究する認識活動。また，その成果としての体系的知識。研究対象または研究方法のうえで，自然科学・社会科学・人文科学などに分類される。一般に，哲学・宗教・芸術などと区別して用いられ，広義には学・学問と同じ意味に，狭義では自然科学だけをさすことがある。サイエンス。(大辞林)』，ないしは『(1) 学；(2) 世界の一部を対象領域とする経験的に論証できる系統的な合理的認識。研究の対象によって種々に分類される（自然科学と社会科学，自然科学と精神科学，自然科学と文化科学など）。通常は哲学と区別されるが，哲学も科学と同様な確実性を持つべきだという考え方から，科学的哲学とか哲学的科学というような用法もある；(3) 狭義では，自然科学と同義。(広辞苑)』とある。要するに，"体系的な（既成の）知識"という意味合いが強いようである。

これに対して，筆者らは，「一人ひとりが見たり聞いたりしたこと（経験）を個人のレベルで体系化することから科学が始まるのであり，科学の基礎は"個人の経験"である」と考える。ただし，個人の経験だけでは不十分であり，個人の経験を持ち寄って"集団の経験"に変える作業が必要である。この作業には個々の経験をたがいに語り合うことが求められる。いいかえると，"情報の公開"と"集団による情報の検討"が不可欠である。この作業を経て"独断と偏見に満ちた個人の経験"が"普遍化された集団の経験"に転化し，"主観的認識"が"客観的認識"に転化する。さらに，こうして得た"普遍化された経験（定説）"に基づいて新たな実験・観察が行われ，それによって新たな個人的経験が得られ，それが定説と対比される（なお，確たる実験事実なしに，理論ないしは空想から"仮説"を立て，その仮説を検証するという場合もある）。

新たな実験・観察の結果が定説と矛盾しない場合もあるが，時として定説に適合しない場合がある。そうすると，定説に抵触する実験・観察について詳細な検討が加えられる。そして，実験・観察に再現性が認められると，それまでの定説を棄却しなければならなくなる。これが"パラダイムシフト"であり，パラダイムシフトの繰返しが科学の進歩である。つまり，科学はパラダイムシフトによって進歩するのである。

筆者らは，上に述べた科学の進歩の過程を「知識の体系化（科学）のサイクル」と呼ぶ（**図1.1**）。サイクルとはいうものの，同じところをぐるぐると回っているのではない。1サイクル回ったあとの定説は元の定説とは異なる。つまり，正しくは"らせん（スパイラル）"である。そして，この過程は不断に進行し，永遠に続く。別のいい方をすると，科学的真実（定説）はつねに再検討の対象であり，つねに変更を迫られている。科学者は"絶対的真実"を求めて研究に邁進するが，得るのはつねに"相対的真実"でしかない。

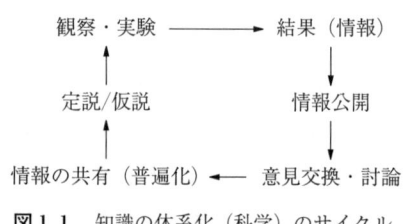

図1.1 知識の体系化（科学）のサイクル

「定説が間違っているのではないか？」と疑うことが科学の基本である。"現在の科学的真実"を絶えず疑っているのが科学者である。これに対して，一般人はおおむね"科学的真実"を信じて疑わないようである。特に，"日本の科学教育"では，"科学的真実を疑わない姿勢（暗記式思考や○×式思考）"を学生・生徒に根付かせることに膨大なエネルギーを費やしており，科学とはまったく逆の思考様式を押し付けているとしか思えない。

1.2 科学と哲学

日本では，医学博士，理学博士，工学博士，農学博士など，専門分野ごとに学位の名称が異なる。一方，ヨーロッパやアメリカでは，医系のMedical Doctor（M.D.）を除いて，理工系の学位はすべてDoctor of Philosophy（Ph.D.）である。Ph.D.は直訳すれば"哲学博士"であるが，これは先に述べた「科学の基本は疑う（考える）ことである」という考え方に基づいているからである。ところで，日本では，「哲学」は文系の学問（哲学科は，普通，文学部に所属する）であり，「科学」（通常は，自然科学を指す）は理系の学問とされる。さらに，「科学は実生活との関わりが深いが，哲学は浮世離れしている」ともいわれる。そこで，まず，哲学について述べる。

哲学は，物事について体系的に思考することであり，歴史的には，紀元前7世紀頃の古代ギリシャにさかのぼるとされる。初期のギリシャ哲学（ソクラテス以前）では，思考の対象

は"自然"であった（ただし，この自然は"生命を持ち自ら動くもの"と考えられた）。ところが，ソクラテス（Socrates, BC470/469-BC399）は考える対象を"人間"ならびに"人間の心の善悪"に据え，自然を対象とする哲学を否定した。"自然についての知"は"よく生きること"に対してまったく意味を持たないと考えたのである。その後，プラトン（Platon, BC427-BC347）やアリストテレス（Aristoteles, BC384-BC322）は"人間的な事柄"に対する考察と"自然"に対する考察を統合した哲学体系を打ち立てた（ただし，この時代には"自然の一部としての人間"という考えはなかった）。古代哲学の末期（ヘレニズム・ローマ時代）になると，哲学の対象の中心は"自己の安心立命"という身近な実践的課題に移った（特に，ストア学派やエピクロス学派の哲学にこの傾向が顕著であった）。

中世の哲学の対象は自然でも人間でもなく"神"であった。そして，近世になると，神に代わって"人間（の認識）"が哲学の対象となった。この時代，「人間は理性的認識によって真理を捉え得る」と考えるフランスのデカルト（Descartes, 1596-1650）をはじめとする合理論と，「人間の認識が成り立つためには経験が必要である」と考えるロック（Locke, 1632-1704）をはじめとするイギリス経験論とが対立した。この合理論と経験論とを統合しようとしたのが東プロイセン（現ロシア）のカント（Kant, 1724-1804）であり，カント哲学が近世哲学の主流となった。19～20世紀にかけて，哲学の中心的な対象は"認識"であった（「哲学の課題は諸科学の基礎づけをすること」と考える新カント学派や，「哲学の課題は，言語の分析によって，言語の持つ文法的形式に欺かれて誤った思考に陥るのを防ぐこと」と考える分析哲学などが挙げられる）。

しかし，一方で，ヘーゲル（Hegel, 1770-1831）やマルクス（Marx, 1818-1883）らは哲学の中心的な対象は"歴史"であると考えた。「歴史はどのような法則によって動くのか？」を探究することが，哲学の最も重要な課題であると考えたのである。その後，ニーチェ（Nietzsche, 1844-1900），ベルクソン（Bergson, 1859-1941），ディルタイ（Dilthey, 1833-1911）らは"非合理的な生"を重視し，その生を捉えることこそ哲学の課題であると考えた（『生の哲学』）。一方，キルケゴール（Kierkegaard, 1813-1855），ヤスパース（Jaspers, 1883-1969），ハイデッガー（Heidegger, 1889-1976），サルトル（Sartre, 1905-1980）らは，人間を絶対に他人と代替できない"実存"として捉え，「人間がどのようにして自らの自由によってその生き方を決断していくか？」が哲学の中心的な課題であるとした（『実存哲学』）。

上に述べた哲学の流れから，「哲学の対象は時代とともに変遷しているが，哲学は絶えず"自然・世界"ならびに"人間（自分）"を問い続けている」ということがわかる。いずれにしても，"考え（疑い）続ける"という点で，「哲学」（philosophy）も「科学」（science）も同じである。ただし，ギリシャ時代には「自然科学」という学問領域はなかった。あったの

は「博物学」(natural history:自然史)である。「博物学」の対象は"人間を除く万物"である(つまり,この時代,"動物"も"植物"も"鉱物"と同列に扱われていた)。「博物学」に対して,"人間の心"を対象にしたのが「哲学」,「倫理学」,「神学」,「文学」などであり,"人間の体と病気"を対象にしたのが「医学」である。

1.3 理学と工学

日本の高校の理科科目には「物理」,「化学」,「生物」がある。大学では,高校の理科科目に相当する科目(いわゆる理系科目)は「物理学」,「化学」,「生物学」である。加えて,大学には"工系科目"という普通高校には相当する科目がない科目群がある。「理学」それ自体が問題解決の手立てになることを目指してはいないのに対して,「工学」は"応用"ないしは"実用"を意図している。「科学は実生活との関わりが深いが,哲学は浮世離れしている」というときの"科学"は「工学」を指している("科学技術"も同様の意味で使われる)。「工学」(ならびに科学技術)は,「理学」に基礎を置きながら,問題解決の手段となることを目指す学問領域である。

1.4 生命科学とは

生命科学は,辞典によると,『生物体と生命現象を取り扱い,生物学・生化学・医学・心理学・生態学のほか社会科学なども含めて総合的に研究する学問(大辞林)』,ないしは『生命を取り巻く関連諸科学の総称であり,おもに自然科学領域を指すことが多い。このことから,自然科学の代名詞ともいえる物質科学と対を成した学問領域と考えられることもある。ただし,生物・生命体の構成要素も物質であることから物質科学と生命科学の境界は曖昧である。例えば,ウイルスは細胞に感染するが自己完結した自己増殖能を持たない。したがって,生物かどうかは判断が分かれるところであるが,通常は生命科学の領域で取り扱われる。生命科学は生物学または生物科学と同義とされることもある一方,医学分野が生命科学と称されることもある。しかし,生命科学は,一般には,より広義に,物理学や化学など物質科学に分類される自然科学との融合領域である生化学・生物物理学・生物物理化学や,応用的な学問である農学・薬学・栄養学・医学・生命工学なども含む。(Wikipedia)』とされる。

このように,"生命科学"は非常に幅広い意味を持ち,人によって異なる意味合いで使われる。なお,生命科学と似た言葉に"生物科学"があり,生物科学と似た言葉に"生物学"がある。つぎに,生物学・生物科学・生命科学について考察する。

1.5 生命科学の歴史

〔1〕 博物学の時代

生物についての知識体系を指す言葉としての"生物学"(biology)が使われ始めたのは1800年頃である。これ以前に生物がいなかったわけはないので，生物に対しての知識は持っていたはずである。しかし，生物についての知識が生物学として独立に体系化されておらず，"博物学"に包含されていた。博物学は古代ギリシャにさかのぼる。以下，古代ギリシャ（さらには，それ以前）の人間の生物に対する意識について考える。

人間が思考力を持つようになり，身の回り（自然）を観察し始めたときに，まず何を意識したであろうか？　多分，"自分"と"自分以外"を識別したであろう。そして，自分以外の中に，"自分の身内（親・子供・血族）"さらには"友人・知人"を識別したであろう。こうして，"自分を含む仲間（つまり，人間）"という意識に到達したと思える。つぎに，"人間以外"の中に人間ではないが人間と同じように子供を生んだり動き回ったりするものたちがいることに気付き，それらを"動物"と総称した。また，動き回ることはないが，人間や動物と同じように増殖するものたちがあることに気付き，それらを"植物"と総称した。

ちなみに，ギリシャの哲学者アリストテレスの著書（原著は残っていない）に，霊魂論，動物誌，動物発生論，動物部分論など，"動物"という言葉が出てくる。また，博物学者であるテオフラストス(Theophrastos, BC372–BC288)が植物の研究や分類を行い，『植物誌』を書いた。したがって，古代ギリシャ人たちが"動物"や"植物"という認識は持っていたことは間違いないが，彼らがそれらをまとめて"生物"として認識していたとはいいがたい。"動物"と"植物"は"鉱物"や"星（天体）"と同列に扱われていたのである。

古代ギリシャは"自分達（人間）"と"自分達以外"を峻別した時代，つまり人間の自我が確立した時代である。そして，この時代には，人間に関しては，"身体についての知識体系（医学）"と"心・精神についての知識体系（哲学，倫理学，文学，歴史学，神学など）"が成立した。一方，人間以外に関してはすべてを博物学に押し込めたのである。ただし，例外として，博物学の対象となるものの中で人体の働きに影響を持つものたち（動物，植物，鉱物）を対象とする"薬学"が成立していた（星たちの動きを観察する天文学が暦の必要性から独立に成立していたのに対比される）。なお，東洋では"本草学"が博物学ないしは薬学と同じ役割をになった。

〔2〕 停 滞 期

古代ギリシャの医者ガレノス(Galenos, 129頃–199)は動物の解剖を行った。ただし，彼は単一の造物主による生物の創造を強調し，この考え方が中世約1000年間の思考の基盤

になった。中世は，宗教（キリスト教神学）が隆盛を極め，「地球上のものはすべて全知全能の創造主により生み出された」という"創造説"（神秘主義）の時代であった。そして，この時代，ガレノスの解剖知見の教条化が進行し，解剖（ならびに科学的実験）は教会によって禁止された。

〔3〕 人間中心主義からの脱却

イタリアのダビンチ（da Vinci, 1452-1519）は，芸術家の視点から，人体の解剖を行った。また，ベルギーのベサリウス（Vesalius, 1514-1564）は，医者として自らの手で人体解剖を行い，"ガレノスの解剖学"の間違いを指摘した。さらに，イタリアのガリレイ（Galilei, 1564-1642）は，天体の観測から，「太陽が地球を回る」とする"天動説"に異を唱えた。この考えは，「神は地球を中心において宇宙を創った」という創造説に反旗を翻すものであり，キリスト教会の強力な反発（弾圧）を受けたが，最終的には天動説・創造説は排除されることになった。このように，ルネッサンスの時代になって個人の思考を優先する近代科学が芽生え，「宇宙の中心は地球であり，地球の中心は人間である」というキリスト教的宇宙観は崩壊した。

〔4〕 生物学のはじまりとその後の展開

生物学（biology）という言葉を使い始めたのはフランスのラマルク（Lamarck, 1744-1829）であり，その後，イギリスのダーウィン（Darwin, 1809-1882）の"進化論"と呼応して"生物学"という言葉が広く使われるようになった。そして，19世紀の後半に，リービッヒ（Liebig, 1803-1873）とパスツール（Pasteur, 1822-1895）との間で，「発酵に生物（生命）が必須か否か」という約半世紀にわたる生物学上の大論争があった。

リービッヒは動物の消化液の研究（消化は発酵の一種である）から発酵には生物は必要ではない（消化液があればよい）と考えたのに対して，パスツールはアルコール発酵の研究から発酵には生物（酵母菌）が必要であると考えたのである。1840年頃から始まったこの論争は，1897年のブフナー（Buchner, 1860-1917）による酵母菌から抽出した液によってエタノール発酵が進行するという実験によって幕を閉じた。ブフナーの実験によって"生気論（パスツール）"が敗北したのであるが，より重要なのは，ブフナーの実験が「生化学」の基盤になったことである（以後，生体成分の生化学的分析が急速に進展した）。

さらに，19世紀の最終年（1900年）には，生物学上のもう一つの大きな出来事（メンデルの法則の再発見）があった。チェコのメンデル（Mendel, 1822-1884）は1865年にエンドウの交雑実験から遺伝の法則を発見したが，その成果は1900年に至るまで認知されなかった。ところが，再発見以後，メンデルの法則は広く浸透し，20世紀以後の生物学の出発点になった。この点については2章で詳述する。

1.6 生命・生物とは

「生物の特徴は？」という問いに対して，通常は，"代謝"，"増殖（複製）"，"遺伝"，"進化"が挙げられる（そのほかに，"細胞"や"自律性"を挙げる人もある）。しかし，どれを取ってもつねに例外がある。例えば，「生物は代謝する」に対しては，「2 000 年もの間沼地に埋まっていたハスの種が芽を出したことがある（大賀ハスという）が，このハスの種はその間代謝していたとは思えない。2 000 年間死んでいて，生き返ったのか？」となる。また，「生物は子供を産む」に対しては，「近年は子供を産まない（産みたくない）人たちが増えているが，その人たちは生物ではないのか？」，というようなやり取りも可能である。

とはいうものの，代謝，増殖（複製），遺伝，進化は，生物を考える上で重要なキーワードであり，これらのうちどれをより重視するかによって，どこまでを生物とするかが分かれる。「100 人いれば 100 様の生物の定義がある」といわれる理由である。例えば，代謝や細胞を生物の定義として重要視すれば，ウイルスは明らかに生物ではない。しかし，「遺伝情報が変化し，それによって進化するのが生物である」と定義すれば，ウイルスは立派に生物の仲間に入る。現在では，"セントラルドグマの共有"が最も実践的な生物の定義であるといえる（2.6 節参照）が，これも数多くの定義の一つにすぎないことを認識しておくべきである。

1.7 意識の中の生物

ロボットは明らかに無生物（機械）であるが，"人型ロボット（より広くは，生物型ロボット）"は生物の形（さらには，機能）を模倣しているところが特徴である。自動車の生産ラインなどにおける"産業用ロボット（メカノイド）"は欧米と日本とで同じように開発が進行しているが，人型ロボット（ヒューマノイド）の開発は日本が独走している感がある。これは，日本社会と欧米社会とで，人間と機械との関係に対する意識（そして，その裏にある"生命"についての意識）が異なることが大きな要因ではないかと考えられる。以下，この意識の違い，特に，アメリカと日本の社会における"人間 vs. ロボット"ないしは"生物 vs. 無生物"についての意識の違いを示していると思える二つの事例について考察する。

【事例 1】 スーパーマン（生物）vs. 鉄腕アトム（無生物）

"スーパーマン"は 1938 年にアメリカで刊行された漫画の主人公であり，"鉄腕アトム"は手塚治虫（1928-1989）が 1951 年に発表した漫画の主人公である。スーパーマンも鉄腕

アトムも現在では世界的なキャラクターになっているが，元々はそれぞれアメリカと日本の国民的スターであった．スーパーマンと鉄腕アトムとは能力としてはよく似ているが（**表1.1**），スーパーマンが異星人（日常は地球人として生活している）であるのに対して，鉄腕アトムはロボットである．

表1.1 スーパーマン vs. 鉄腕アトム

項目		スーパーマン	鉄腕アトム
作者		ジェリーシーゲル（アメリカ人） （作画：ジョーシャスター（アメリカ人））	手塚治虫（日本人）
種別		地球外生命体	ロボット（製作者：天馬博士）
誕生・製作日 誕生・製作地		1938年（物語り上：不詳） クリプトン星（氏名：カル＝エル） （地球名：クラーク・ジョセフ・ケント）	1951年4月（物語り上：2003年4月7日） ある未来都市
活動地域		架空の都市メトロポリス（ニューヨークに似ている）を中心に，全世界・宇宙・未来・異次元世界	上記未来都市（未来東京らしい）・未来国
能力・性能	身長	アメリカ人成人男子と同じ（180 cm：80 kg）	135 cm，体重 30 kg
	動力	太陽エネルギー 酸素呼吸（空気を肺で圧縮することで宇宙空間でも行動可能）	電気（1回のエネルギー注入で6 000 km飛行できる）
	馬力	80万トンの物体を持ち上げる怪力 超高速の走行力	10万馬力
	最大飛行速度	800万 km/h	約6千 km/h（マッハ5）
	頭脳	高速の頭脳 人間の感情を完全に理解できる	電子頭脳（CPU：15兆8千億ビット） 人間の善悪を判断できる 60か国語を自由に話す
	弱点	クリプトナイトが発する放射線 赤い太陽（地球は黄色い太陽）	エネルギー切れ 電磁波・低温

【事例2】 スヌーピー（生物）vs. ドラえもん（無生物）

"スヌーピー"はアメリカの漫画に登場するビーグル犬であり，"ドラえもん"は日本の漫画に登場するネコ型子守用ロボットである．生物と機械の違いはあるが，性質（性能），特に人間（とりわけ，子供）との関係はよく似ている（**表1.2**）．

まず，【事例1】と【事例2】を並べると，日本では，超人的（鉄腕アトム）であれ平均的・日常的（ドラえもん）であれ，ロボットが人間の友（危機のときには救援者）になることに心理的な抵抗がないようである．一方，アメリカでは，生物（スーパーマンとスヌーピー）は人間の友にはなれるが，機械は友にはなりえないようである．これは，"生物（ならびに生命）に対する意識"が日本社会とアメリカ社会とでは異なることを意味する．社会通念（社会的精神構造）の違いであり，そこで思い当たるのが"日本人の精神風土としてのアニミズム（animism）"である．

アニミズムは，「生物・無生物を問わず，すべてのものの中に神や霊魂（もしくは，霊

表1.2 スヌーピー vs. ドラえもん

項　目		スヌーピー	ドラえもん
作　者		チャールズ・M・シュルツ（アメリカ人）	藤子・F・不二雄（日本人）
種　別		イヌ（ビーグル犬） チャーリーブラウン少年の飼い犬	ネコ型子守用ロボット第1号 22世紀から，野比のび太の子守に派遣される
誕生・製作日 誕生・製作地		1950年（物語り上：1950年10月4日） アメリカの田園都市内の「デイジーヒル子犬園」	1969年（物語り上：2112年9月3日） 未来東京都の「トーキョーマツシバロボット工場」
活動地域 交友関係 役　割		アメリカの田園都市 チャーリーとその仲間たち，ブラウン家とその近隣の人たち チャーリーの飼い犬（時に，批判者・批評家・評論家になる）	未来東京都練馬区 のび太とその仲間たち，野比家とその近隣の人たち のび太の子守（失敗のカバー役）
能力・性能	体　重 身　長 胸　囲 座　高 頭　周 パワー 飛び上がる高さ 時　速 性　格 特　技	⎫ ⎬ 平均的ビーグル犬に準ずる ⎭ 趣味は変装，スポーツ，小説の執筆など	129.3 kg 129.3 cm 129.3 cm 100 cm 129.3 cm 129.3 馬力 129.3 cm（ネズミを見たとき） 129.3 km（ネズミから逃げるとき） 基本的には穏やか 子守用ロボットなので世話好きだが，余計な世話をやくことも少なくない。 四次元ポケットに数々のひみつ道具を内蔵している（のび太の窮地を救うために使う）

が宿っている」という考え方である（神や霊は"命・生命"という言葉に置き換えることもできる）。霊的存在が肉体や物体を支配するという精神観，霊魂観（アニミズム）は世界的に広く分布しているが，日本のように気候風土が比較的穏やかな土地でより顕著に見られるといわれている。日本人が概して宗教や宗派にこだわらない（いいかえると，消極的無宗教である）のは，このような精神風土によるものと考えられる。

　自然科学としての"生物学"は多神教のギリシャから始まり，一神教のキリスト教社会（欧米）で発展してきた。その流れが日本に到達したのは約250年前（例えば，杉田玄白（1733-1817）が『ターヘル・アナトミア』を訳して，『解体新書』を著したのは1771年）である。果たしてアニミズムの社会の中で"生物学"が変質するのか？　それとも，"正統的自然科学"によって，アニミズムの社会が変質するのか？　また，その答えはいつ出るのか？　興味のあるところである。

　　おわりに　　本章では，20世紀までを中心に，人間が生物ならびに生命をどのように見てきたのかについて考察した。いわば科学史として定着している人間の意識の変遷の確認である。以下の章では，20世紀以後の生物学・生物科学・生命科学の流れについて述

べる。科学史としては評価がまだ十分に定着していない部分である。また，可能な限り具体例を入れて記述するために全体としてまとまりに欠けることになるかもしれない。むしろ，現在進行形の生命科学の様子を見て欲しい。

2

生物体のなりたち

2.1 生物のからだ：細胞

はじめに 現在，地球には，約100万種の動物（哺乳類0.5万種，爬虫類0.5万種，鳥類0.9万種，両生類0.2万種，魚類2.3万種，節足動物89万種，軟体動物11万種，原生動物3万種，腔腸動物1万種），約30万種の植物が生息しており，未発見の生物もまだ数多いと考えられている。このように，生物はじつに多様である。"生物の分類"については，第2巻で述べるとして，ここでは多様な生物のからだのつくりを概説し，細胞の役割について解説する。

2.1.1 生物の大きさ

アメリカのカリフォルニア州に自生するレッドウッドには，高さ111 m，重さ730 tのものがある。中国原産で日本でも公園などに植えられているメタセコイアは樹高30 mほどにもなる。また，屋久島の縄文杉には幹の周りが10 mを超えるものがある。これらはいずれも樹木（つまり，植物）である。樹木はからだ全体が"硬いつくり"になっているために，このように大きくなる。

一方，動物のからだは基本的に"軟らかいつくり"であるために，樹木ほどには大きくない。現存する動物の中で最も大きいのはシロナガスクジラであるが，大きいものでも体長は30 m（体重200 t）程度である。なお，クジラの仲間は元々陸上生活をしていたカバに近い動物であり，水中生活をすることでからだが大きくなることができたと考えられている（水中では浮力が働くとともに，からだが水に浮くと体重を足で支える必要がなくなる）。なお，現存する陸上動物の中では，アフリカゾウが最大であり，体長7 m（肩高3 m，体重7 t）程度である。

先にも述べたように，動物のからだは基本的に"軟らかいつくり"になっており，その重さを骨で支えている。クジラやゾウ（ヒトも）は脊椎動物に属し，からだの中心に骨格があり，その回りに軟らかい固まり（肉）がついている。このような骨格を"内骨格"という。内骨格に対して，骨がからだの外部を覆っているのが"外骨格"である。甲殻類（カニやエ

ビ）や昆虫（アリやキリギリス）などの節足動物は外骨格を持つ．外骨格を持つ動物は，一般に，内骨格を持つ動物ほどには大きくない．これは，体重が大きくなると外骨格が厚くなければならなくなり，それによって動きにくくなるためである（水族館でタカアシガニなどの動きを見ればよい）．なお，昆虫には，体が小さいことを利用して空中を飛行する能力を発達させたものが多い（逆転の発想である）．

骨格を持たない動物もいる．海綿動物（カイメン，カイロウドウケツなど），刺胞動物（クラゲ，イソギンチャク，サンゴなど），扁形動物（ウズムシ，プラナリアなど），軟体動物（イカ，タコ，シジミ，タニシなど），棘皮動物（ウニ，ヒトデ，ナマコなど）である．これらは概して小さいが，肉眼で見ることができる．しかし，観察するのに光学顕微鏡が必要なより小さい生物もいる．一般に"微生物"と総称されるが，生物学的には微生物という分類区分はない．小型動物（ミジンコなど），小型植物（藻類など），菌類（出芽酵母など），原生動物（ゾウリムシなど），細菌（大腸菌など）が含まれるじつに多様な生物群の総称である．

ミジンコは体長が 1 mm なしはそれ以下である．藻類はそれ自体が多様で，小さい部類に属するクロレラは直径 2〜10 m の球体である．菌類も多様で，キノコの仲間は 10 cm 以上の子実体を形成するが，最も小さい部類の出芽酵母は直径約 5 mm の球形である．原生動物のゾウリムシは体長が約 0.1 mm のものが多いが，中には 1 mm を超えるものもある．細菌では，大腸菌は直径約 1 μm で長さ 5 μm の円筒形をしているが，リケッチアなどにはその数分の 1 のものがあり，古細菌の中にも最大直径約 0.2 m のものがある．なお，ウイルスを生物に入れるか否かは意見が分かれるところであるが，ウイルスの大きさは 20〜970 nm である．ウイルスを観察するには電子顕微鏡が必要である（細菌の外形は光学顕微鏡でも観察できるが，内部構造の観察には電子顕微鏡が必要である）．なお，1 m = 10^3 mm = 10^6 μm = 10^9 nm である．

2.1.2 細　　　　　胞

肉眼で見える生物に関しても，顕微鏡は新しいは世界を切り開いた．それは，細胞の発見である．19 世紀半ばに，「すべての生物は細胞を持ち，細胞は細胞からしか生じない」という"細胞説"が確立した．例えば，ヒト（成獣）のからだには約 60 兆個の細胞がある．筋肉，骨，肝臓などの組織や臓器はすべて細胞ないしは細胞が生成する物質でできている（血液も赤血球や白血球などの細胞が浮かんでいる液状の臓器である）．細胞はそれぞれの役割に応じた形と機能を持っている．例えば，ヒトの赤血球は直径約 8 μm の中央がやや窪んだ円盤状の細胞であり，神経細胞は細長く枝を伸ばした形をしており，長いものでは数十 cm に達する．魚類や鳥類の卵細胞は肉眼でも見えるほど大きい（現生の生物の細胞で最も大き

いのはダチョウの卵細胞である)。なお，生物にはヒトのように複数の細胞を持つもの（多細胞生物）と単一の細胞しか持たないもの（単細胞生物）があり，細胞の形はさまざまであるが，細胞には共通する構造がある。以下，細胞の構造（特に，内部構造）について概説する。

2.1.3 原核細胞と真核細胞

細胞はその構造から，原核細胞と真核細胞とに大別される（**図 2.1.1**）。なお，原核細胞は単一で1個体を形成する（単細胞生物）ことから原核生物ともいう。ちなみに，真核細胞は単一で個体を形成する場合もある（単細胞生物）が，複数が寄り集まって個体を形成する場合もある（多細胞生物）。いずれにしても，真核細胞を持つ生物を真核生物と呼ぶ。

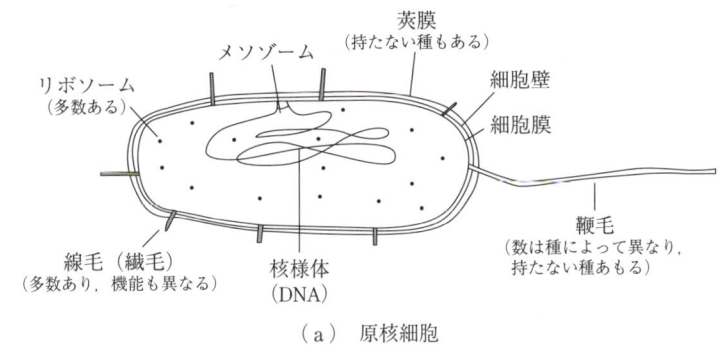

(a) 原核細胞

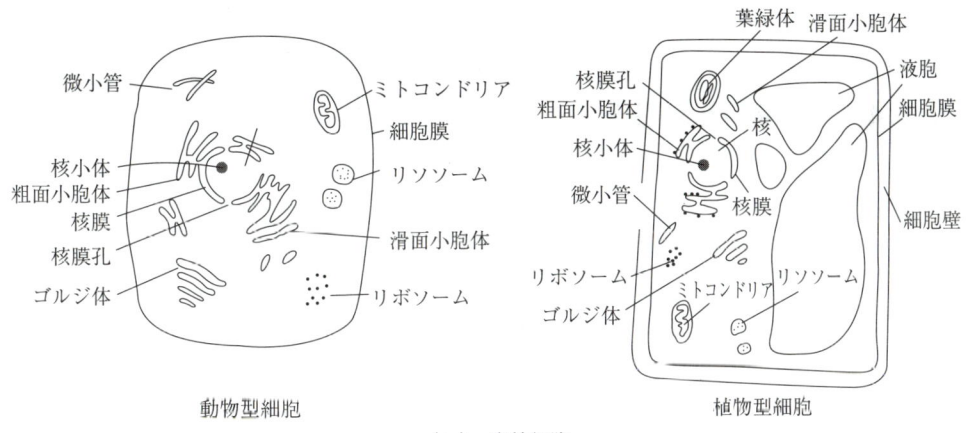

(b) 真核細胞

図 2.1.1 原核細胞と真核細胞

原核細胞と真核細胞の大きな違いの一つは大きさである。原核細胞の大腸菌（*Escherichia coli*）は，直径約 1 μm，長さ約 5 μm の円筒形である。細菌の中には，大腸菌のような円筒形のもの（桿菌）だけでなく，球形のもの（球菌），らせん状のもの（スピロヘータ）などがあるが，長さが 10 μm を超えることはほとんどない。これに対して，真核細胞の中で最

も小さい部類に属する出芽酵母は直径 5 μm のほぼ球形である。大腸菌との差はわずかのようであるが，体積にすると大腸菌の約 17 倍（大腸菌を円筒形，出芽酵母を球形として計算してみるとよい）である。ヒトの肝細胞の体積はさらに大きく，大腸菌細胞の数千倍もの体積を持つ。

つぎの大きな違いは，真核細胞は"膜（核膜）に包まれた核"を持つのに対して，原核細胞にはそのような核がないことである。核膜の有無に加えて真核細胞は内部に多様な膜構造を持つが，原核細胞の内部には膜構造が乏しい。なお，図（b）のように描くと，細胞は"静的"に見えるが，細胞内の膜はつねにくびれてちぎれたり，再びつながったりしている（「細胞内の膜はすべてつながっている」と考える研究者もいる）。要するに，細胞の内部は非常に"動的"である。

真核細胞は動物型と植物型に大分される。植物型細胞は細胞壁に包まれているのに対して，動物型細胞は細胞壁を持たない。また，植物型細胞は非常に大きな液胞を持つのに対して，動物型細胞の液胞は小さい。ただし，このような違いはあるものの，両者の細胞内構造は全体としてよく似ている。

さらに，原核細胞と真核細胞は遺伝物質として DNA を持つことは共通しているが，原核生物の DNA は環状である。細胞当り 1 分子しかなく，細胞内ではよじれあって核様体を形成している（図（a））。これに対して，真核生物の DNA は直鎖状で特定のタンパク質と結合して染色体を形成している。細胞当りの染色体数は生物種によって異なるが，核膜に包まれてコンパクトに収納されている（2.2 節で詳述する）。

2.1.4 生物体の元素組成

生物のからだはさまざまな化学物質（化合物）で作られており，すべての化合物は元素で

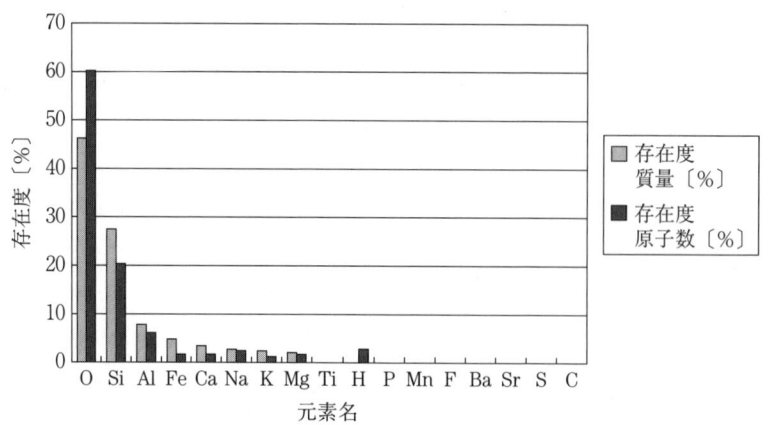

図 2.1.2 地殻における元素の存在度

構成されている。地球（宇宙も）には約100種の元素がある（地殻に含まれる主要なものを図 2.1.2 に示す）が，生体を構成しているのは 30 種程度であり，多量元素，多量金属元素，微量金属元素に大別される。なお，存在量が少ない元素については存在量ならびに生体内における役割がまだ十分に解明されていない。参考のために，表 2.1.1 に存在量が多い元素の比率を示す。例えば，哺乳動物では，炭素（C），酸素（O），窒素（N），カルシウム（Ca）が多く，水素（H），リン（P），硫黄（S）がそれに続いている。

表 2.1.1 生体の元素の比率（乾燥重量当りの%）

生体	C	O	N	Ca	H	P	S	K	Na	Mg
哺乳動物	47	18	12	8.5	7	4	2	0.7	0.7	0.1
被子植物	45	41	3	1.8	6	0.2	0.5	1.4	0.1	0.3

2.1.5 原子と化学結合

元素は物質を構成している要素を指し，実体は原子である。原子は，多くの場合，たがいにつながった状態で存在する。このつながりを"化学結合"という。以下，原子の構造と原子（分子も）をつなぐ化学結合について解説する。

〔1〕 原子の構造

原子には，中心部に正の電荷を持つ原子核があり，その周辺に負の電荷を持つ電子がある。最新の考え方では，電子の位置は確率論的にしか決められないことになっている（図 2.1.3（a）に水素原子のモデルを示す）。しかし，概念的にわかりやすいので，「電子は特定の円軌道上にある」というモデル（ボーアの軌道モデル）に沿って以下の議論を進める。

図（b）に，軌道モデルで表した水素原子を示す。中心の原子核には +1 電荷を持つ陽子が 1 個ある。陽子以外に，電荷 0 の中性子を 1 個ないし 2 個持つ場合がある。このような原子核の周囲を −1 電荷を持つ電子が円運動をしている（このような電子を軌道電子という）。したがって，原子全体の電荷は 0（電気的に中性）である。なお，陽子の重さ（1.7×10^{-24} g）は電子の約 2 000 倍である（中性子の重さは陽子とほぼ同じ）。つまり，原子の重さは原子核の重さと考えてよい。水素原子の化学記号は H であり，必要に応じて原子核中の陽子の数（軌道電子の数でもあり，原子番号ともいう）を化学記号の左下に表示する（通常は省略する）。また，これも必要に応じて，原子核中の陽子と中性子の数の和（原子核の質量数 ≒ 原子の質量）を左上に表示する。

図（c）に，より大きな原子の例として炭素原子（C）と酸素原子（O）を示す。炭素原子の場合は，原子核に 6 個の陽子を持ち，その周囲に 6 個の軌道電子がある。酸素原子の場合は，陽子と軌道電子の数はどちらも 8 である。ただし，軌道電子は水素原子の場合と異な

16　　2. 生物体のなりたち

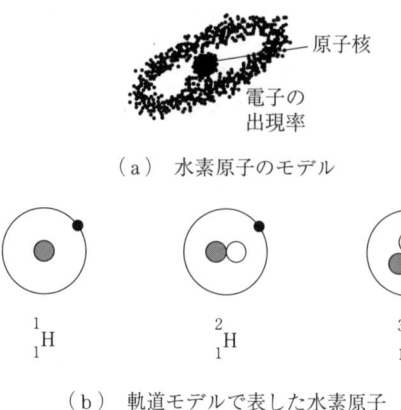

(a) 水素原子のモデル

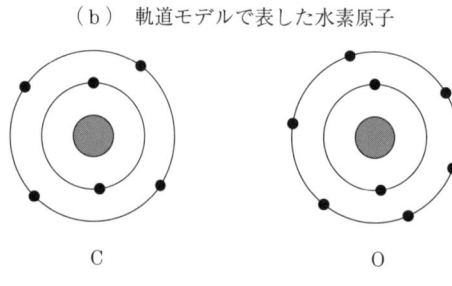

(b) 軌道モデルで表した水素原子

(c) 炭素原子 (C) と酸素原子 (O)

(d) 付表

軌　道 （殻）		最　大 電子数
K	1s	2
L	2s	2
	2p	6
M	3s	2
	3p	6
	3d	10
N	4s	2
	4p	6
	4d	10
	4f	14

図 2.1.3　原子の構造

り，二つの軌道に分かれて配置されている。原子核から近いほうの軌道（軌道を殻ともいう）からK，Lと呼ぶ。より大きな原子では，さらにM，N，…と続くが，各軌道に入る電子の数は上限（最大電子数）が決まっており（(d) 付表），原則として軌道は内側から埋められる。したがって，炭素原子と酸素原子は，それぞれ最外殻（L殻）に4個と6個の電子を持つ。

〔2〕 **化学結合**

(1) **共有結合**　　水素原子はK殻に1個の電子を持つが，K殻には2個の電子が入ることができ，そのほうが電子配置としては安定である。そこで，2個の水素原子がたがいに相手の軌道電子を取り込んで（共有して），それぞれのK殻が充足した（安定した）状態になる。2個の水素原子の間にできるのが共有結合であり，生じるのが水素分子（H_2）である（**図 2.1.4** (a)）。酸素原子（最外殻電子6個）の場合は，2個の原子がそれぞれ2個の電子を出し合うことで，L殻の電子が8個の安定な状態になって酸素分子（O_2）が生じる（図 (b)）。なお，2個の電子を共有する状態を二重結合といい，1個の電子の場合は一重結合という（3個の電子の場合は三重結合）。共有結合の強さは原子の組合せによって異なる（図 (e)）。結合の強さは，化学反応の起こりやすさ（反応エネルギー）の指標でもある（この点については2.3節で述べる）。

2.1 生物のからだ：細胞　17

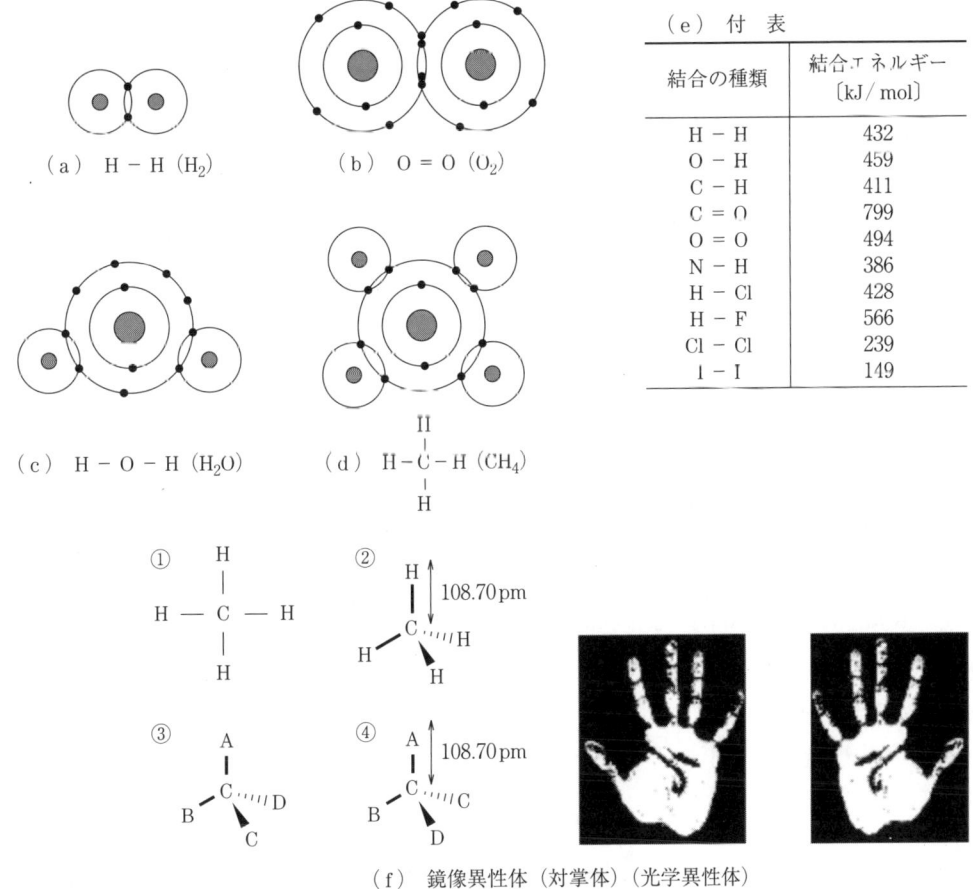

(f) 鏡像異性体（対掌体）（光学異性体）

図 2.1.4　共有結合

それぞれの原子の最外殻原子を充足する組合せであれば，酸素原子1個と水素原子2個の場合のように，共有結合でつながり合うことができる（この場合，H_2O 分子（水）が形成される。図（c））。炭素原子1個と水素原子4個でも同様であり，その場合は CH_4 分子（メタン）が生じる（図（d））。

メタンが出たついでに，炭素原子原子を含む分子の特性について触れる。第1の特性は，炭素原子が最大4本の共有結合を作ることができることに由来する。炭素原子は4本の"結合の手"を持つということもできる（この"手"を"価"という）。炭素原子は4価であり，複数の炭素がひも状にも，分子状にも，環状にもつながることができる。そして，各炭素原子は余った手で，さまざまな原子と共有結合を作る。こうして，炭素原子はきわめて多様な化合物（有機化合物という）を形成することができ，それが生物のからだの主要な構成成分になっている。

炭素原子を含む分子のもう一つの特性は，光学異性体の存在である。炭素原子の4本の手

18   2. 生物体のなりたち

は三次元空間に出ている。メタンの例でいえば，結合している4個の水素原子は直方体の4個の角に相当する位置にあり，炭素原子は直方体の中心にある。この場合，水素原子のどの2個を入れ替えても，分子の構造は変わらない（図（f）の①，②）。ところが，炭素原子に異なる4種の原子ないしは原子集団（"基"という）が結合している場合（図（f）の③，④），どれか2個を入れ替えると，元の分子とは異なった分子になる（構成している原子の種類と数は変わらない）。このような2個の分子は，実物と鏡に映った像との関係にあることから，鏡像異性体という。また，右と左の手のひらの関係に似ていることから，対掌体とも呼ばれる。しかし，より一般的には"光学異性体"と呼ばれる。これは，このような2種の分子の結晶または溶液に平面偏光を通過させたとき，その偏光面が逆の方向に回転するためである。

（2） **イオン結合**　軌道（外殻）電子の配置が安定化するためには，他の原子と軌道電子を共有する以外に，原子に所属していない電子（自由電子という）を取り込んだり，逆に軌道電子を自由電子として放出したりする方法がある（**図2.1.5**）。例えば，水素原子の場合，K殻の電子を放出して電子のない状態になることである。この場合，原子全体としては+1の電荷を持つことになり，H^{+1}（より簡単にはH^+）と表示する。酸素原子の場合，逆に，N殻に電子を1個取り込むことで安定化する。この場合，原子全体としては−1電荷を持ち，O^{-1}（または，O^-）と表示する。

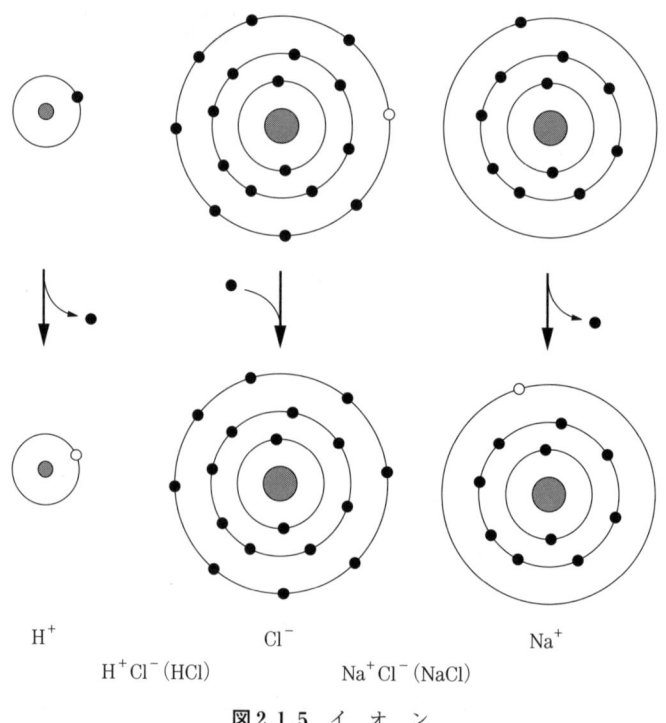

図2.1.5　イ　オ　ン

原子ないしは分子が電荷を持つ状態をイオンという。正の電荷を持つイオンと負の電荷を持つイオンの間には，電気的な引力（クーロン力という）が働き，塩を形成する。このときの結合がイオン結合である。水素イオンと塩素イオンとでは HCl（塩酸）に。水素イオンとナトリウムイオン（Na⁺）とでは NaCl（塩化ナトリウム；食塩）になる。塩は，通常，水に溶けてイオンに解離する。

（3）**水素結合**　水分子は1個の酸素分子に2個の水素原子が共有結合でつながった分子であり，分子全体では電気的に中性である。しかし，酸素原子と水素原子は直線上に並んでいるのではなく，2個の水素原子は酸素原子を中心にしてたがいに約104°の角度を持つ位置にある。そして，酸素原子は水素原子よりも電子を引き付けるの力（電気陰性度）が大きい。その結果，酸素原子の周辺は負の，水素原子の周辺は正の電化を持つことになる。つまり，水分子は正に帯電した部分と負に帯電した部分を持つのである。この状態を分極という（**図 2.1.6**）。この場合，電荷は電子1個分の電荷よりも小さい（イオンの電荷よりも小さい）が，正と負に帯電した部分の間にはたがいに電気的な力が働く。したがって，2個の水分子の間では，酸素原子と酸素原子の間に水素原子が挟まれた状態でつながりが生じる。これが水素結合である。

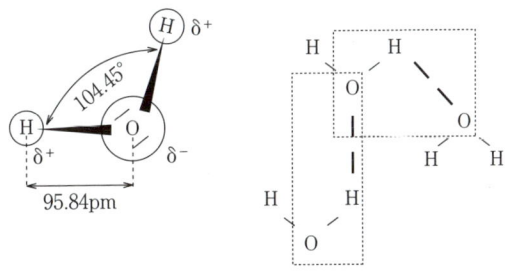

図 2.1.6　水 素 結 合

多くの水分子がある場合，水素結合によって水分子は立体的な網目状に配列する。ただし，水素結合は弱く，水分子の熱運動のために容易に切れる。水（液体）に流動性があるのはこのためである。しかし，温度が下がって熱運動がおさえられると，水素結合が維持されるようになり，水の流動性が失われる。そして，0℃になると完全に固定された状態（氷）になる。逆に，温度が上がると，水の流動性が増す。そして，100℃を超すと，水分子がたがいの水素結合から離れてしまう。これが水の沸騰であり，個々の水分子が動き回っている状態が水蒸気である（湯気は，温度が少し下がって，水分子が寄り集まって小さな塊を作っている状態である）。

水分子に限らず，電気陰性度が大きい原子（生体構成元素の中では，酸素原子と窒素原子が特に大きい）を含む化合物の間では水素結合が形成される。また，同じ分子の中でも（特

に，大きな分子の中では）水素結合が形成され，分子の構造と機能に重要な働きをする。

（4） **ファンデルワールス力による結合**　　水素原子について考えると，外殻電子は1個であり，その周辺は電気的には負である。一方，原子核は電気的には正である。言い換えると，水素原子は分極しているのである。しかし，分極の方向が電子の運動によってつねに変化している。このような水素原子2個が近寄ると，電気的な力が働く。その結果，個々の電子の運動が相手の電子の運動と連動することで安定化する。つまり，2個の原子の間に引き合う力が生じる。これがファンデルワールス力である。また，より多くの水素原子がある場合は，全体に電気的にバランスが取れた状態で集合する（**図2.1.7**（a））。ただし，ファンデルワールス力は非常に弱く（また，非常に近い距離でしか働かない），原子の熱運動で簡単に切れてしまう程度の強さである。

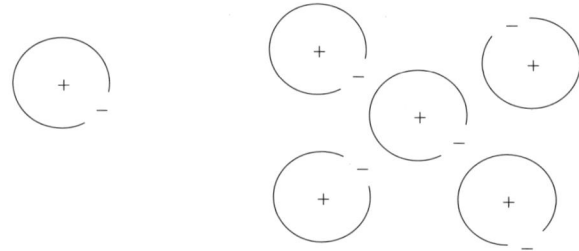

（a）水素原子間のファンデルワールス力

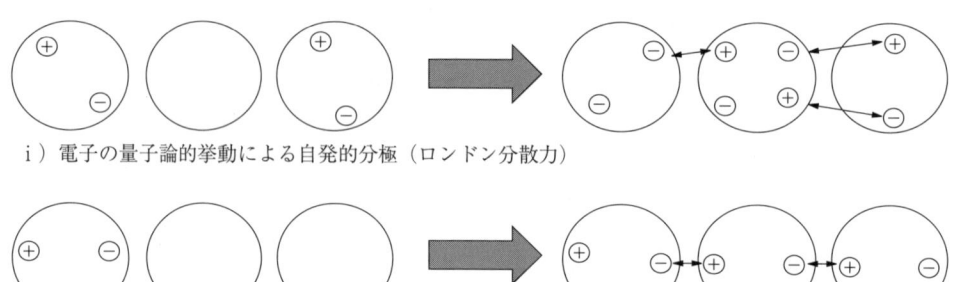

ⅰ）電子の量子論的挙動による自発的分極（ロンドン分散力）

ⅱ）外部電荷による分極（励起双極子）

（b）分子間のファンデルワールス力

図2.1.7　ファンデルワールス力

ファンデルワールス力は，原子間だけでなく，分子間でも働く。さらには，分子内でも働く。図（b）では，大きな分子の各領域の電子過剰状態を⊖，電子過疎状態を⊕で表しており，近隣の分子の電子分布状態によってその分子の電子分布状態が変化し，それがさらに近隣の分子の電子分布状態に影響することが見て取れる。このように，各分子の電子分布状態が経時的に変化し，全体として電気的にバランスが取れる状態に変化する。ファンデル

ワールス力は非常に弱いので個々の場所では容易に離れるが，分子集団としては安定な結合状態を作る場合もある。

（5） **疎水相互作用**　疎水結合という用語が使われることもあるが，じつはそのような結合はない。正しくは，疎水相互作用である。疎水相互作用を理解するためには，水と油を考えるとよい。水に油を加えると混ざり合わない（たがいに結合しない）が，強く撹拌すると，白濁した状態になる（乳化という）。この状態の液を静置しておくと，油滴がたがいにくっつき合い，徐々に大きくなっていく（図2.1.8）。これは，水から排斥された油滴が熱運動している間にぶつかり合い，融合するためである。この時点では油（脂質という）の分子がたがいに引き合って集まるのではないが，寄り集まった脂質分子の間にはファンデルワールス力が働き，徐々に安定な状態が形成される。これと同じようなことが，疎水性の高い部分と親水性が高い部分を持つ大きな分子の内部でも起こり，その分子の安定化に寄与するのである。

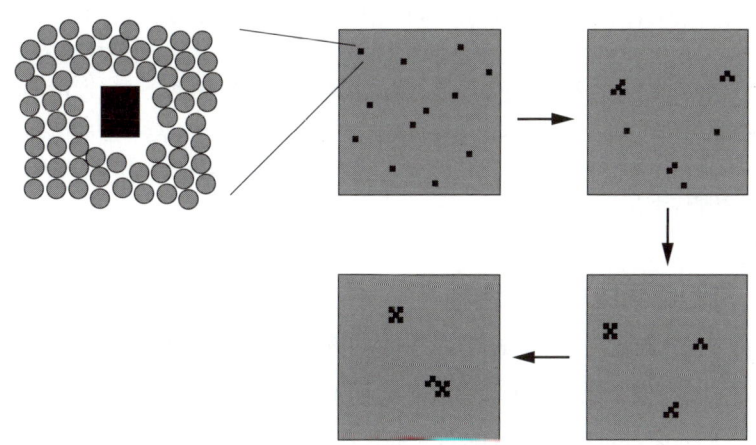

図2.1.8　疎水相互作用

（6） **強い結合と弱い結合**　生物を構成する化合物の形成に主要な働きをする化学結合について述べたが，これらの化学結合は強い結合と弱い結合に大別される（図2.1.9）。強い結合というのは共有結合のことであり，原子から分子を形成する結合である。これに対して，イオン結合，水素結合，ファンデルワールス力による結合，疎水相互作用が弱い結合である。弱い結合は，原子や小さい分子ではあまり重要ではない（原子や分子の熱運動によって容易に切れるため）が，大きな分子の三次元的構造の形成や分子間の相互作用に重要な働きをする。

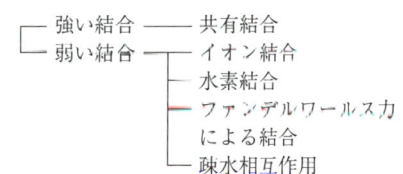

図2.1.9　化学結合（強い結合と弱い結合）

22   2. 生物体のなりたち

　後述する生体高分子が部分的には不安定でありながら，全体としてはかなり安定な構造を維持しているのは，弱い結合の働きのおかげである。マジックテープやファスナーを考えてみればわかりやすい。全体を一度に離すためには大きな力が必要であるが，端から徐々にはがすと容易に離れてしまう。生物機能ならびに生命機能の維持における弱い結合の働きの具体例は後で多数出てくるので，そのときに譲る。

　　　おわりに　　本節では生物のからだが細胞の集合体であることを解説し，細胞に含まれる化学物質の特色を概説した。各化学物質の構造がその化学物質の生体内での機能の解明につながることについては次節以下で述べる。

2.2　生物のからだ：化学物質

　　　はじめに　　前節では，生体が細胞で構成されていることを述べた。本節では，細胞を構成する化学物質について解説する。19世紀後半以後，生化学の進展により，生体（つまり，細胞）が化学物質の集合体であることが明らかになった。当初は天然物化学と呼ばれたが，生物の成分を分析するということから生物化学と呼ばれるようになり，現在では生体内の化学物質のよりダイナミックな役割を研究対象とする生化学と呼ばれる研究分野の紹介でもあり，生化学の用語が出てくるが，分子生物学の基礎でもあり，きちんと理解することを期待する。

2.2.1　細胞を構成する化合物

　生物は多様であり細胞も多様であるが，細胞内液を構成している化合物の種類と量は驚くほど似通っている（表2.2.1）。無機物質はミネラルとも呼ばれ，微量元素などのことである。重量比約85%を占める水（H_2O）は無機化合物であり，おもに溶媒としての役割を果たしている。残り約15%は炭素Cを含む化合物であり，有機化合物といわれる。

表2.2.1　細胞内液（原形質）を構成する化合物

化合物	重量比〔%〕	平均分子量	分子数（相対値）
水	85	18	1.2×10^7
タンパク質	10	3.6×10^4	7×10^2
脂質	2	7×10^2	7×10^3
無機物質	1.5	55	6.8×10^4
RNA	0.7	4×10^4	4.4×10^1
DNA	0.4	1×10^6	1
ほかの有機化合物	0.4	2.5×10^2	4×10^4

〔出典　太田次郎：細胞の科学，裳華房（1992）より改変〕

2.2.2 低分子化合物

化合物は大きく低分子と高分子に分けられる(両者の間に明確な境界があるのではないが,分子量1000がおおむねの目安である)。有機化合物には非常に多くの種類があり,代表的な低分子有機化合物は,アミノ酸,単糖,ヌクレオチド,リン脂質である。以下,まず低分子有機化合物について概説する。

〔1〕アミノ酸

アミノ酸はスポーツドリンクや栄養剤や健康食品などに含まれており,日常生活でも目や耳にすることが多い。調味料としても使われており,『味の素』はグルタミン酸ナトリウムというアミノ酸の商品名である。アミノ酸は代謝中間体や神経伝達物質としても重要であるが,生体内でより重要なのはタンパク質合成の材料として使われることである。表2.2.2に,生物が持つタンパク質に通常含まれるアミノ酸(20種)を示す。

表2.2.2 タンパク質に含まれるアミノ酸(20種)の分類

親水性 (極性を持つ)	電荷を持つ	酸性	アスパラギン酸,グルタミン酸
		塩基性	アルギニン,リシン,ヒスチジン
	電荷を持たない		グリシン,セリン,トレオニン システイン,アスパラギン, グルタミン,チロシン
疎水性 (極性を持たない)	電荷を持たない		グリシン,セリン,トレオニン システイン,アスパラギン, グルタミン,チロシン

プロリンは,異常に高い水への溶解度を持っており,親水的である。
プロリンは,α位の炭素にイミノ基を持ち,主鎖が環状構造を形成している唯一のアミノ酸である。

アミノ酸は,親水性と疎水性に大別され,さらに電荷の有無,酸性/塩基性によって分類され,1個の炭素(C)に対して,水素(H),アミノ基($-NH_2$),カルボキシル基($-COOH$)とアミノ酸ごとに異なる側鎖($-R$)が結合しているという基本構造を持つ。アミノ酸には,水素,アミノ基,カルボキシル基の相対的位置関係により,L体とD体に分かれる(図2.2.1)。両者は光学異性体である(2.1.4項参照)。生体はD-アミノ酸も持つが,L-アミノ酸のほうが圧倒的に多い(天然のタンパク質に含まれるアミノ酸はすべてL体である)が,「なぜ生体のアミノ酸にL体が多いのか」はまだわかっていない。

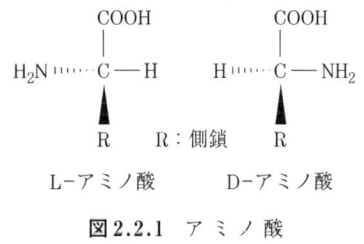

図2.2.1 アミノ酸

〔2〕単 糖

単糖は炭素Cがつながった骨格にヒドロキシル基($-OH$)が付いた化合物である。$-OH$

を持つ化合物はアルコールと総称され，Cが1個のものの代表がメタノール，2個のものの代表がエタノールである（図2.2.2）。言い換えると，Cが3個以上のアルコールが単糖であり，Cの数により三炭糖，四炭糖，五炭糖，六炭糖などに分けられる（図2.2.3）。単糖にもD体とL体があり（図2.2.4），自然界に存在するのはほとんどがD体である。また，アルデヒド基（-CHO）を持つ単糖をアルドース，ケトン基（>CO）を持つものをケトースという。点滴液によく含まれているグルコースはアルドース，清涼飲料水などによく含まれているフルクトースはケトースである。

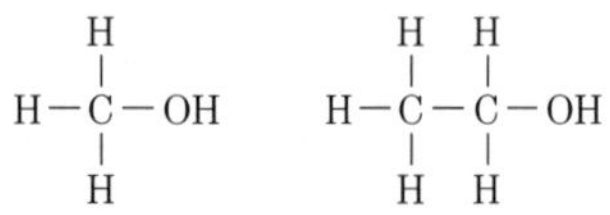

図2.2.2 メタノールとエタノール

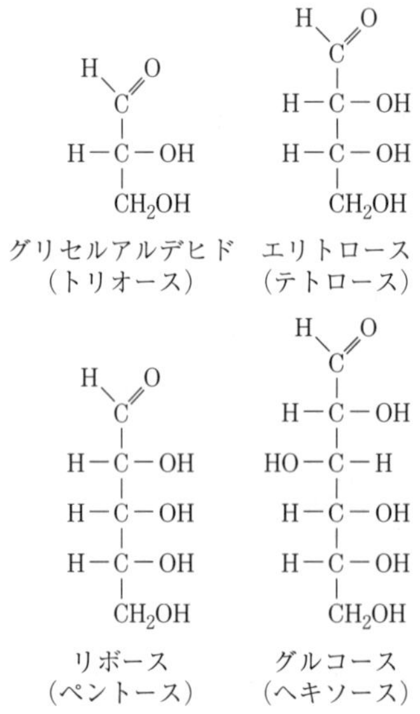

図2.2.3 単　糖

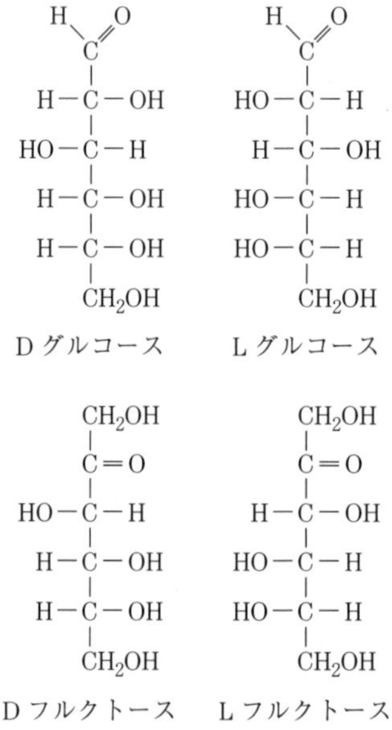

図2.2.4 単糖のD体とL体

なお，グルコースとフルクトースはどちらも六炭糖であり，直鎖状の分子が2個の構造的に異なる環状分子と相互に変換可能である（平衡状態という）（図2.2.5）。Cには1〜6の番号が付けられており，グルコースの場合，1位のCに結合しているヒドロキシル基（-OH）が下に向いているものをα-グルコース，上向きのものをβ-グルコースと呼ぶ。

糖の多くは $[C(H_2O)]_n$ という化学組成を持つことから，炭水化物とも呼ばれる。糖はエネルギー貯蔵物質として働き，多くの物質の合成中間体にもなる。また，細胞壁の主成分はセルロースという糖である。さらに，CとHとO以外の元素を含む糖もあり，複合糖質（糖タンパク質，糖脂質や核酸等）と呼ばれる。

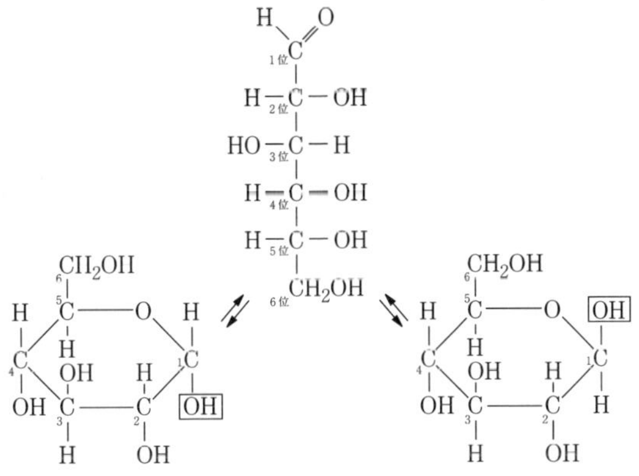

図2.2.5 グルコース

[3] ヌクレオチド

ヌクレオチドは，単糖，塩基，リン酸で構成される化合物である。ヌクレオチドに含まれる単糖にはリボースとデオキシリボースの2種類があり，それぞれリボヌクレオチドとデオキシリボヌクレオチドの構成成分である。

塩基にはさまざまなものがあるが，主要なのはアデニン（A），グアニン（G），シトシン（C），チミン（T），ウラシル（U）の5種である。なお，これらの塩基は化学構造から**表2.2.3**に示すように分類される。

表2.2.3 塩基の分類

	アミノ (−NH$_2$) 基	ケト (=O) 基
ピリミジン環	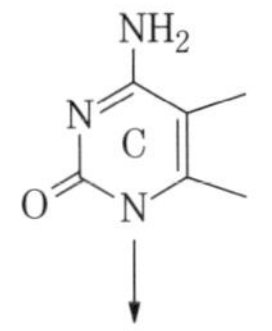 C	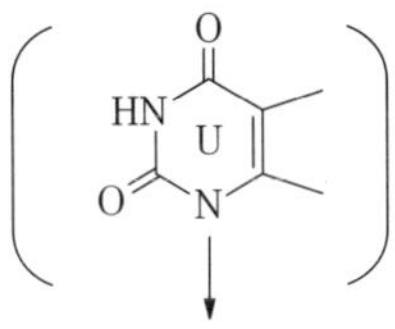 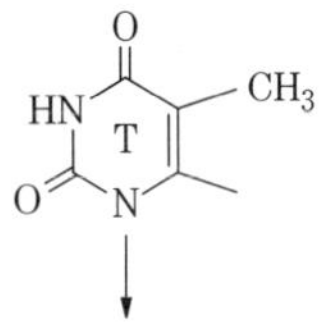 (U) T
プリン環	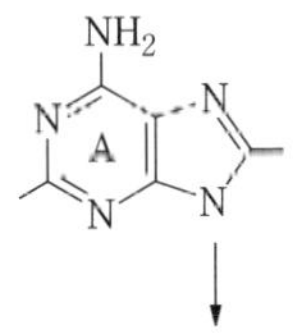 A	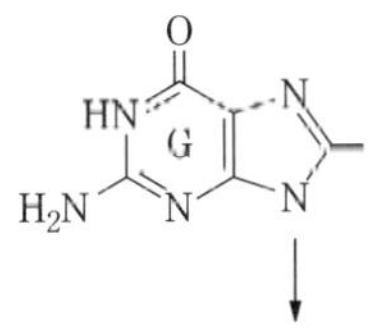 G

リボースに塩基が結合したものをリボヌクレオシド，デオキシリボースに塩基が結合したものをデオキシリボヌクレオシドという。そして，リボヌクレオシドにリン酸が結合したものがリボヌクレオチド，デオキシリボヌクレオシドにリン酸が結合したものがデオキシリボ

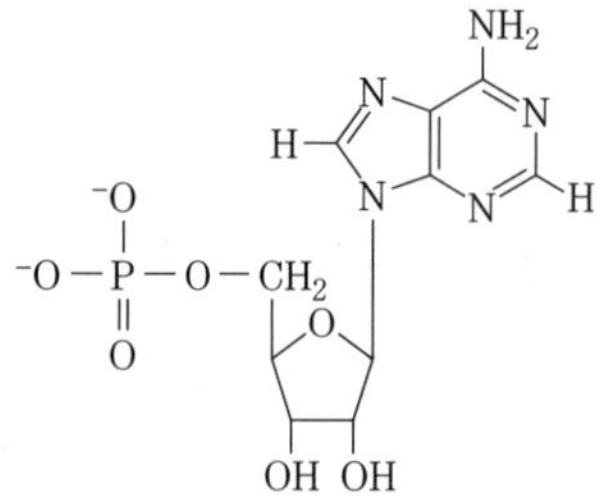

26   2. 生物体のなりたち

アデノシン 5′-1 リン酸

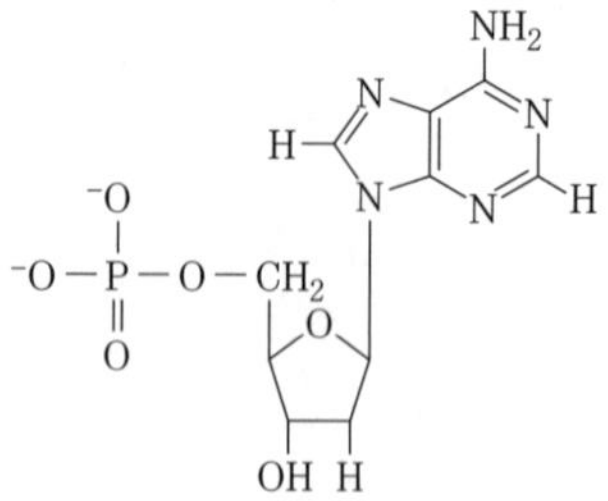

デオキシアデノシン 5′-1 リン酸

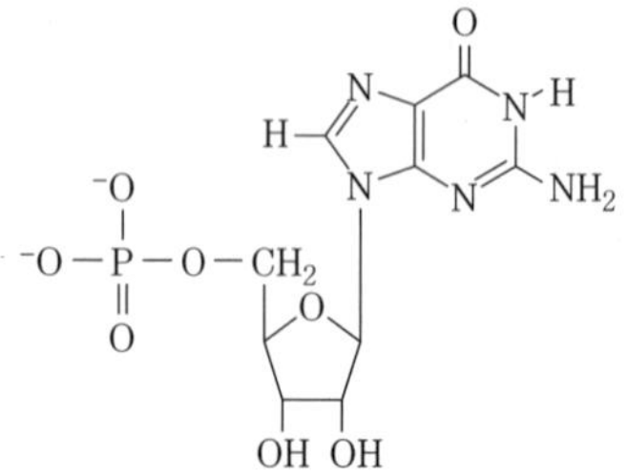

グアノシン 5′-1 リン酸

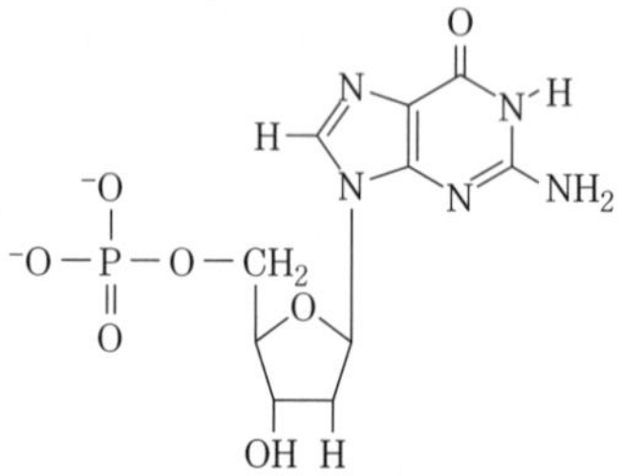

デオキシグアノシン 5′-1 リン酸

シチジン 5′-1 リン酸

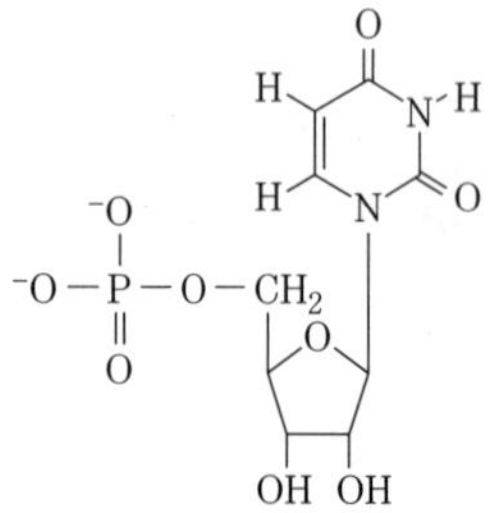

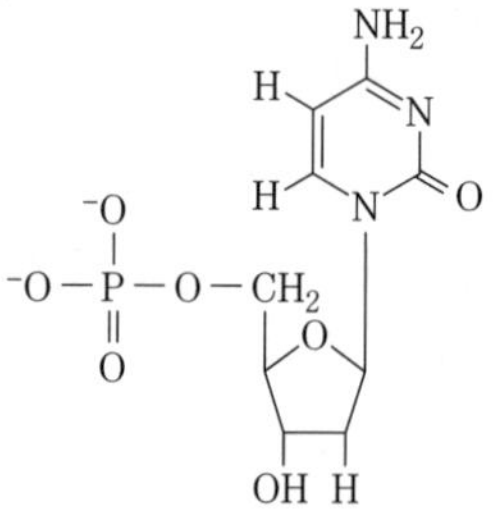

デオキシシチジン 5′-1 リン酸

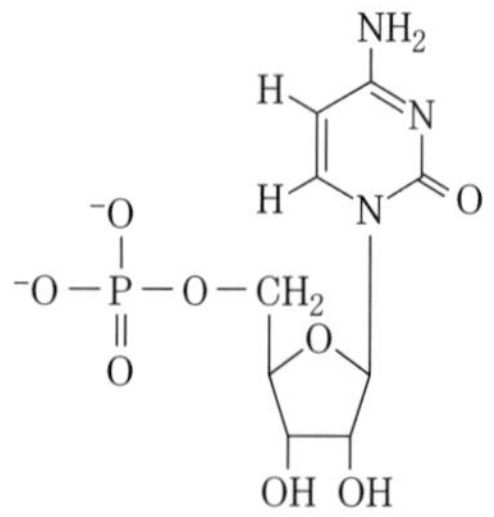

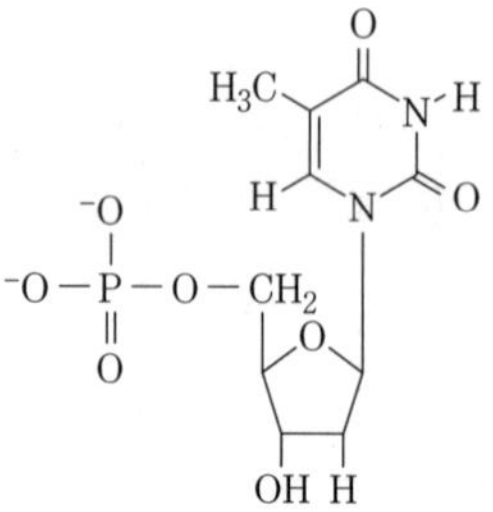

ウリジン 5′-1 リン酸

デオキシチミジン 5′-1 リン酸

（a）リボヌクレオチド

（b）デオキシリボヌクレオチド

図 2.2.6　リボヌクレオチドとデオキシリボヌクレオチド

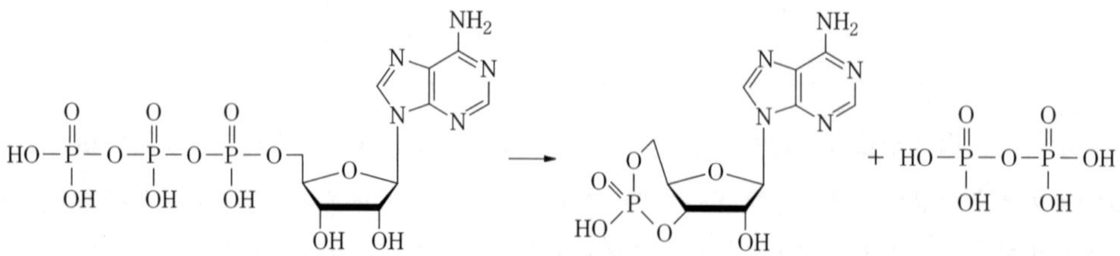

図 2.2.7　cAMP

ヌクレオチドである（**図2.2.6**）。リボヌクレオチドにはアデノシン5′-1リン酸（AMP），グアノシン5′-1リン酸（GMP），シチジン5′-1リン酸（CMP），ウリジン5′-1リン酸（UMP）の4種があり，デオキシリボヌクレオチドにはデオキシアデノシン5′-1リン酸（dAMP），デオキシグアノシン5′-1リン酸（dGMP），デオキシシチジン5′-1リン酸（dCMP），デオキシチミジン5′-1リン酸（dTMP）の4種がある。なお，これらには結合するリン酸が1個（1リン酸）であるが，リン酸が2個（2リン酸），3個（3リン酸）のものもある。

ヌクレオチドはエネルギー代謝で重要な働きをする。特に，アデノシン3リン酸（ATP）はエネルギー代謝で中心的な働きをする。また，アデノシン3-リン酸から作られるcAMP（**図2.2.7**）は生体内の情報伝達物質として生命維持に重要な働きをする。

〔4〕 **脂　　質**

脂質は水に溶けない有機化合物の総称である。生体はさまざまな種類の脂質を含んでいるが，多くの脂質に共通する点は脂肪酸を含んでいることである。脂質の代表的なものは中性脂肪と呼ばれるトリアシルグリセロールである。これは，グリセリンに3個の脂肪酸がエステル結合を形成した分子である（**図2.2.8**）。脂肪酸は炭化水素の長い鎖（アルキル鎖-$(CH)_2$-）にカルボン酸（-COOH）が結合した化合物であり，化学式では$CH_3C_nH_m$-COOHと表される。

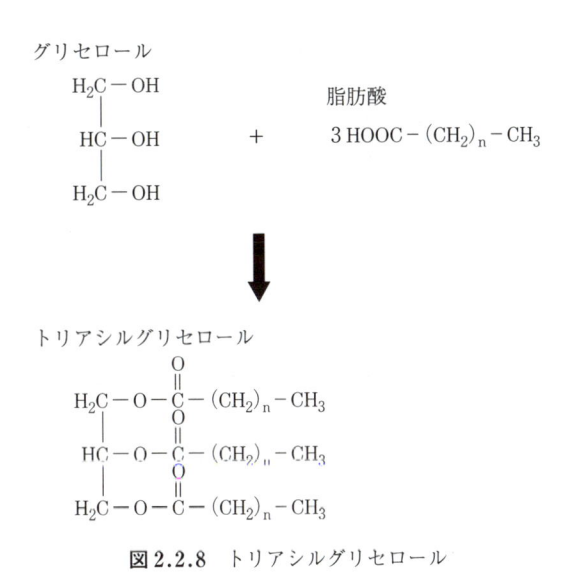

グリセロール
$$H_2C-OH$$
$$HC-OH$$
$$H_2C-OH$$

脂肪酸
$$3\ HOOC-(CH_2)_n-CH_3$$

↓

トリアシルグリセロール
$$H_2C-O-\overset{O}{\underset{\|}{C}}-(CH_2)_n-CH_3$$
$$HC-O-\overset{O}{\underset{\|}{C}}-(CH_2)_n-CH_3$$
$$H_2C-O-\overset{O}{\underset{\|}{C}}-(CH_2)_n-CH_3$$

図2.2.8　トリアシルグリセロール

アルキル鎖の中に二重結合がないものが飽和脂肪酸であり，代表的なものはパルミチン酸やステアリン酸である。ステアリン酸は常温で白色の固体であり，ロウソクや石鹸の材料に使われている。アルキル鎖の中に二重結合があるものは不飽和脂肪酸であり，二重結合の数

ならびに位置の違いで呼び名が異なる。

例えば，炭素数18で二重結合が1個のものがオレイン酸，2個のものがリノール酸，3個のものがリノレン酸である。オレイン酸はオリーブ油に多く含まれ，リノール酸はベニバナ油やコーン油の成分であり，リノレン酸はアブラナ油や大豆油に含まれる。

脂質の合成には多くのエネルギーが必要であり，逆に，脂質の分解によって多くのエネルギーが放出される。脂質を含む食品が高カロリーといわれる所以である。

脂肪酸が他の化合物と結合したものを複合脂質と呼び，細胞膜の構成成分であったり，体内の情報伝達に関与したりするものが多い。複合脂質の中で骨格にグリセロールを持つもの

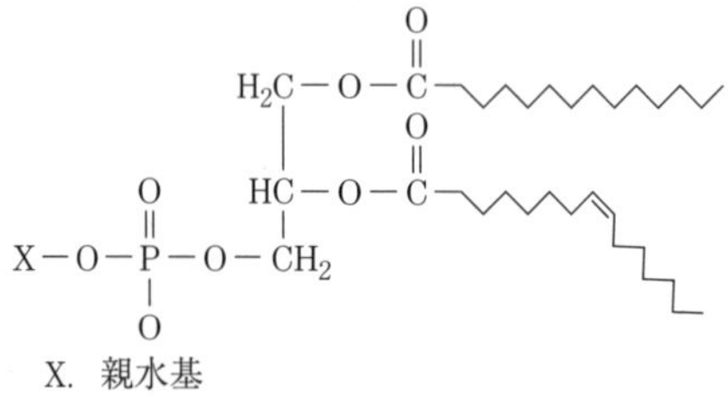

(a) グリセロ脂質（リン脂質）

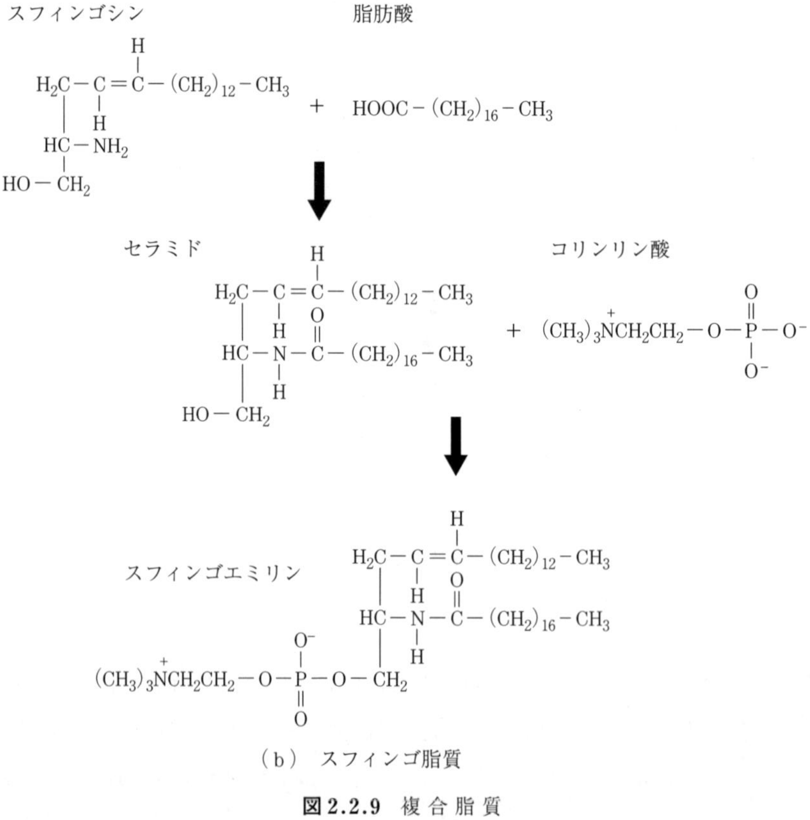

(b) スフィンゴ脂質

図 2.2.9 複 合 脂 質

をグリセロ脂質と呼び，スフィンゴシンを骨格とするものをスフィンゴ脂質と呼ぶ（**図2.2.9**）。

また，脂質の中には，複雑な環構造を持つものもある。例えば，ステロイド環を含むコレステロール（**図2.2.10**（a））や胆汁酸などがある。また，副腎皮質ホルモンや性ホルモン（図（b））もステロイド環を含む脂質である。

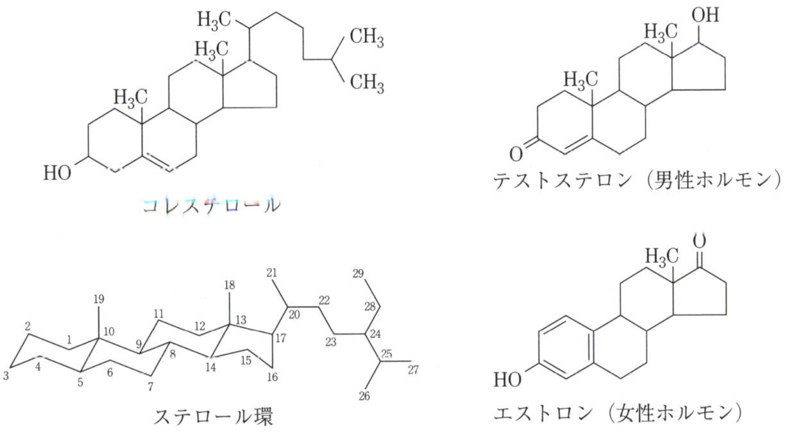

図2.2.10 コレステロールとステロイド

2.2.3 高分子化合物

脂質の中にはかなり大きな分子もあるが，これから述べるのは低分子化合物を構成材料として組み立てられている大きい分子であり，生体高分子と呼ばれるものである。生体高分子には，構成材料が単糖（多糖），アミノ酸（タンパク質），ヌクレオチド（核酸）の3種がある。ここでは，これらの生体高分子の基本的な化学構造について概説する（タンパク質と核酸の高次構造については後節で述べる）。

〔1〕 オリゴ糖・多糖

単糖どうしの –OH が脱水縮合することで鎖状につながった化合物になる（生じる結合をグリコシド結合という）。数個の単糖がつながったものをオリゴ糖といい，構成する単糖の数に応じて，二糖（ビオース），三糖（トリオース），四糖（テトラオース），五糖（ペンタオース），六糖（ヘキソース）などと呼ぶ。α-グルコースとβ-グルコースの違いおよび結合部位の違い，さらに単糖の種類の違いにより，自然界には無数のオリゴ糖が存在する。砂糖（スクロース）は，グルコースの1位の炭素に結合したヒドロキシル基と，フルクトースの2位の炭素に結合したヒドロキシル基が脱水縮合して生じる二糖である。また，乳糖（ラクトース）は，β-ガラクトースの1位のヒドロキシル基と，グルコースの4位のヒドロ

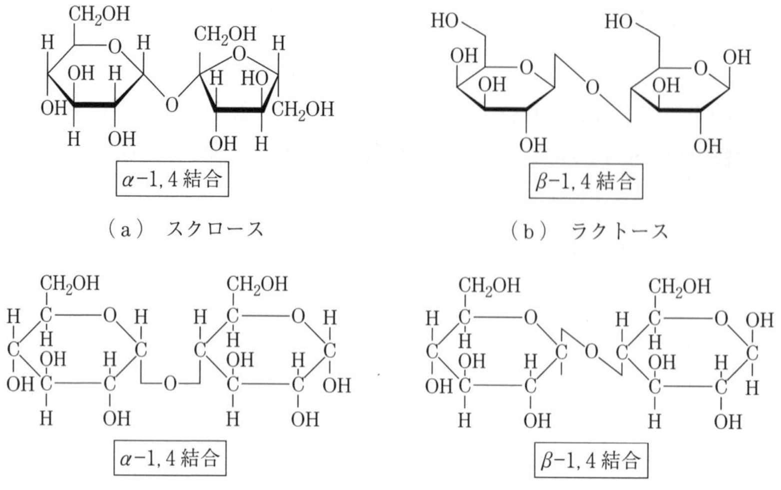

図 2.2.11 の各構造：(a) スクロース α-1,4結合、(b) ラクトース β-1,4結合、(c) マルトース α-1,4結合、(d) セロビオース β-1,4結合

図 2.2.11　二　糖

キシル基が結合した二糖である（**図 2.2.11**）。

　甘味料として使われるマルトースは，デンプンに β-アミラーゼという酵素を作用させると得られ，グルコース 2 分子から構成される二糖であり，α-グルコースの 1 位のヒドロキシル基と，もう一方の 4 位のヒドロキシル基とが脱水縮合している（この結合は α-1,4 結合と呼ばれる）二糖である。さらに，セルロースにセロビアーゼという酵素を作用させて得られるセロビオースもグルコース 2 分子からなる二糖である。セロビオースは，β-グルコースの 1 位のヒドロキシル基と，もう一方の 4 位のヒドロキシル基が β-1,4 結合でつながったもので，マルトースとは立体構造が異なる構造異性体である。

　単糖が多数つながったものが多糖であり，デンプンはグルコースが多数連なったものである（**図 2.2.12**）。デンプンには，α-1,4 結合だけでなく，α-1,6 結合も存在する。α-1,4 結合によってひも状につながっているものをアミロース，そのひも状の分子が α-1,6 結合によって枝分かれしているものをアミロペクチンと呼ぶ。植物は光合成によってグルコースを生産し，それをつなぎ合わせて最終的にデンプンとして貯蔵する。日本人の主食である米は種子にデンプンを蓄えている。われわれが日常食べる米（うるち米）はアミロースの含量が高い。これに対して，もち米は，枝分かれが多いアミロペクチンの含量が高いために粘性が

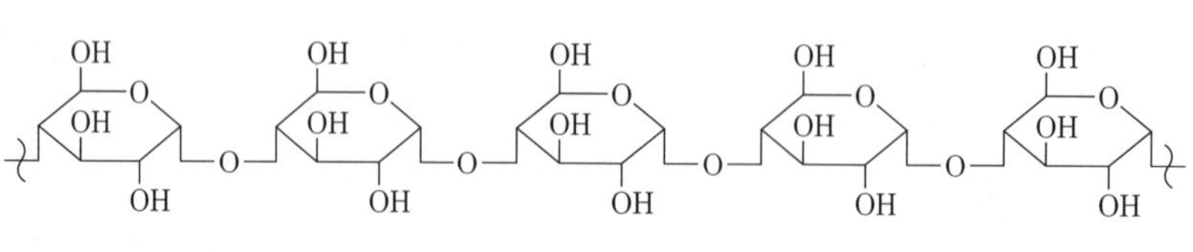

図 2.2.12　デンプン

高く，餅になる。ヒトは穀類やイモ類を食べることでデンプンを摂取しており，唾液中のアミラーゼや腸で分泌されるアミラーゼによって，デンプンはグルコースに分解される。グルコースはさらに二酸化炭素と水にまで分解され，分解によって生じるエネルギー（もともとは太陽からのエネルギー）を使って生命を維持している。なお，動物は，体内のグルコース濃度が高まったときに，余分なグルコースを貯蔵しようとする。そのときに生産されるのがグリコーゲンであり，肝臓や筋肉に蓄えられる。グリコーゲンはアミロペクチンと似た構造を持つが，アミロペクチンよりも枝分かれ度数が大きい。

植物の細胞壁の主成分であるセルロースは，グルコースが β-1,4 結合でひも状に連なった多糖である（図 2.2.13）。また，セルロース分子が平行に並ぶことで，たがいに水素結合を形成して強い繊維になり，細胞壁を形成する。セルロースは地球上で最も存在量が多い多糖といわれている。セルロースと非常に良く似た構造を持つのがキチンである。キチンは，N-アセチル-グルコサミンが β-1,4 結合でひも状につながった多糖であり，昆虫，カニ，エビなどの外骨格の主成分である。また，カビ類の細胞壁にも含まれる。地球上の存在量はセルロースについで多いとされている。

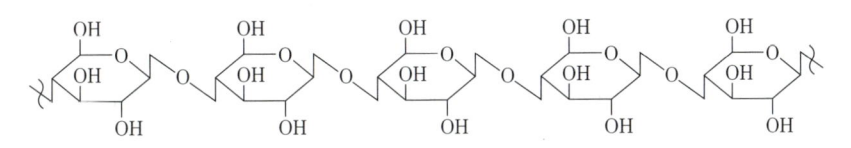

図 2.2.13 セルロース

〔2〕 タンパク質

アミノ酸は生体内に非常に多量に存在するが，アミノ酸単独で存在する量よりも，タンパク質の構成成分として存在する量のほうが圧倒的に多い（生物種によって異なるが，細胞の乾燥重量の 20～50% はタンパク質である）。

アミノ酸のカルボキシル基（-COOH）が別のアミノ酸のアミノ基（-NH$_2$）と脱水縮合でつながったのがジペプチドで，この結合をペプチド結合（-CONH-）という（図 2.2.14）。

多数のアミノ酸がペプチド結合を繰り返してつながったのがポリペプチドであり，タンパク質の同義語である。つまり，タンパク質は多数のアミノ酸がペプチド結合でひも状につながった化合物である。なお，ペプチド鎖（タンパク質）には方向性があり，アミノ基（H$_2$N-）が露出している末端を N 末端，カルボキシル基（-COOH）が露出している末端を C 末端という。慣例として，N 末端を左側に，C 末端を右側に書く。

生体内では，アミノ酸を 1 個ずつ C 末端側に順番につなぐことによってタンパク質が合成される。タンパク質の種類はアミノ酸の数とその並び方によって決まる（アミノ酸の並び方をペプチドの一次構造という）。ちなみに，平均的なタンパク質の分子量は約 5×10^4 で

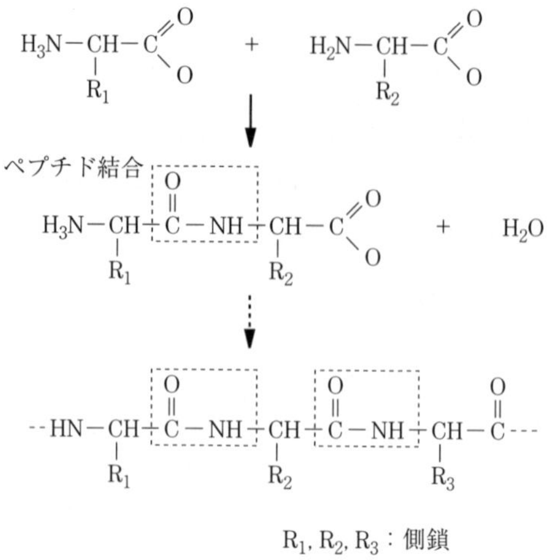

図 2.2.14 ペプチド結合

あり，アミノ酸の数は大略 5×10^2（= 500）である。500個のアミノ酸が無作為に組み合わさるとすると，20^{500} 通りという天文学的な数字になる。ところが，生物が作るタンパク質の種類はそれに比べると非常に少ない（最近の研究では，ヒトのタンパク質は約 2.3×10^4 種とされている）。これは，タンパク質の種類は遺伝子の数によって決められているからである。遺伝子によるタンパク質の種類の制約については 2.6 節で解説する。

　タンパク質は細胞の重量の約 10%（水を除くと，じつに 2/3）を占める。つまり，生体はタンパク質の塊ということもできる。例えば，毛髪の主成分はケラチンというタンパク質である。ケラチンは毛髪のほかに，表皮，爪，角，鱗，羽毛など，動物の体の一番外側に存在する物質の主要な構成成分である。また，血液は固体成分（赤血球，白血球，血小板など）と液体成分に分けられるが，細胞成分はタンパク質を多量に含む。さらに，液体部分にもアルブミン，γグロブリン（抗体），フィブリノーゲンなどのタンパク質が含まれている。

　タンパク質の機能は，アミノ酸の貯蔵，生体構造の維持，生体内の物質輸送，生理作用の調節，細胞の運動，情報の伝達，生体防御，化学反応の触媒に大きく分けられる。アミノ酸貯蔵の役割を担っているタンパク質の代表は卵白アルブミン（玉子の白身の主成分）である。卵白アルブミンは卵細胞（黄身）の周りを取り囲み，卵細胞から発生する胚の栄養源となる。生体構造の維持に関わるタンパク質には，先にも述べたケラチンのほかに，コラーゲンがよく知られている。哺乳類の全タンパク質の約 25% はコラーゲンといわれている。コラーゲンは分子が幾重にも重なることで繊維状の構造体を形成し，多細胞動物における細胞どうしの接着に重要な働きをし，結合組織の強度維持にも寄与する。物質輸送に関わるタンパク質の代表例はヘモグロビンである。ヘモグロビンは赤血球内に多量にあり，酸素と結合して動物のからだの各部に酸素（O_2）を輸送する働きをする。なお，一酸化炭素（CO）が

酸素の約250倍もヘモグロビンと結合しやすいことが一酸化炭素中毒の原因である。

生理作用の調節に関わるタンパク質の代表はインスリンである。インスリンはホルモンの一種であり，膵臓で作られる。血液によって身体各組織に配送され，糖，タンパク質，脂肪などの合成と貯蔵を促進する働きを持つ。特に，グルコースの筋肉への取り込みを促進させ血糖を低下させる働きがある。したがって，インスリンが不足すると血糖量が高くなり，糖尿病になる。生体防御に関わるタンパク質の代表は抗体である。抗体は免疫グロブリンの総称であり，体内に侵入してくる物質（抗原）と特異的に結合して抗原を不活性化したり，抗原の分解を促す標識となったりする。

生体内の化学反応の触媒として働くタンパク質は酵素である。生体内の酵素は食べた物を分解する反応や分解物をエネルギーに変える反応を触媒している。食べ物の分解物を生体の維持に必要な物質に転換したり，生体内で不必要になった物質を分解したりしているのである。また，近年，酵素を工業的に積極的に利用するようになっている。例えば，洗剤にはリパーゼという酵素が加えられている。リパーゼは脂質を分解するので，服に染み付いた油汚れを分解することができるのである。また，歯磨き粉には，歯垢を分解する酵素デキストラナーゼが含まれている。酵素については，2.3.3項でさらに詳しく説明する。

〔3〕核　　酸

核酸は，ヌクレオチドがリン酸を介してひも状につながった化合物であり，DNA（deoxyribonucleic acid）とRNA（ribonucleic acid）の2種がある。核酸の役割は長い間不明であったが，20世紀の中ごろに，遺伝子の実体ならびに遺伝子の働きが解明されることによって，一躍脚光を浴びるようになった（2.5節参照）。ここでは，DNAとRNAの化学的特性を概説する。

（1）**DNA**　DNAはデオキシリボヌクレオチドの重合体である。一方のヌクレオチドのデオキシリボースの5′位と他方のヌクレオチドのデオキシリボースの3′位とがリン酸を介して結合している（ホスホジエステル結合という）（図2.2.15（a））。ヌクレオチド鎖には方向性があり，5′位にOH基を持つ側の末端を5′末端，3′位にOH基を持つ側の末端を3′末端と呼ぶ。なお，慣例として，5′末端を左側に，3′末端を右側に書く。生体成分としてのDNAは2本の鎖が逆方向で向き合っている構造をしており，2本の鎖は塩基と塩基との間に形成される水素結合でつながっている。このとき，AとT（2本の水素結合が形成される），GとC（3本の水素結合が形成される）が特異的に向き合うのが特徴である（図（b））。なお，こうして向き合った2本の鎖はらせん状の立体構造（二重らせんと呼ばれる）を作る。DNAは，通常，右巻きの二重らせん構造（図（c））を持つが，がん細胞の中には左巻きの二重らせんを持つものがあることが知られている。

DNA鎖のヌクレオチド対の並び方が遺伝情報となっている。ヒトDNAには，約30億塩

34   2. 生物体のなりたち

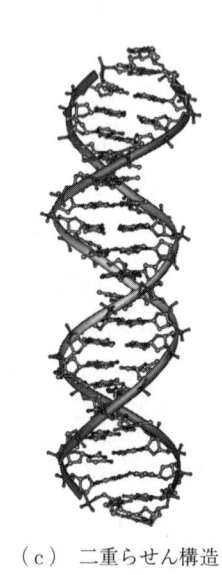

(a)

(b)

(c) 二重らせん構造

図 2.2.15　DNA

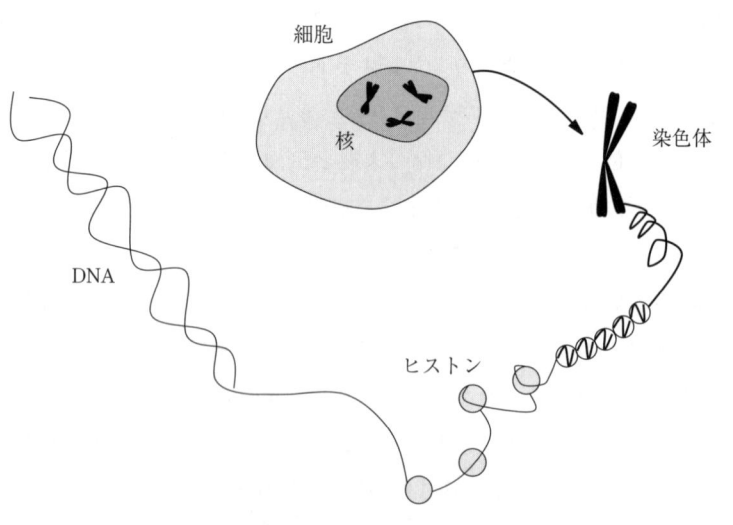

図 2.2.16　クロマチン

基対（3×10^9 bp；全長約 2 m）があり，直径約 5μm の核の中に納められている。真核生物では，DNA はヒストンというタンパク質に巻きついてクロマチンという複合体を形成している。クロマチンはコイル状に何重にも巻かれることで，小さくコンパクトに畳まれていく（**図 2.2.16**）。最も強く折り畳まれた状態が細胞分裂中期の染色体であり，ヒトでは 1 細胞中に 46 本の染色体がある。DNA の遺伝子としての働きについては 2.5 節で詳述する。

（2）**RNA**　RNA はリボヌクレオチドがひも状につながった化合物である。ヌクレオチドの結合方式は DNA と RNA とで同じであるが，生体内の DNA のほとんどが 2 本鎖であるのに対して，RNA の多くは 1 本鎖である。これが DNA と RNA との機能の違いのもとになっている。

細胞が持つ RNA の中には，① DNA の遺伝情報を写し取ってタンパク質のアミノ酸配列に反映させる働きをするメッセンジャー RNA（mRNA），② mRNA の塩基配列をタンパク質のアミノ酸配列に変換する働きをするトランスファー RNA（tRNA），③ タンパク質の製造工場であるリボソームの構成成分であるリボソーマル RNA（rRNA）がある。さらに，RNA の中には化学反応を触媒するものもあり，リボザイム（リボヌクレオチドと酵素の英語読みエンザイム（enzyme）から作られた造語）と呼ばれる。リボザイムの発見は，それ以前の「生体触媒はタンパク質である」という考えを覆し，生命の起源の論争を引き起こした。さらに，近年，生体機能の調節などに関わる RNA が多数見つかっており，RNA の機能解析は現在も進行している。

2.2.4 生　体　膜

生体膜の主成分はリン脂質である。単純脂質である中性脂肪はグリセロール（グリセリン）と脂肪酸のトリグリセリドであるが，細胞膜を構成しているリン脂質は複合脂質であり，グリセロールの三つ目の水酸基がリン酸とエステル結合し，リン酸はさらに極性の高い分子（例えば，コリン）と結合している。別の言い方をすると，リン脂質は親水性の頭に疎水性の長い足が 2 本付いた分子である（**図 2.2.17**（a））。このような分子が多数集まると，疎水性の部分と親水性の部分がそれぞれ寄り合った塊になる。特に，水の中では，親水性の部分が水に接し，疎水性の部分が水に接しないように配列して，脂質二重層と呼ばれる構造になる（図（b））。これが生体膜の基本構造である。つまり，生体膜は共有結合で強く結合した構造体ではなく，疎水相互作用と呼ばれる弱い結合で形成されている構造体である。言い換えると，生体膜はリン脂質でできた流体であり，その表面や内部にタンパク質などが付着したり，埋め込まれたりしているのである（図（c））。

生体膜には相反する二つの機能がある。一つ目は"区分け"の機能である。例として，細胞を取り巻く細胞膜（原形質）について見ると，細胞膜によって細胞の内（自）と外（他）

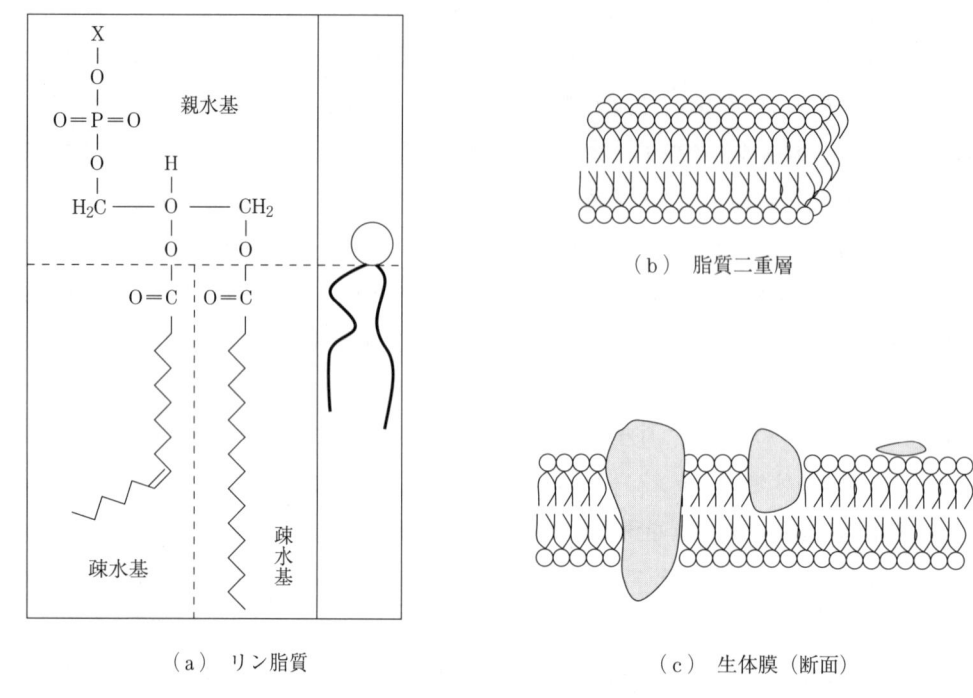

(a) リン脂質　　　(b) 脂質二重層　　　(c) 生体膜（断面）

図 2.2.17 生体膜の構造

に分けられる。

細胞膜を含む生体膜の基本構造は脂質二重層であり，帯状の疎水性部分の両面を親水部分が覆っている。したがって，基本的に，親水性物質（多糖，タンパク質，核酸，ならびにその構成要素である単糖，アミノ酸，ヌクレオチドなど）は生体膜を通過できない（ちなみに，細胞壁はこれらの物質の透過にはほとんど障害にならない）。それだからこそ，細胞内の物質が細胞外に拡散しないのである。しかし，細胞膜のこの特性は，細胞外の物質が細胞内に入り込めないということでもあり，細胞の生存にとっては致命的である。

そこで，細胞膜の二つ目の機能である選択的透過性が重要になる。物質透過を可能にしているのは脂質二重層を貫通しているタンパク質の働きである。物質透過の役割を担うこのタンパク質は筒状の形状をしており，外側が疎水性で内側が親水性になっている。それが脂質二重層に埋め込まれ，内側に疎水性の通路を作る構造になっている。このようなタンパク質はチャネル（金属イオンなどを通す）ないしはトランスポーター（有機化合物を通す）と呼ばれる。なお，脂質二重層を貫通するタンパク質には穴が開いていないものもある。このようなタンパク質は，細胞膜の外部に出ている部分に外部情報を伝える物質（ホルモンなど）が結合し，それによってタンパク質の構造が変化し（2.8.1節参照），細胞内に出ている部分に特定の物質が結合する（場合によっては，結合していた物質が離れる）ことで，細胞外

の情報を細胞内に伝達する役割をする。

　生体膜は細胞の内と外との区切りだけでなく，細胞内の区切りの働きもする。真核細胞ではさまざまな膜構造体を持つ（図2.1.1参照）が，1枚の膜（脂質二重層）に包まれた袋状のもの（小胞体，リソゾーム，液胞，ゴルジ体など）と2枚の膜に包まれたもの（ミトコンドリア，葉緑体）に分かれる。これらは細胞小器官と総称されるが，2枚の膜に包まれたものは，内部にDNAおよびタンパク質合成装置（2.6節参照）を持つ。これらは，もともと自由生活をしていた原核生物が原始真核細胞に入り込み，細胞内共生を始めたものが現在に至っていると考えられている（細胞共生進化説）。

　細胞内部の膜にも膜貫通タンパク質があり，さまざまな機能を担っている。さらに，膜表面に付着している（また，付いたり離れたりしている）タンパク質があり，それぞれがそれぞれの機能を持っている。

2.2.5　細胞小器官

　細胞の内部で特に分化した形態や機能を持つ構造体を細胞小器官（オルガネラ）と総称する。真核細胞が原核細胞と異なる点の一つは細胞小器官が高度に発達していることである。細胞小器官の定義にはいくつかあるが，一般的には，生体膜で囲まれた構造体（核，小胞体，ゴルジ体，エンドソーム，リソソーム，ミトコンドリア，葉緑体，ペルオキシソームなど）を指す。

　これらは膜系細胞小器官とも呼ばれ，膜によって特定の領域を区画することにより各小器官の機能を特化させるとともに，膜の内外でさまざまな物質の濃度差を作ることができることを利用してエネルギー生産（電子伝達系）や物質の貯蔵などを行う。また，ゴルジ体，エンドソーム，リソソームは小胞を介して細胞膜と連絡しあってネットワークを形成し，物質の取込み（エンドサイトーシス）や放出（分泌）を行うことで，外界および他の細胞と情報交換を行っている。

　なお，次項で述べる細胞骨格（中心小体，鞭毛，繊毛などを含む）といった非膜系のタンパク質の超複合体からなる構造体までを細胞小器官に含める場合もあり，さらに核小体，リボソームまでを細胞小器官と呼ぶ場合もある。

2.2.6　細　胞　骨　格

　細胞（特に，真核細胞）の内部には多様なひも状ないしは棒状の構造体が見られる。これらは細胞骨格と総称されるが，太さによってマイクロフィラメント（5～9 nm），中間径フィラメント（約10 nm），微小管（外径約25 nm，内径約15 nm）に大別される（図2.2.18）。マイクロフィラメント（図（a））はアクチンフィラメントとも呼ばれ，アクチ

38   2. 生物体のなりたち

(a) マイクロフィラメント　　(b) 中間径フィラメント　　(c) 微小管

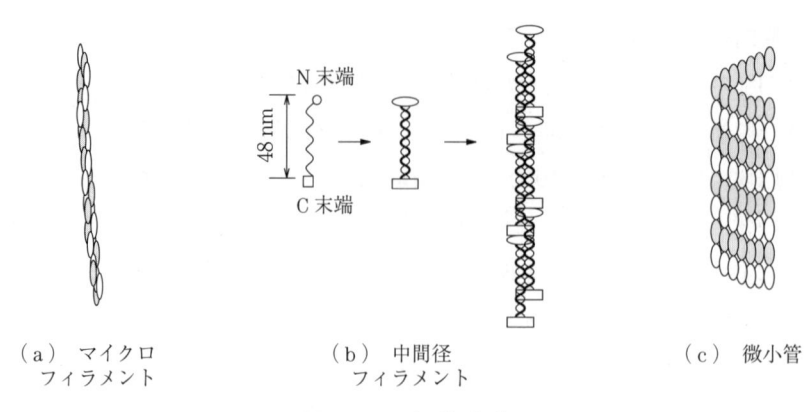

図 2.2.18 細胞骨格

ンというタンパク質がひも状につながった鎖が2本絡まった構造をしている。近年，細胞内の物質移動に重要な働きをしていることが明らかになってきている。なお，ミオシンと協同して骨格筋を作るのもアクチン鎖である。また，アクチンとミオシンの共同体は原形質流動の原動力である。

　中間径フィラメント（図（b））も構成タンパク質がひも状につながった構造体であるが，マイクロフィラメントよりも強く，細胞の立体的形態を維持する働きを持つ。また，細胞小器官（ミトコンドリア，小胞体など）を固定する役割も持つ。さらに，細胞間の結合にも大きな働きをする。

　微小管（図（c））は，構成タンパク質がひも状につながった鎖が13本寄り集まって形成される筒状（中空）の構造体であり，細胞の構造維持に中心的な役割を担う（微小管が鉄骨で，中間径フィラメントとマイクロフィラメントが鉄筋の役割をしているともいえる）。また，細胞小器官の移動の際にレールのような働きをすることが近年明らかになってきている。さらに，鞭毛や繊（線）毛も微小管で構成されていることがわかっている（鞭毛と繊毛は長さが異なるが，基本的に同じ構造をしている）。なお，原核細胞の鞭毛と繊毛は，微小管と同様に，構成タンパク質がらせん状につながった筒状の構造体である。

　　おわりに　　本節では生物のからだが化合物の集合体であることを解説した。これには，古くは"錬金術"にさかのぼる"化学"の考え方ならびに実験手法を生物の研究に取り入れた成果であるとともに，生物のからだの研究のために新しい化学的実験手法が開発されたという側面があることも見逃せない。なお，各化学物質の構造がその化学物質の生体内での機能の解明につながることについては次節以降で述べる。

2.3 生物体の働き：代謝

はじめに 1章で「生物を定義することは不可能」と述べた。しかしながら，われわれは，実生活では，生物と無生物をそれなりに区別している。これは，われわれが「生物である」と考えるものにある程度共通した特性があることを知っているためである。以降の節では，生物が持つ特性のうち代謝，増殖，遺伝について順次解説する。なお，もう一つの特性である進化については第2巻で述べる。

ところで，"代謝"というと難しいようであるが，「餌を食べること」というと少しは身近に感じるであろうか？ 現代人はおおむね1日に3回食事をする。食事の内容は地域や社会風土によって異なるが，栄養学的には"糖質，脂肪，タンパク質（3大栄養素）"と"ミネラル"および"ビタミン"が含まれる。なお，近年は，"からだによい食品"として，アミノ酸，コラーゲン，ヒアルロン酸などが取り上げられるが，実効性に疑問があるものが多い。以下，「餌がからだの中でどのように変化するのか？」を考える。

2.3.1 物質代謝

"発酵"というのは"生体内で起こる物質の分解"のことである。人間にとって最も身近な発酵はアルコール発酵であろう。アルコール発酵は，微生物（例えば，出芽酵母）がグルコースを食べて，消化（分解）したあと，エタノールを排泄することである（人間にとって好ましい微生物の働きが発酵であり，好ましくない微生物の働きは腐敗という）。

発酵は，化学的には，1分子のグルコースから2分子ずつのエタノールと二酸化炭素（炭酸ガス）が生じる反応である【反応式1】。また，ヒトでは，グルコースは二酸化炭素と水

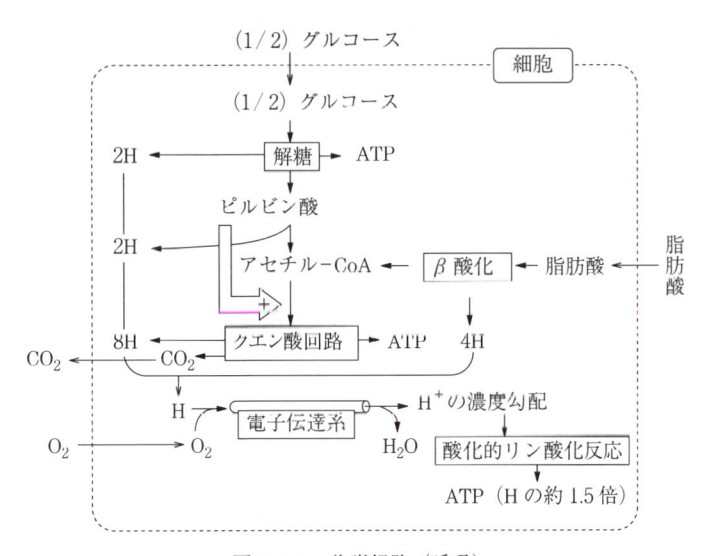

図2.3.1 代謝経路（呼吸）

にまで分解される【反応式2】。

【反応式1】　$C_6H_{12}O_6 \rightarrow 2\,C_2H_5OH + 2\,CO_2$

【反応式2】　$C_6H_{12}O_6 + 6\,O_2 \rightarrow 6\,CO_2 + 6\,H_2O$

反応式2は，グルコースを空気中で燃やしたときの反応と同じである。ただし，生体内では，グルコースが炎を上げて燃えるのではなく，連続する数多くの連続した反応によって徐々に分解されて二酸化炭素と水になる（**図2.3.1**）。この反応の流れ（代謝経路）を呼吸という。

なお，図には脂肪酸の分解（燃焼）も含めて示す。以下，呼吸の細部について順次解説する。

〔1〕**解糖経路**

解糖経路は，グルコース（ブドウ糖；六単糖）がピルビン酸（三単糖）に分解される経路であり，詳細には**図2.3.2**に示す多くの反応が関与している。

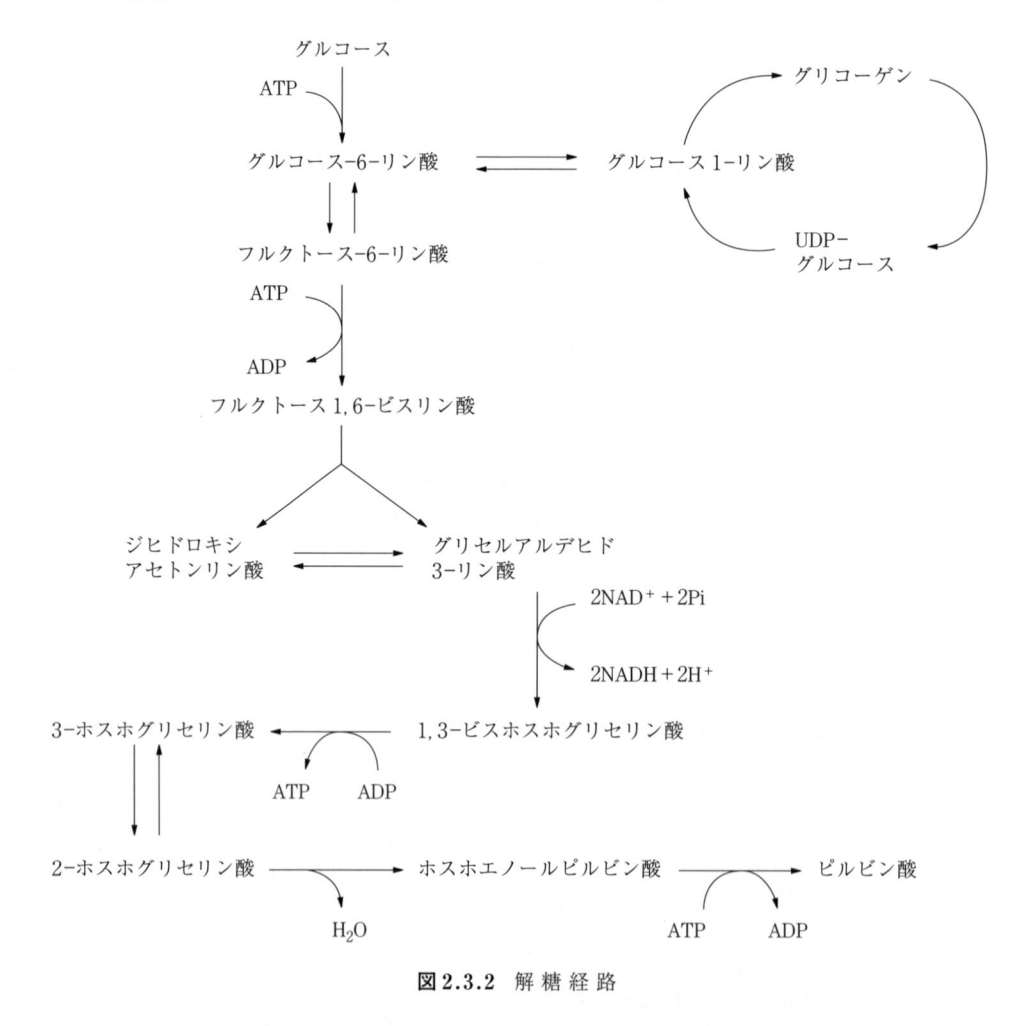

図2.3.2　解糖経路

なお，ピルビン酸からエチルアルコール（二単糖）が生じる経路はアルコール発酵として知られる。

〔2〕 クエン酸回路

クエン酸回路は，三つの-COOH基を持つ化合物を含む回路であることから，tri-carbonate cycle（TCA）回路とも呼ばれる。また，最初にこの経路を解明した人の名前をとってクレブス回路ともいう。クエン酸をはじめとする10種の化合物によって構成される環状の代謝経路（回路）であり（**図2.3.3**），ピルビン酸から生じるアセチルCoAが回路に入り，CO_2とH_2Oが出る。アセチルCoAは脂肪酸の分解（β酸化）によっても生じるとと

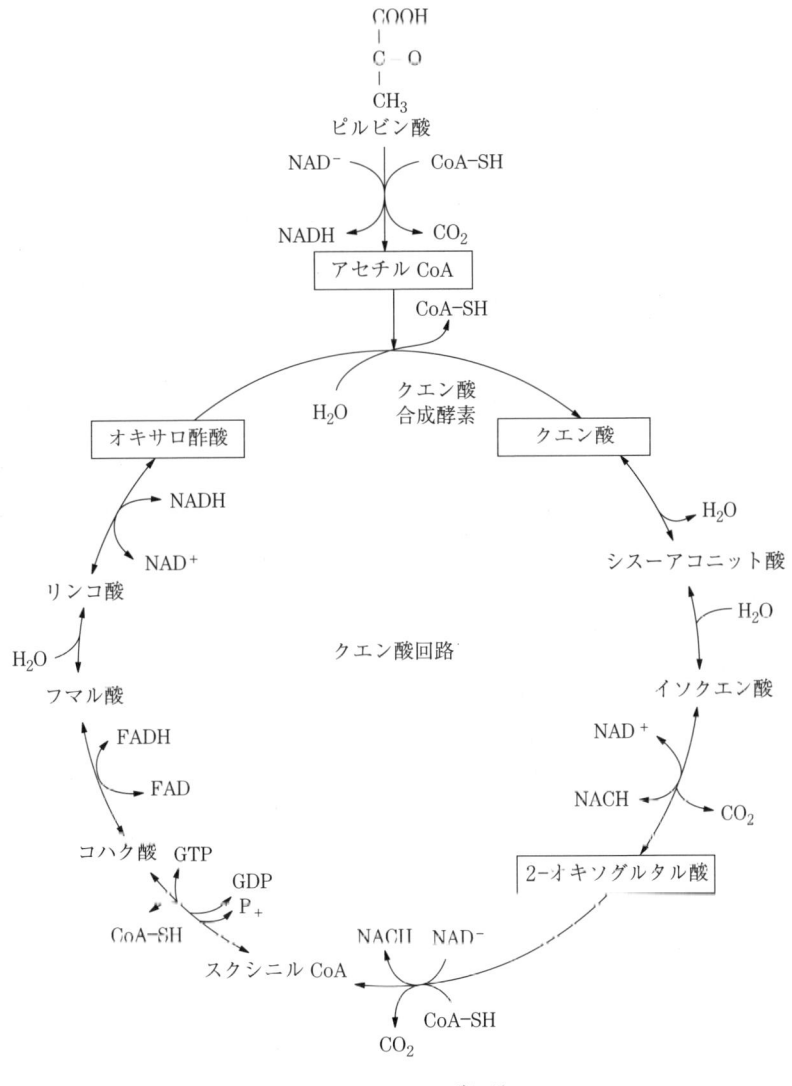

図2.3.3 クエン酸回路

もに，脂肪酸合成の基質でもある．

また，α-ketogurutarate からグルタミン酸（アミノ酸の一つ）が合成されるなど，クエン酸回路中の化合物から数多くのアミノ酸が合成される．

〔3〕 β 酸 化

脂肪酸アシル CoA（fatty acyl-CoA；脂肪酸と補酵 A のチオエステル）の β 位において段

図2.3.4 β 酸 化

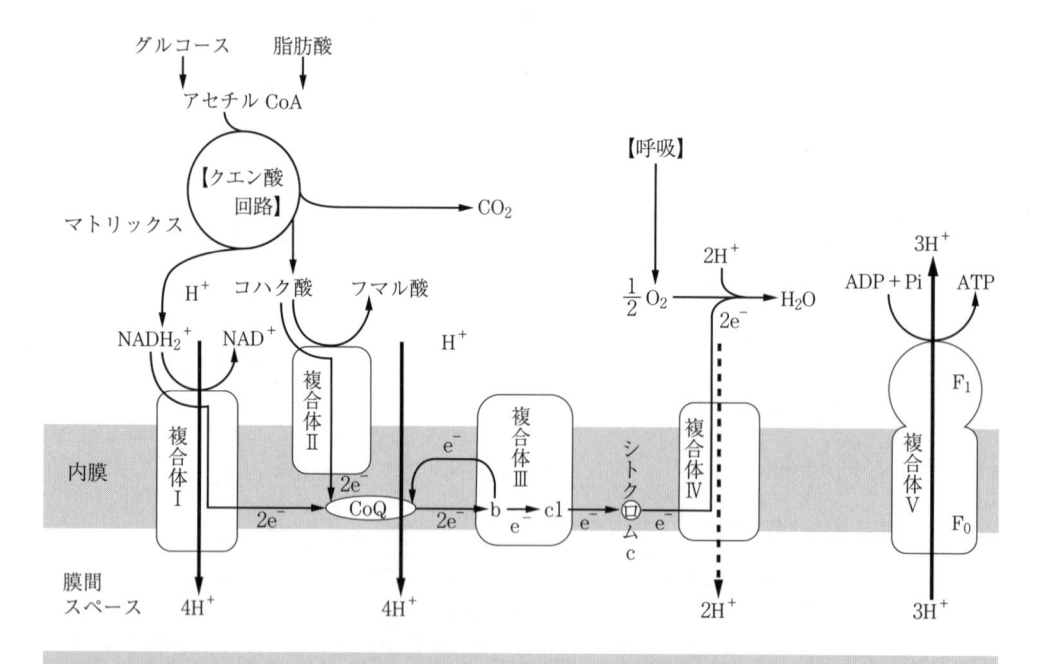

図2.3.5 ミトコンドリアの電子伝達系と酸化的リン酸化（ATP 合成）

階的な酸化が行われることを β 酸化という。

β 酸化は，脂肪酸を酸化して脂肪酸アシル CoA を生成し，そこからアセチル CoA を取り出す代謝経路である（図 2.3.4）。反応が一順するごとにアセチル CoA が 1 分子生成し，最終生産物もアセチル CoA となる。動物細胞では脂肪酸からエネルギーを取り出すための重要な代謝経路である。

〔4〕 電子伝達系と酸化的リン酸化

電子伝達系はミトコンドリア内膜（原核細胞では原形質膜）に存在する複数のタンパク質によって構成される（図 2.3.5）。電子伝達系のタンパク質はたがいに酸化還元を行うことによって電子を次々と伝達し，最後に，電子は酸素分子に受け取られて水が作られる。電子が電子伝達系を移動する間に，水素イオンがミトコンドリア内膜の内側から外側に移動し，水素イオン濃度勾配が形成される。こうして生じた水素イオン濃度勾配を使って，ADP のリン酸化（ATP 合成）が進行する。酸素を使ってリン酸化が進行することから，酸化的リン酸化と呼ばれる。

2.3.2 エネルギー代謝

これまでに，生体が物質の塊であり，物質が分解されたり合成されたりすることによって生物が生きていることを述べてきた。つまり，生体は化学変化（化学反応）の集合体である。ただし，物質変換は化学反応の一面でしかない。化学反応の別の面はエネルギー変換である。

例えば，グルコースの燃焼によって熱が生じる【反応式 3】。この反応は，反応の進行によって熱が出ることから発エルゴン反応という。この反応の逆反応【反応式 4】は，熱を加えなければ進行しないので吸エルゴン反応という。

【反応式 3】　$C_6H_{12}O_6 + 6\,O_2 \rightarrow 6\,CO_2 + 6\,H_2O + 686\,\text{kcal}$

【反応式 4】　$6\,CO_2 + 6\,H_2O + 686\,\text{kcal} \rightarrow C_6H_{12}O_6 + 6\,O_2$

一般に，複雑な（大きな分子）を単純な分子に分解するのは発エルゴン反応であり，単純な分子から複雑な分子を作るのは吸エルゴン反応である（吸エルゴン反応は十分な熱（エネルギー）を加えると進行する）。生体内の化学反応をエネルギー収支の面から見るのがエネルギー代謝である。以下，生体内でのグルコースの分解をエネルギー代謝の観点から解説する。

〔1〕 化学反応と熱（エネルギー）

先にグルコースが燃える（酸化される）と熱が出ると述べたが，通常はグルコースが勝手に燃えることはない。燃やすためには，マッチの炎などで熱を加える必要があり，いったん火がつくと燃え続ける。これが化学反応の原則であり，反応が始まるためには活性化エネル

44 2. 生物体のなりたち

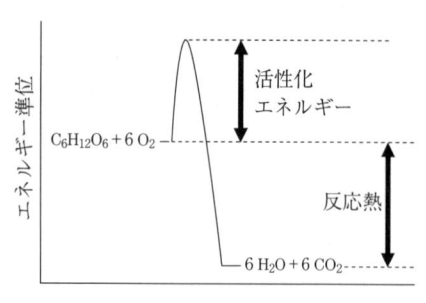

図2.3.6 化学反応と熱

ギーが必要である（**図2.3.6**）。そして，反応によって生じるエネルギー（反応熱）が活性化エネルギーよりも大きいときには，反応は継続的に進行する（ここで，"熱"と"エネルギー"を互換的に使っていることに注意すること）。これが発エルゴン反応である。吸エルゴン反応では，逆に，活性化エネルギーが反応熱よりも大きいため，エネルギーの継続的な供給がなければ反応は継続しない。

〔2〕 エネルギー代謝における ATP の役割

上の説明において，活性化エネルギーと反応熱というように，"エネルギー"と"熱"はほぼ同じ意味に使った。これは，「熱はエネルギーの移動形態の一つ」であるからである。ただし，生物にとっては，熱は使いにくいエネルギーである。まず，恒温動物の体温を維持するためには熱は必要ではあるが，熱が高すぎる（大きすぎる）とからだが焼けてしまう。さらに，より重要なことは，"熱"は拡散してしまうために，有効なエネルギー源としては使うことがほとんどできないのである。したがって，生物は，反応によって生じる（また，反応に要する）エネルギーを有効に使うための工夫をしており，以下に述べる。

図2.3.7は，生体内の二つの反応（A→BとC→D）の関係を示す。A→Bは発エルゴン反応，C→Dは吸エルゴン反応である（ΔG（自由エネルギー）という記号を使っているが，"熱"のことと考えてよい）。なお，A→Bの反応（以下，反応①という）で出る熱（ΔH_1）は，C→Dの反応（以下，反応②という）に要する熱（ΔH_2）よりも大きいとする。図（a）の場合，反応①は進行して熱が放出されるが，反応②は進行しない（反応①で出る熱は拡散してしまう）。これに対して，図（b）の場合，反応①と反応②とが同じ場所（例えば，一つの酵素の表面）で進行すると，反応①によって生じるエネルギーが反応②のエネルギー源として使われ，両方の反応が同時進行する（反応①と反応②の和（A

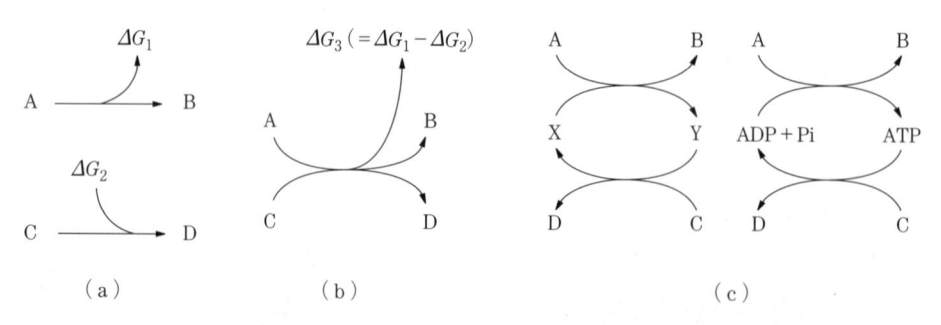

図2.3.7 生体内の二つの反応（A→BとC→D）の関係

+ C → B + D) は発エルゴン反応である)。これを共役反応という。

共役反応の場合は，二つの反応が同じ場所で進行しなければならないという制約がある。ところが，図（c）のように，反応①とX → Yの反応を共役させ，反応②にY → Xの反応を共役させると，反応①と反応②が同じ場所で同時進行しなければならないという制約がなくなる（XとYを移動させる必要はあるが…）。そして，生物がXとYとしてよく使っているのがADP + PiとATPである。これが，"ATPはすべての生物のエネルギー通貨"と呼ばれる所以である。

なお，吸エルゴン反応であるE + F → M + Nを進行させるには，この反応をATPの加水分解反応と直接共役させるのではなく，ATPの加水分解によって生じるPiを基質の一つEに結合させてE-Ⓟを生成し，E-ⓅをFと反応させる方法もある（**図2.3.8**）。これは，Eをリン酸化することによってEを活性化する方法であり，EとFが同じ場所になければならないという制約がなくなるという利点がある。

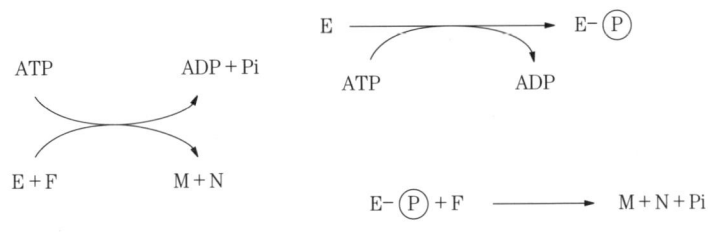

図2.3.8 吸エルゴン反応（E + F → M + N）

〔3〕 酸化的リン酸化による ATP 合成

アルコール発酵では，グルコース1分子からATPが2分子合成される【反応式5】。これに対して，呼吸では，グルコースが酸素分子によって二酸化炭素と水に完全に分解されることにより，38分子のATPが合成される【反応式6】。

【反応式5】 $C_6H_{12}O_6 + 2\,ADP + 2\,H_3PO_4 + 2\,NAD^+$
$\rightarrow 2\,CH_3COCOOH + 2\,ATP + 2\,NADH + 2\,H_2O + 2\,H^+$

【反応式6】 $C_6H_{12}O_6 + 6\,O_2 + 38\,ADP + 38\,Pi$
$\rightarrow 6\,CO_2 + 6\,H_2O + 38\,ATP$

つまり，呼吸では，アルコール発酵の19倍ものATPが合成される。グルコースを完全に燃焼させる機構が電子伝達系と酸化的リン酸化であるということができる。

電子伝達系の働きによりミトコンドリア内膜（原核生物では，原形質膜）の内外に水素イオン濃度勾配が形成され，電子伝達系を通った電子は最終的に酸素分子に受け取られて水になる（図2.3.5参照）。そして，膜を介した水素イオンの濃度勾配を使って（水素イオンが膜の外から内に流れ込むエネルギーを使って），ATP合成酵素が働く。この過程は水力発電

（ダムに蓄えられた水が落下する力でタービンを回して発電する）にたとえられる。現実に，水素イオンが膜を通過することで ATP 合成酵素がタービンのように回転し，ATP 合成が進行することが明らかになっている。

なお，ATP の加水分解によって，7.3 kcal の熱が放出される【反応式7】。したがって，呼吸によって，グルコースから ATP として取り出されるエネルギーは 277.4（38 × 7.3）kcal であり，グルコースの燃焼によって放出されるエネルギーの 40％ に相当する。

【反応式7】　ATP + H_2O → ADP + Pi + 7.3 kcal

〔4〕 光 合 成

先に，多くの生物は，グルコースに蓄えられたエネルギーを ATP として小出しに使って生命を維持していることを述べた。では，グルコースはどこからくるのか？　先に，呼吸の逆反応として【反応式4】を挙げたが，これがグルコースを合成する反応である。この反応は吸エルゴン反応であり，グルコース合成には外部からのエネルギーの投下が必要である。太陽光からそのエネルギーを得るのが光合成である。

光合成は，呼吸と同じように，多くの連続した反応によって進行する。以下，緑色植物の光合成について解説する。

（1）　**緑色植物の光合成装置：葉緑体**　　光合成は，緑色植物では葉緑体という細胞小器官で進行する。つまり，葉緑体は光合成装置である。なお，光合成は，光のエネルギーを化学反応に使えるエネルギー（化学エネルギー）に変換する過程（明反応という）と明反応で生成した ATP と NADPH を使って炭酸ガスと水からグルコースを合成する過程（暗反応という）とに分けられ，どちらも葉緑体の構造が深く関与している。

（2）　**光合成の明反応**　　緑色植物の明反応は，まず葉緑体に含まれる葉緑素が光を吸収することから始まる（葉緑素が特定の波長の光を吸収するために"緑"に見える）。葉緑素が吸収したエネルギーを使ってチライコイド膜に埋め込まれたタンパク質が水をプロトン（H^+）と酸素分子（O_2）と電子（e^-）に分解する〈$2 H_2O → O_2 + 4 H^+ + 4 e^-$〉。生じたプロトンと電子によって，$NADP^+$（酸化型）から NADPH（還元型）が作られる〈$NADP^+ + H^+ + 2 e^- → NADPH$〉。また，電子はチラコイド膜中の一連のタンパク質を順次渡り歩く（電子を受け取ることを酸化，電子を引き渡すことを還元という）間に，チラコイド膜の内外にプロトンの濃度に差が生じる（これをプロトン濃度勾配という）。そして，チラコイド膜内外のプロトン濃度勾配を利用して，ATP 合成酵素によって ATP が作られる。

明反応は，つぎの二つの反応式で表される。

【反応式8】　$12 H_2O + 12 NADP^+ → 6 O_2 + 12 NADPH + 72 H^+_{(in)}$

【反応式9】　$72 H^+_{(in)} + 24 ADP + 24 Pi → 72 H^+_{(out)} + 24 ATP$

（3）　**光合成の暗反応**　　暗反応では，明反応で作り出された ATP と NADPH を使って，

チラコイド膜の外側にあるストロマ（葉緑体基質）でグルコースが合成される。暗反応は発見者にちなんでカルビン・ベンソン回路とも呼ばれる。なお，暗反応は明るい昼間には行われていないと思われがちであるが，昼間も行われる。

カルビン・ベンソン回路は10以上の酵素からなる複雑な回路であるが，回転は，おもにリブロース1,5-ビスリン酸カルボキシラーゼ／オキシゲナーゼ（RubisCO）によって調節される。カルビン・ベンソン回路の収支式は【反応式10】の通りであるが，通常は簡略化して【反応式11】のように書く。

【反応式10】　$6\,CO_2 + 12\,NADPH + 18\,ATP$

→ フルクトース-1,6-ビスリン酸 $+ 12\,NADP^+ + 18\,ADP + 16\,Pi$

【反応式11】　$6\,CO_2 + 12\,NADPH + 18\,ATP$

→ $C_6H_{12}O_6 + 12\,NADP^+ + 18\,ADP + 18\,Pi$

（4） 光合成と呼吸の生物学的意義　地球大気はもともとは酸素（O_2）を含んでいなかった。現在の地球大気に酸素が含まれているのは，光合成細菌（シアノバクテリアの仲間）が出現して光合成を行うようになってからである。そして，酸素は本来強い酸化力を持つ毒性の強い気体であるが，一部の生物が酸素を利用した酸化過程を通じて大きなエネルギーを利用できるようになったと考えられている（第2巻参照）。

2.3.3　酵　　　　素

生体内では多数の化学反応が進行している。生体内の化学反応には，酵素が"生体触媒"として使われている。触媒というのは，反応を起こりやすくする（活性化エネルギーを低下させる）が，反応前と反応後とでそれ自身は化学変化しない物質である。生体触媒としての酵素は，ごく一部の例外を除いて，単純タンパク質ないしは複合タンパク質である（近年，ある種のRNAが触媒作用を持つことが発見されており，リボザイムと呼ばれる）。したがって，タンパク質としての化学的・物理的性質を持つ。分子量は小さいもので約1万（アミノ酸として約100個），大きいものでは10万（アミノ酸として約1 000個）以上のものもあるが，数万程度のものが最も多い。

ある種の酵素は触媒作用に低分子化合物を必要とする。このような低分子物質を補酵素または補欠分子族という。酵素はつぎのような特徴を持つ。

① 効率がよい。例えば，カタラーゼは1分間に500万分子の過酸化水素の分解を触媒する（鉄の錯塩のあるものもこの反応を触媒できるが，分解速度は1分間に10万分子程度である）。

② 特異的である。個々の酵素は特定の反応だけを触媒する。例えば，キモトリプシン，トリプシンなどはタンパク質の加水分解反応を触媒するが，デンプンや脂肪の加水分解

はまったく触媒しない。タンパク質の加水分解についても，キモトリプシンとトリプシンでは役割が違い，分解されるペプチド結合が異なる。また，これらの酵素はL型のアミノ酸からなるペプチド結合だけを分解し，ラセミ化のような副反応も起こさない。このように，酵素の基質，反応生成物，反応形式などが厳重に決まっているため，細胞内の複雑な反応が間違いなく，整然と行われる。これは酵素分子が，決まった基質とだけ結合する性質を持っていて，その物質だけが触媒作用を受けるからである。

③ 酵素の作用は調節できる。酵素の触媒能力はいろいろな条件で強められたり弱められたりする。例えば，生成物が十分につくられ，もはやそれ以上必要なくなると，酵素の能力が抑えられる。逆にある物質が欠乏したときには，ホルモンなどの作用により必要な酵素が産生され，その物質を速やかに合成する。

④ 至適温度（最適温度）を持つ。化学反応は温度が上がれば反応は速くなるが，酵素反応は，普通は，40℃を超えるあたりからむしろ反応が遅くなる。これは，酵素がタンパク質であり，熱に弱く，立体構造が壊れて酵素としての能力が失われてしまうからである。反応が最も速くなる温度をその酵素の至適温度という。

⑤ 至適pH（最適pH）を持つ。酵素の作用の強さはpHによって変わる。最も作用の強いpHを至適pHという。多くの酵素の至適pHは7付近の中性である。しかし，胃の中のように強い酸性の環境下で働く消化酵素ペプシンは至適pHが2くらいであり，その目的によくかなっている。

多くの酵素はタンパク質であり，ペプチド鎖が折り畳まれて立体構造を構築している。この立体構造に応じて，目的分子（基質）と弱い非共有結合によって結合する（場合によっては，S-S結合を形成する場合もある）。このような分子間の相互作用の結果，酵素ペプチドの立体構造が変化し，ペプチドの別の部位が基質に接近し，所定の化学変化が起こりやすくなる。化学変化が終了すると，ペプチド鎖の立体構造がまたまた変化し，その結果，化学変化によって生じた分子（産物）がペプチド鎖から離れ，ペプチド鎖は元の立体構造に戻る【反応式12】。

【反応式12】　$E + S \rightarrow E' - S \rightarrow E'' - P \rightarrow E + P$

このように，基質が酵素と結合することにより，活性化エネルギーが相対的に低下して反応が起こりやすくなると考えられている。

2.3.4　"炎"と"いのち"

古来，"いのち"は"ろうそくの炎"にたとえられる。赤々と燃える炎はいのちの活力を表すたとえに使われ，ろうそくの炎はいのちのはかなさの象徴として扱われる。ここでは，炎（特に，ろうそくの炎）といのちのたとえを代謝という視点から考える。

日常的によく使われるのは洋ろうそくであり，本体はパラフィン（石油から精製した炭化水素），芯は木綿糸（セルロース）である。パラフィンが燃えている状態がろうそくの炎であるが，固体のパラフィンがそのまま燃えるのではなく，気体のパラフィンが燃えているのである。より正確にいうと，固体のパラフィンが炎の熱で溶け，さらに気化して燃えるのである。気体の燃焼は不安定で，風などで簡単に吹き消されるので，炎を安定に保つために，可燃性の固体（木綿糸）を芯にしている（**図2.3.9**（a））。パラフィンもセルロースも，炭素と酸素と水素だけを含む化合物であり，その燃焼は化学的にはグルコースの燃焼【反応式3】と大差はない。

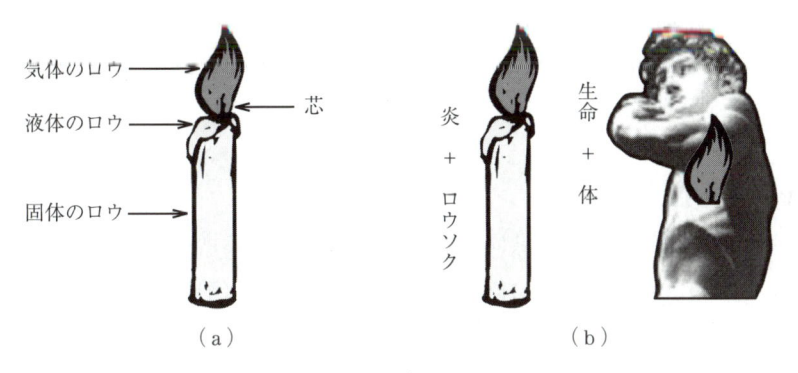

図2.3.9 炎といのち

一般には，この炎が"いのち"にたとえられる。そして，ろうそくの本体はからだということになる。人間に置き換えると，「人間のからだがあって，その中にいのちが宿っている」といわれるのが普通である。ろうそくに戻って考えると，炎はパラフィンの気体を代謝している実体である。ろうそくの本体はパラフィンを供給するだけである。人間でいえば"食べ物"である。一方，生物のからだは代謝の実体であり，ろうそくの炎に相当するのである（図（b））。つまり，人間のからだの中に命が宿る」の意味は「人間のからだそのものがいのち」であって，「人間のからだの一部がいのちである（人間のからだといのちは別）」ではない。まさに『からだがいのち』である。

おわりに 本節では，生物のからだが"化合物の塊"であるだけではなく，"化合物の変換（化学変化）の集合体"であることを解説した。さらに，化学変換が個体内にとどまらず，環境とつながっていることについても議論した。

以下の節では，このような化学変化を内包している生物のからだのさまざまなはたらきについて述べる。

2.4 生物体の働き：増殖

はじめに 生物の特性の一つは増殖することであり，生殖ともいう。地球に生命体が出現したのは約40億年前（地球の誕生は約46億年前）といわれるが，それ以来，生命は代々引き継がれている。これは生物の生殖能力の賜物である。さて，現存の生物についてみると，さまざまな生殖方法がある。例えば，人間の場合，1組の男女から子が産まれ，子が生長して次の世代の子を産む。

動物の中には，人間と同様に，子を産むものもいるが，卵（たまご）を産み，卵から次代の個体が誕生するものもいる。植物の多くは種子を作り，種子が芽生えて次代の個体になる。見かけは異なるが，いずれも有性生殖である。有性生殖だけでもこのように多様であるが，これとは別に無性生殖というのもある。以下，生物の生殖について，体系的に（つまり，生物学的に）説明する。

2.4.1 有性生殖

有性生殖は，雌雄二つの個体が共同して次世代の個体を作る増殖方法である。なお，多細胞生物では，次世代の個体の形成に直接関わるのは生殖細胞（配偶子という）であり，個体を形成している大多数の細胞（体細胞という）は生殖には直接には関わらない。言い換えると，有性生殖は，配偶子（有性）世代と体細胞（無性）世代とを交互に繰り返して生命を引き継いでいく生命維持機構である。有性生殖は便宜的に環状に描くことができ（**図2.4.1**），この環を生活環という。

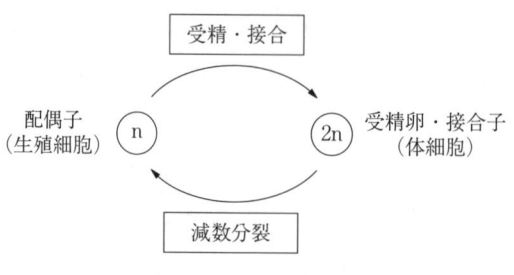

図2.4.1 生活環

雌雄の配偶子が合体することを受精といい，合体したあと，両配偶子由来の核が融合する。こうして，雌雄配偶子の遺伝情報が混ざり合い，細胞当りの遺伝情報量が倍になる（配偶子の遺伝情報量を1nとすると，体細胞の遺伝情報量は2nであり，これを1倍体，2倍体という）。体細胞（2n）は体細胞分裂によって増殖し，生じた細胞集団が個体を形成する。そして，個体が成熟すると，身体の一部（生殖組織）の細胞が減数分裂を起こし，配偶子（n）を形成する（体細胞分裂と減数分裂については後述する）。

なお，ここまでは多細胞生物について述べてきたが，単細胞生物にも有性生殖をするものがある．単細胞生物の場合も，1倍体の細胞（世代）と2倍体の細胞（世代）が交互に生命を引き継いでいることには変わりはない（ただし，単細胞生物については，受精の代わりに接合という言葉を使う）．

2.4.2 無性生殖

有性生殖が2個体が関わる増殖方法であるのに対して，無性生殖は1個体だけが関わる増殖方法である．つまり，個体の一部が分かれて別の個体になることが無性生殖である．例えば，ヤマイモのつるにできる"むかご"，イチゴの"匍匐枝（ランナー）"，サトイモ（親芋）にくっついている"小芋"などは，元の個体の一部でありながら，その個体から分かれて独立の個体として生育する．また，ネギやワケギのように"株分け"で増えるのも，タケやササのように"地下茎"で増えるのも無性生殖である．さらに，"挿し木"のように，人間が木の枝を切り取って土に挿しておくと，それから根が生えて独立の木として生長することがある．これも無性生殖である．ちなみに，現在よく使われる『クローン』はもともと"挿し木の枝"を指す言葉であり，無性生殖で増えた個体ないしは個体の集団のことである．

自然界では無性生殖の例は植物に多いが，無性生殖をする動物もいる．イソギンチャクやヒドラは，身体の一部が膨らみ，それが分かれて独立の個体に生長する．また，プラナリアを切り刻むと，それぞれの切片から個体が復元する．この場合，失われた組織や器官が再び生じることから，再生ともいう．

人工培地を使って生物の組織（さらには，単一の細胞）を増殖させる方法を組織（細胞）培養というが，最近注目を浴びているES細胞やiPS細胞とともに，動物の無性生殖を利用した技術である．なお，無性生殖で生じた個体はたがいに，また元の個体と，同じ遺伝情報を共有している．したがって，無性生殖で生じた個体を元の個体の"子"といういい方をよくするが，本来は"分身"というべきである．

2.4.3 細胞分裂

細胞は分裂によって増殖する．したがって，細胞の増殖は無性生殖である．ただし，原核生物と真核生物とでは，細胞分裂の様子が大きく異なる．原核生物は単細胞生物であり（ランソウのように細胞がつながったものもあるが，細胞間に機能ならびに形態の分化はない），生活に必要な遺伝情報がすべて1本の環状のDNAに含まれている．この環状DNA（染色体ともいう）は1点で細胞膜に付着しており，その部分で複製が進行する（DNAの複製は2.5.8項で述べる）．複製によって生じた2本の環状DNAは，付着している部位の細胞膜が伸長することにより分離され，細胞分裂の際に別々の細胞に配分される（**図2.4.2**）．

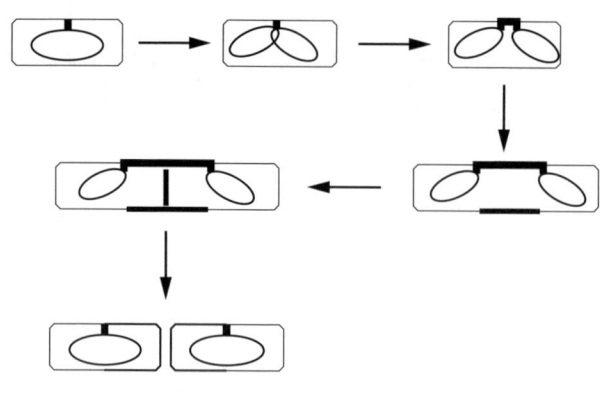

図 2.4.2 原核生物の細胞分裂

　一方，真核生物には単細胞生物も多細胞生物もあるが，細胞分裂の機構に関しては両者の間に違いはない。ただし，真核生物の細胞分裂には，体細胞分裂と減数分裂という二つの異なる分裂の仕方がある。以下，それぞれについて説明する。なお，細胞分裂に関しては，染色体（真核生物は複数のひも状の染色体を持ち，染色体の数と形は，生物種によって異なる）の挙動が重要であり，細胞分裂における染色体の挙動を理解する上では，動原体と染色体腕を区別しておくとわかりやすい。

　体細胞分裂（**図 2.4.3**（a））では，動原体と染色体腕との複製が同調しており，複製した二つの動原体（姉妹動原体）に，それぞれ異なる極から伸びてきた紡錘糸が付着する。そして，紡錘糸の収縮によって姉妹動原体が二つの極に分かれ，それぞれの動原体につながっている染色体腕も分かれる。その結果，姉妹染色体は二つの姉妹細胞に分配される。その結果，体細胞分裂によって生じた二つの細胞はたがいに，また元の細胞と，同じ染色体セットを持つことになる。これに対して，減数分裂（図（b））は連続した2回の細胞分裂で完結する。第1分裂では，染色体腕は複製するが，動原体は複製しない。ただし，2本の相同染色体（それぞれ異なる親から受け継いだ染色体の対）が横に並び，両者の動原体（相同動原体）があたかも体細胞分裂時の姉妹動原体のように挙動する。その結果，相同動原体が一つずつ姉妹細胞に分配される（各動原体につながっている染色体腕も同様に分配される）。そして，第2分裂では，動原体が複製し，姉妹動原体が分かれ，それぞれの動原体につながっている染色体腕（姉妹染色体腕）が別の細胞に分かれる。つまり，体細胞分裂では，染色体の1回の複製に対して細胞が1回分裂するのに対して，減数分裂では，染色体の1回の複製に対して細胞が2回分裂する。その結果，減数分裂では，細胞当りの染色体の数が半減する（ただし，でたらめに半分になるのではなく，相同染色体が別々の細胞に分配される）。なお，減数分裂では，相同染色体の組み合わせが変わるだけでなく，相同染色体間の組換えも起こるので，遺伝的多様性が飛躍的に増加する。

2.4 生物体の働き：増殖

染色体腕の複製　染色体の凝縮　　　　　動原体の複製
　　　　　　　　赤道面での整列　　　　　紡錘糸の動原体への付着

間期 ──→ 前期 ──→ 中期

↓ 紡錘糸の収縮

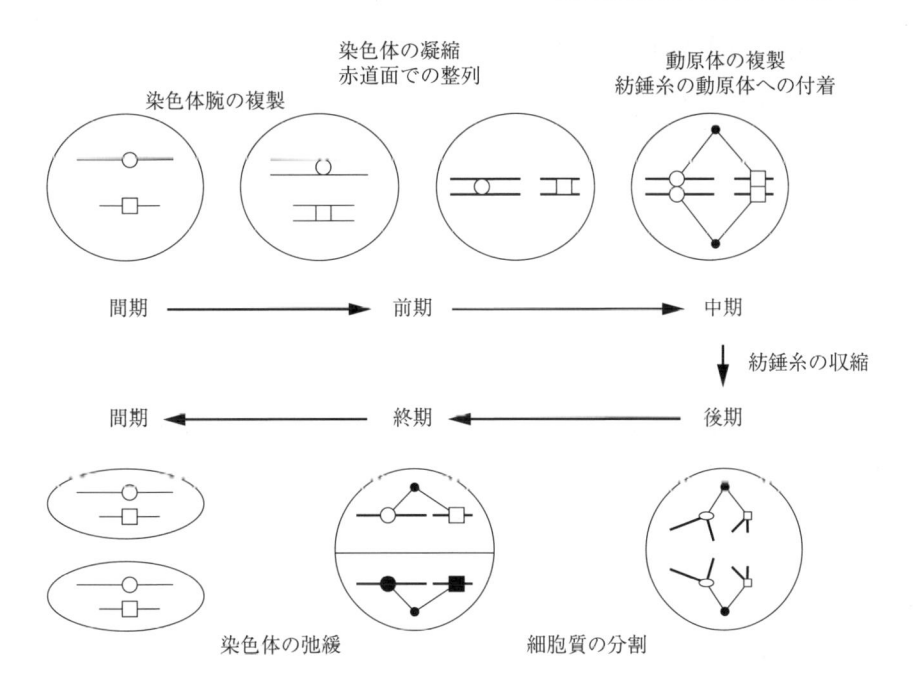

間期 ←── 終期 ←── 後期

染色体の弛緩　　　細胞質の分割

（a）体細胞分裂

　　　　　　　　　染色体の凝縮
　　　　　　　　　相同染色体の対合
染色体腕の複製　　赤道面での整列　　　紡錘糸の動原体への付着

第 1 分裂
間期 ──→ 前期 ──→ 中期

↓ 紡錘糸の収縮

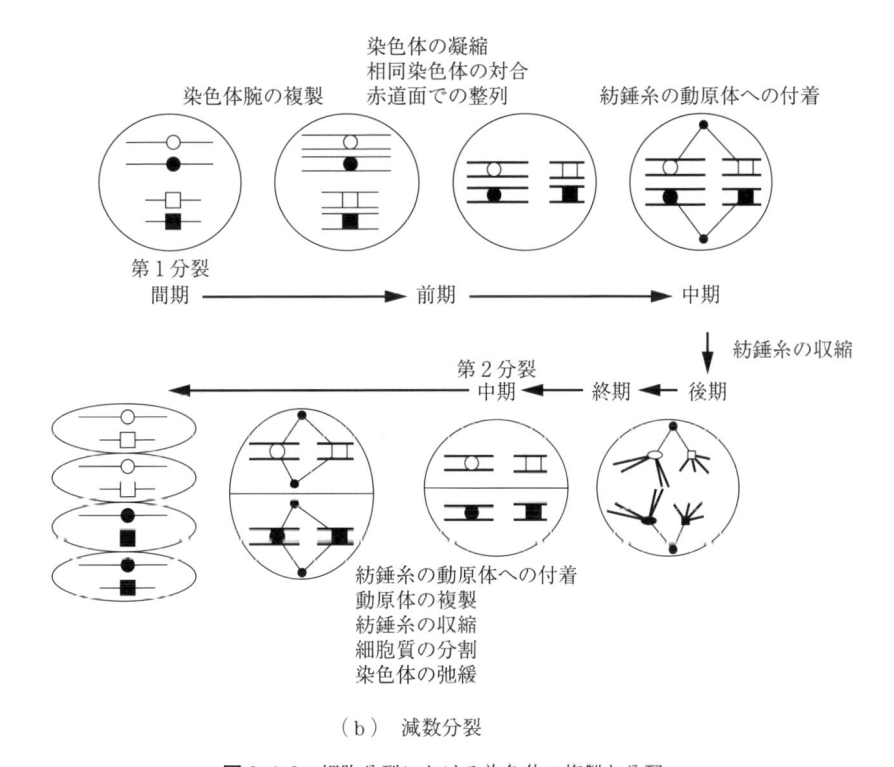

第 2 分裂
中期 ←── 終期 ←── 後期

紡錘糸の動原体への付着
動原体の複製
紡錘糸の収縮
細胞質の分割
染色体の弛緩

（b）減数分裂

図 2.4.3　細胞分裂における染色体の複製と分配

2.4.4 生物の生殖の具体例

無性生殖の特徴は，単独の個体で生殖できることと，生じた個体ならびに個体集団が元の個体と，またたがいに，ほぼ同じ遺伝情報を共有していることである。したがって，生存に適している環境条件下では急速に個体数を増やすことができる。ただし，環境は地域的に異なるのが普通であり，時間的にも変動する。したがって，無性生殖しかしない生物は，環境変化によって絶滅する危険がある（絶滅を逃れるのには，その環境から逃げ出すか，非常に低い頻度で生じる突然変異に依存するしかない）。

これに対して，有性生殖は，異なる個体が持っている遺伝情報を混ぜ合わせ（受精／接合），組合せを変えて再配分する（減数分裂）ことにより，集団内の遺伝的多様性を増やす生殖方法である。多様な環境にそれぞれ適した個体が生き残ることを狙っている生殖方法であるが，生殖相手と出会わなければならないという欠点がある。多くの動物では動き回ることで，また多くの植物では風や昆虫などを使って花粉をまき散らすことでこの欠点を補っている。いずれにしても，無性生殖と有性生殖にはそれぞれ利点・欠点があり，個々の生物は無性生殖と有性生殖を使い分けている。

〔1〕 大腸菌の生殖

原核生物は基本的に無性生殖で増殖するが，有性生殖に類似した生殖を行うことも知られている。大腸菌（*Escherichia coli*）の場合，F因子（F factor）を持つものと持たないものとがあり，両者が近づくと接合が起こり，遺伝物質の移動が行われる（**図2.4.4**）。なお，F因子は細胞の生存に必要な遺伝子を持つ染色体に組み込まれた状態（HFr）と組み込まれていない状態（F^+）とがある。なお，F因子を持たない状態をF^-という。

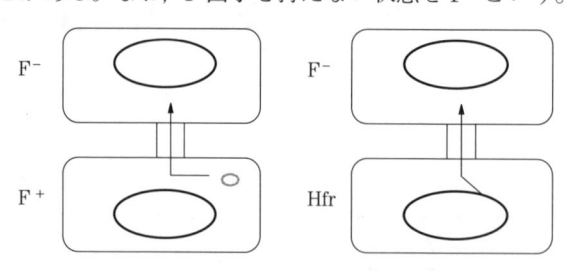

図2.4.4 大腸菌の生殖

〔2〕 出芽酵母の生殖

出芽酵母（*Saccharomyces cerevisiae*）は単細胞生物であり，ヒトと同様に，1倍体世代と2倍体世代を持つ。出芽酵母の生活環を**図2.4.5**に示す。

〔3〕 種子植物の生殖

種子植物の生殖器官は"花"である。多くの場合，一つの花の中に雌雄の生殖組織（雄しべと雌しべ）を持っており，これを両性花という。また，一つの花が雌雄の生殖組織のどち

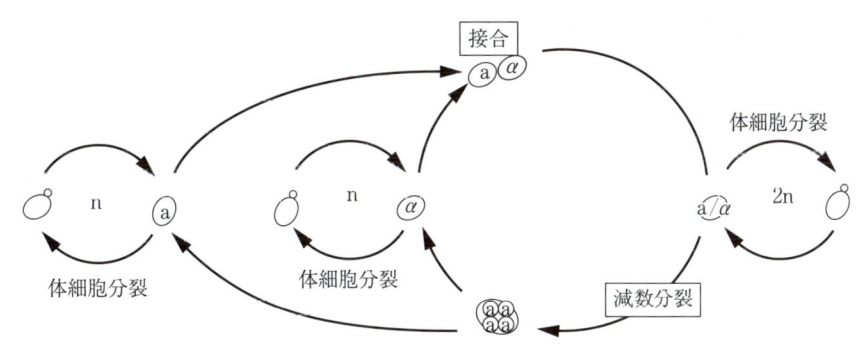

図 2.4.5　出芽酵母の生活環

らかしか持たない場合もあり，これを単性花という。さらに，一つの個体が雌雄の単性花をつける場合（雌雄同株）と，一つの個体は雌雄のどちらかの単性花しかつけない場合（雌雄異株）とがある。

〔4〕 **単為生殖**

ミジンコの雌は，春先には，減数分裂を経ずに卵を形成し（したがって，卵は 2 倍体であり，親の体細胞と同じ遺伝情報を持つ），その卵は受精せずにそのまま発生を始める。これを単為生殖といい，生じる個体は親と同じ遺伝情報を持つ。夏場の急速な個体数の増加には単為生殖が都合よいと考えられる。しかし，秋先になると，減数分裂を経た卵を形成し（卵は 1 倍体），この卵は受精して初めて発生を開始する。これは有性生殖であり，ミジンコは遺伝的多様性を維持するために有性生殖を行うと考えられている。

単為生殖の別な例としてはハチやアリがある。雌（女王バチ，女王アリ）は減数分裂を経た卵を形成するが，その卵が受精せずに発生を始める場合（単為生殖）と，受精してから発生を始める場合（有性生殖）とがある。興味あることに，受精せずに発生を始めた卵（1 倍体）は雄個体に，受精して発生を始めた卵（2 倍体）は雌個体になる。つまり，ハチやアリでは倍数性で雌雄が決まるのである。女王バチ（女王アリも）は一生に一度だけ交尾し，精子を貯精嚢にためておき，卵の受精を制御しているようである。巣作り中は受精卵を産んで雌個体を増やす（雌個体は働きバチになる）が，時期がくると未受精卵を産んで有性生殖を行う。なお，雄（1 倍体）は減数分裂を経ずに精子を形成する。そして，雌個体は一部の雄個体とともに巣別れをして，女王バチとして新しい巣を作る。雄個体は女王バチと交尾すると死んでしまい，巣の形成ならびに維持には関与しない。これも，無性生殖と有性生殖を使い分けている例である。

〔5〕 **ヒトの生殖**

ヒトは多細胞生物であり，成体は約 60 兆個の細胞を持つ。個体には雄と雌の別があり，それぞれ成熟すると生殖組織で精子と卵子を形成する。精子と卵子はそれぞれ単一の細胞で

あり，それらが合体（受精）して受精卵になり，受精卵が体細胞分裂を繰り返して成体に生育する。身体の細胞は体細胞分裂によって増殖するが，生殖組織では減数分裂が起こり，それによって生殖細胞が生じる。

ただし，ヒトの性は通常考えられているほど単純ではない。生物学的な性（遺伝的な性，身体の性）は性染色体で決まるとされているが，性染色体上の遺伝子が中心的な働きをするというほうが正しい。加えて，他の染色体（常染色体という）上の複数の遺伝子も性決定に関与していることが明らかになっている（各遺伝子によって関与の程度が異なる）。つまり，雄と雌という単純な2分法には収まらないのである。性染色体数の違い，性決定に関わっているそれぞれの遺伝子の突然変異によって，雄度と雌度のさまざまな組み合わせがあると考えるべきである。

さらに，社会的なヒト（つまり，人間）の"性決定・性役割"はさらに複雑である。その原因は脳にある。個人が自身の性を意識するのは脳の働きの結果である。現在，脳科学が急速に発展しており，男女の脳の構造の違いなども明らかになってきているが，まだまだ不明な点が多い。ところで，"身体の性（生殖器の有無）"と"意識の性"とにギャップがある場合があり，性同一性障害といわれる。その原因はまだ十分にわかっていないが，発生のある時期に脳組織が接触するホルモン（ホルモンシャワー）によって，"意識の性"が形成されるという説もある。今後の解明が待たれる。さらに，人間には"社会的な性"があるといわれている。ジェンダー論である。「生物学的性がジェンダーの基盤である」という議論がよくされるが，生物学的性がそもそも2分法では済まないことを十分にわきまえた議論とは思えない。生物学ないしは生命科学の知識に立脚したジェンダー論の展開が求められるところである。

2.4.5 生物の多様な性決定機構

本節では，これまでに遺伝的要因による性決定機構の話をしてきた。それだけでも十分に多様であるが，じつは自然界には"遺伝子によらない性決定機構"を持つ生物が多種いる。本項では，その例をいくつか紹介する。

まずは，多くの魚類では，発生初期の生殖腺は環境要因の変動に非常に敏感であり，例えば，ヒラメの稚魚は18℃程度の水温で飼育するとすべてメスになるが，高温で飼育するとすべてオスになる。また，爬虫類では，孵化温度によって性が決まるものが多い（アメリカアリゲーターでは低温で雌に高温で雄になるが，アカウミガメでは逆に低温で雄に高温で雌になる）。アンコウでは，稚魚がそのまま成長すると雌になる。ところが，成長の途中で雌に出会うと口で雌に吸い付き，最終的には精巣だけを残して完全に雌と一体化してしまう。

カクレクマノミでは，稚魚は雄として生育し，雌を見つけてペアを作る。ところが，ペア

の雌が死ぬと，雄が雌になり（いわゆる性転換である）小さい雄とペアを作る。メダカは稚魚の時期に経口投与された性ホルモンしだいで，遺伝的雄が機能的雌に，あるいは遺伝的雌を機能的雄に性転換を起こさせることができる。メダカをはじめ多種の生物については"環境ホルモン（正しくは，内分泌攪乱物質という）"が性転換を引き起こすことが知られているが，これは性がホルモンないしはホルモン受容体の働きで決定することを示唆する。ニワトリでは，非常にまれであるが，年を取った雌が雄のように高らかに鳴き，正常雌に対し性行動をとり交尾することがある（ホルモン投与によって同様の現象が起こる）。このほかに，遺伝以外の要因が性を支配する例として，ボルバキア（*Wolbachia pipientis*）という細菌の寄生による鱗翅目昆虫や等脚類の雄の雌化および環形動物原環虫類（*Dinophilus apatris*）における卵の大きさによる性決定などがある。

おわりに 本節では，生物の特性の一つである増殖について解説した。次節では，増殖によって生じた生物が元の生物と似ている現象"遺伝"について解説する。

2.5 生物体の働き：遺伝

はじめに 20世紀は"生物学の時代"とよくいわれる。これは，メンデルの発見（再発見は1900年）以後，「遺伝学」が急速に進歩し，それが1950年代に始まる『分子生物学』のさきがけとなったことによる。この時期に生物学が生物科学（さらには，生命科学）と呼ばれるようになったことにも呼応するが，生物学の研究対象ならびに研究手法が大きく変わった。本節では，まず，遺伝学に焦点を当て，その後"分子生物学のはじまり"について解説する。分子生物学の成果と今後の課題については，次節以降で述べる。

2.5.1 遺　　　　伝

街を歩いていると，よく似た親子に出会うことがある。そして，親子が似ていると，「これは遺伝だ」と直感的に考えるであろう。そこで，ある4人家族（夫婦と長女と長男）の話をしよう。この家族は全員日本語を話し，血液型はOである。「親子が似ているのが遺伝」というのであれば，"日本語を話す能力"も"血液型"も遺伝ということになる。日本語を話す能力についてまず考えてみると，じつは，長女はアメリカで生まれ，幼稚園を終えるまではアメリカで生活しており，その当時は英語を話していた。その後，日本に帰国すると急速に日本語を話す能力が伸びた（残念ながら，英語を話す能力は衰えた）。長男は日本で生まれ，当然のように日本語を話す。

この例だけでも，日本語を話す能力が遺伝でないことは明らかであろう（それだからこ

そ，外国語の学習をする必要があるし，学習の効果が期待される）。一方，血液型については，長女はアメリカにいたときも日本に帰国してからもO型である。少し難しい言葉でいえば，言語能力が後天的であるのに対して，血液型は先天的である。遺伝について考えるとき，この先天的か後天的かという区別は非常に重要である。

　つぎに，別の4人家族（夫婦と長女と長男）の話をしよう。この家族は全員で花屋を営んでおり，全員"花好き"で"温和な性格"である。また，全員"中背で小太り"である。要するに，全員非常によく似ているのである。はたして，これらの形質（性質）は遺伝によるのであろうか？ "花好き"だから花屋を始めたのか，それとも花屋を始めて花を扱っている間に"花好き"になったのか？ また，"温和な性格"だから花屋を始めたのか，花屋をやっている間に"温和な性格"になったのか？ "中背で小太り"が遺伝によるのか，はたまた家族の食生活等のいわゆる生活習慣によるものかも判断は難しい。いずれも，適切な調査・分析ないしは実験を行わない限りは，「わからない」と答えるのが最も妥当である（ただし，適切な調査・分析ないしは実験を行っても，明確な答えが出るとは限らない）。このように，遺伝という現象にはいまだに不明な点や誤解が多い。以下，遺伝という現象についてわれわれがどのように認識を深めてきたかを述べる。

　遺伝という現象を最初に多少とも体系的に考え記録にとどめたのは，医学の父とされるギリシャのヒポクラテス（Hippocrates, BC460–BC377）であり，紀元前5世紀のこととされる。彼は人間のさまざまな性質がからだをめぐっている多数の小さな粒子によって決まり，その粒子が両親の生殖物質に入り，次の世代に受け継がれると考えた（汎生説）。ところが，3世紀になると，アウグスチヌス（Augustinus, 354–430）が『神があらゆるものにみずから成長する力を与えた』と主張したことにより，動植物の繁殖に対する合理的な思考が放棄されてしまった。

　この思考の停滞を打破したのは，17世紀，自ら開発した顕微鏡で精子や卵子を観察したオランダのレーベンフック（Leeuwenhoek, 1632–1723）である。ただし，レーベンフックは精子の中に成体のミニチュアが入っていると考えた（前成説）。これに対して，フランスのレアマー（Réaumur, 1683–1757）は，父親と母親の両方の生殖物質に有機分子（化学的な意味合いではなく，生気論的な意味合いを持つ）が含まれていて，それらが融合すると"特別な力"が働いて新しい個体が生じると主張した（後成説）。さらに，18世紀になると，ドイツのケールロイター（Köelreuter, 1733–1806）は，花が植物の生殖器官であり受粉によって種子が生じること，雑種は両親の中間的性質を示すことを説いた。その後，メンデル（Mendel, 1822–1884）はエンドウを使った交雑実験を行い，有名な"メンデルの法則"を発見した。以下，メンデルが行った実験について説明する。

2.5.2 メンデルの実験

純系植物の花粉を別の形質を持つ純系植物の雌しべに振りかけて生じる種から芽生える植物（F1）（図2.5.1）には，どちらか一方の親の形質だけが現れる。この結果から，メンデルは対立形質には優性と劣性があると結論づけた（優劣の法則）。

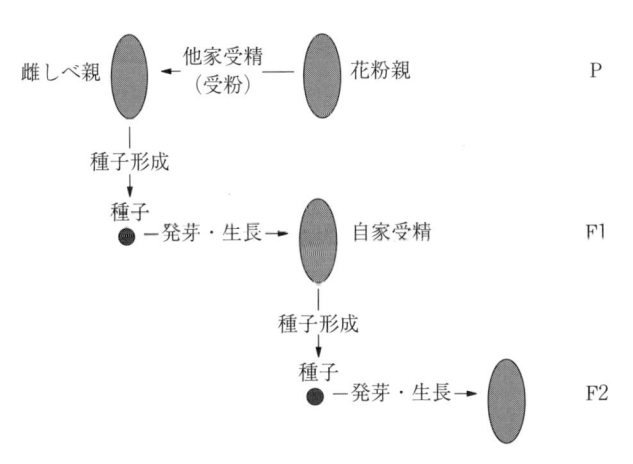

```
雌しべ親 ←他家受精── 花粉親          P
           （受粉）
   │
種子形成
   │
  種子
   ● ─発芽・生長→ 自家受精           F1
                     │
                  種子形成
                     │
                    種子
                     ● ─発芽・生長→   F2
```

図2.5.1 メンデルが行った交雑実験

さらに，F1の花粉を自身の雌しべに振りかけて生じる種から芽生える植物（F2）については，優性形質と劣性形質とがほぼ3：1の比で現れることを見出した（**表2.5.1**）。

表2.5.1 優性形質と劣性形質の出現頻度

Pの形質	形 質 優性 劣性	豆の形 まる しわ	豆の色 き みどり	豆皮の色 有色 無色	さやの形 ふくらみ くびれ	さやの色 みどり き	花のつき方 葉の付け根 茎の頂	草丈 高い 低い
F2の個体数	優性 劣性	5 474 1 850	6 022 2 002	705 224	882 299	428 152	651 207	787 277
F2の分離比	優性／劣性	2.96	3.01	3.15	2.95	2.82	3.14	2.84

この結果から，F1植物では劣性形質が消失したのではなく，隠れて伝わっていると考えた。つまり，形質を決める要素（あとに，遺伝子と呼ばれるようになった）を想定したのである。

ここで，優性形質と劣性形質に対応する遺伝子をそれぞれアルファベットの大文字と小文字で表記し，対立遺伝子が分離して別の配偶子に入るという遺伝子の伝達様式を明確にした（分離の法則，**図2.5.2**）。この遺伝子の伝達様式は簡単な図で示されるとともに（**図2.5.3**），簡単な数式で表されることを明らかにした。

メンデルは，2組の対立形質の伝達についても実験を行った。その結果，それぞれの対立形質対が別の対立形質対とは独立にF2に伝わるという結果を得た（独立の法則，**図2.5.4**）。

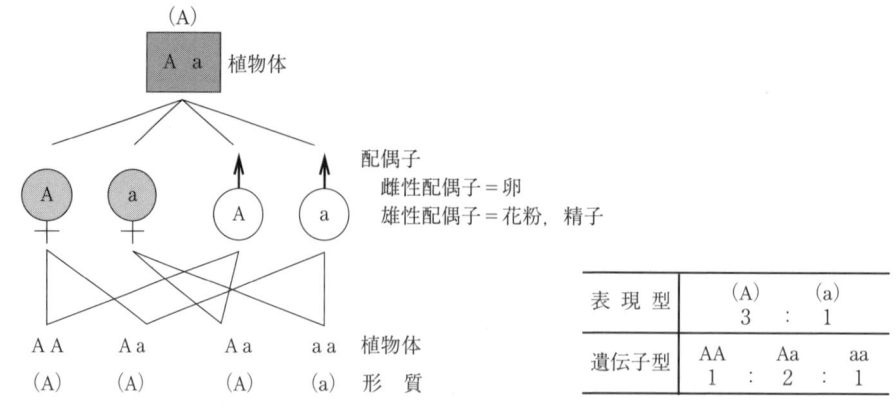

図 2.5.2　分離の法則

表現型	(A)　　(a) 3　：　1
遺伝子型	AA　　Aa　　aa 1　：　2　：　1

$(A+a)^2 = AA + 2Aa + aa$

図 2.5.3　遺伝子の伝達形式

$(AB + Ab + aB + ab)^2$
$= 9A\square B\square + 3A\square bb + 3aaB\square + aabb$

図 2.5.4　独立の法則

2.5.3　別の視点から見たメンデルの実験

上はメンデルの実験の一般的な解説である．ここでは，別の視点からメンデルの実験について解説する．

〔1〕**メンデルは生物学者か**

メンデルはキリスト教修道士であり，チェコの修道院の庭園で交雑実験を行った．しかし，修道士になる前はギムナジウム（日本の中学・高校に相当）で数学や物理学の教師をしていた．そして，修道士になったあと，オーストリアのウィーン大学に留学した．生物の講義も聴講したが，おもな目的は物理学の学習であったようである．当時の修道院は教育ならびに研究の場所でもあり，メンデルがいた修道院の院長は"作物の品種改良（育種）"に関心があり，ウィーン大学から戻ったメンデルに交雑実験を命じた．

〔2〕**メンデルの法則は演繹の産物か**

メンデルは数多くの交雑実験の結果から分離の法則を導き出した（演繹した）とされる．しかし，メンデルは「ヘテロ接合型（Aa）間の交雑では形質が3：1に分離することを予見

し，実験結果がその予見と合致することを証明した（帰納した）」という見方をしてみよう。この場合，まず，「どうして3：1という比率を想定しえたか？」ということが問題になる。これについては，メンデルは本格的な交雑実験を行う前に，"自家受粉"の実験を行い，その結果，例えば豆の形（丸型としわ型）について述べると，しわ型の豆から生じた植物はすべてしわ型の豆ばかりをつけるが，丸型の豆から生じた植物には丸型の豆だけをつける場合と丸型としわ型の豆を同時につける（丸型としわ型の比率はおおむね3：1）場合があることに気づいた（ちなみに，メンデルが実験にエンドウを使ったのは，自家受粉と他家受粉が比較的容易に行えるだけでなく，1個体が多くの（100程度の）豆をつけるためである（つまり，メンデルは実験結果を統計的に扱う必要があることを知っていたと思える；約100個の豆を観察すれば，容易に3：1の分離比が観察できる）。

この結果から，丸型の豆にはしわ型の形質が隠れていると考えた。ただし，形質そのものが隠れているというのは論理的に無理があるので，「形質を決めている因子を想定し，因子があってもその働きが現れない」と考えた。これが優劣原理の発見である。そして，優性形質と劣性形質に対応する因子にアルファベットの大文字と小文字を対応させた。これは記号化であり，数学者の発想である。そして，Aaという記号にたどりつくと，交雑は幾何学の面積を求める式（Aa × Aa = AA + 2Aa + aa）と同じであることは，数学の素養があるメンデルには容易に理解できたであろう。

ここまでたどり着くと，その着想を証明する実験を行うだけである。こうしてメンデルは実験を行ったと考えられる。つまり，メンデルは生物学に"数学的発想"と"物理学的実験計画法"を持ち込んだのである。これがメンデルの最大の貢献である。加えて，メンデルは生物を"形質"に分解したのである。これも物理学や化学の発想である。このような点において，メンデルは後述する分子生物学の先駆者であったといっても過言ではない。

2.5.4 メンデルの法則の再発見

メンデルは研究結果を1865年に論文にまとめて発表したが，当時は誰からも注目されなかった。これは，発表したのが地方の科学雑誌であったこともあるが，メンデルが一流の大学や研究機関に所属していなかったことが大きな要因と考えられる。また，当時の科学者たちにメンデルの進歩的な思考方法を受け入れる準備ができてなかったのも一因である。

ところが，1900年に，オランダのドフリース（de Vries, 1848-1935），ドイツのコレンス（Correns, 1864-1933），オーストリアのチェルマック（Tschemark, 1871-1962）の3人によってメンデルの法則が独立に再発見された。彼らはそれぞれ異なった植物を材料にして交配実験を行い，メンデルと同様の結論に到達した。なお，日本では，1906年に外山亀太郎（1867-1918）がカイコを用いて，遺伝の法則を追認した。植物が研究の中心であった当時，

メンデルの法則が動物にもあてはまることを明らかにした外山の研究は画期的であった。

メンデルの法則は，再発見後，急速に認知されるようになった。これは，メンデルが遺伝の法則を発表した1865年と再発見された1900年との間に顕微鏡が改良され，細胞分裂ならびに細胞分裂時の核（染色体）の挙動が観察されていたことが大きな要因であったと考えられる。つまり，メンデルが考えていた要素（遺伝子）の挙動が染色体の挙動と一致することが容易に理解できたのである。

ただし，メンデルの法則は見かけほど単純なものでも明快なものでもない。事実，再発見者の3人はいずれも，その後，「すべての交雑種に当てはまるものではない」と考え，メンデルの法則に慎重な立場をとった。むしろ，メンデル後の遺伝学は"メンデルの法則の例外"を研究することによって大きく発展したのである。

2.5.5 メンデルの法則の例外

メンデルの法則の再発見後，種々の生物ならびに種々の形質について"メンデルの法則"が証明された。しかし，同時に，"メンデルの法則に従わない例"も数多く見いだされた。優劣の法則については，例えば，オシロイバナでは，赤い花をつける植物と白い花をつける植物の交雑で生じる植物（F1）は中間の色（ピンク）の花をつける。これを不完全優性という。また，ヒトの血液型の場合，AA型とBB型の子供はAB型になる。これは共優性である。

葉に斑が入る形質（対立形質は斑なし（緑））の遺伝はやや複雑である。斑入り葉を持つ植物と緑葉の植物の交雑では，F1は雌しべ（♀）親の形質を持つ。これは，斑入りが葉緑体の遺伝子による形質であり，葉緑体が母親（卵を通して）からだけ伝わることから"母性遺伝"と呼ばれた。その後，葉緑体に限らず，ミトコンドリアにも遺伝子があること，さらには細胞質中にも遺伝子があることも明らかになり，"細胞質遺伝"と呼ばれるようになった。

独立の法則にも例外がある（むしろ，最も重要な例外である）。これについては後に詳しく述べるが，遺伝子はおのおのがばらばらに存在するのではなく，染色体上に並んで存在しており，減数分裂における配偶子形成の際に一緒に行動する（連鎖という）。さらに，メンデルは"遺伝子は不可分かつ不変な粒子"と考えていたが，遺伝子内で組換えが起こることと突然変異により変化することが明らかになり，遺伝子が内部構造を持つことがわかった。

メンデルが34品種のエンドウから7組の対立形質に関する純系を22品種選び出して実験に供したことは，彼が上記のような例外を認識していた可能性が大きい。メンデルは，遺伝現象の中の特異例を取り上げることで，遺伝の法則をわかりやすく人に伝えようと試みたという見方はうがちすぎであろうか（もっとも，メンデルのこのような思惑にもかかわらず，

人々はその時点ではメンデルを理解できず，20世紀の遺伝学の発展を待つしかなかった）。

2.5.6 突然変異と連鎖

メンデルが想定した遺伝子の挙動と実際に目に見える染色体の挙動との相関を最初に指摘したのはサットン（Sutton, 1877-1916）である。サットンはバッタの研究により，同じ形をした染色体が2本ずつ対になっていることを示した。この事実に基づいて，染色体上に遺伝因子が存在し，減数分裂時に対合した相同染色体がランダムに配分されると仮定すると，メンデルの法則が矛盾なく説明できると主張した。サットンの仮説（染色体説）は，きわめて合理的であったことから，ただちに多くの研究者によって受け入れられた。しかし，染色体に遺伝子が乗っていることの明確な証明は，モーガン（Morgan, 1866-1945）のショウジョウバエを用いた研究まで待たなければならなかった。

ショウジョウバエは，通常，赤と茶色の色素が組み合わさった赤褐色の眼（野生型）を持つ。モーガンは白色の眼を持つ雄個体を見いだし，この雄を赤褐色の雌と交雑したところ，F1世代は雌雄ともに赤褐色であった（これは，白色眼の対立遺伝子が劣性であることを示す）。つぎに，F1世代同士の交雑により得た個体では，雌の2459匹はすべて赤褐色眼であったが，雄は1011匹が赤褐色眼で782匹は白色眼であった。この結果から眼の色の遺伝様式が性と関係すると考えたモーガンは，さらに多くの交雑実験を行い，白色眼遺伝子が性決定に関わっている染色体（X染色体）上にあることを突き止めた。モーガンは白色眼遺伝子以外に，羽を小さくする遺伝子もX染色体上にあることを突き止めた。

X染色体に位置する遺伝子はX連鎖と呼ばれる。ちなみに，ヒトの血友病もX連鎖による形質である。血友病は劣性遺伝子によって決まる重度の血液凝固異常であり，正常な血液凝固に必要な第VIII因子というタンパク質を欠き，負傷後の過度の出血のために往々にして短命に終わる病気である。英国ヴィクトリア女王に始まる家系が血友病の家系として有名である（なお，現在の英国王室はこの遺伝子を引き継いでいない）。

モーガンのグループはショウジョウバエを用いた研究を展開し，1913年には，染色体上の遺伝子の位置を示す最初の染色体地図を作成した。また，グループの一員であるマラー（Muller, 1890-1967）は突然変異が自然状態で起こるだけでなく，X線によっても誘発されることを見いだした。遺伝子突然変異の存在によってその形質に関する遺伝子が認識できることから，マラーの発見はその後の遺伝学の発展に大きく寄与した。

2.5.7 遺伝子は化学物質

真核生物の染色体にタンパク質と核酸（DNA）が含まれていることは1940年頃にはすでに明らかになっていたが，当時，「遺伝子はタンパク質かDNAのどちらかであり，どちら

かといえばタンパク質ではないか？」と考えられた。なぜかというと，ミーシャ（Miescher, 1844-1895）によって1869年にけが人の膿から精製されたDNAは，その後の研究で4種のヌクレオチド（A・T・G・C）を含む重合体であることが明らかにされたが，この4種のヌクレオチドが単純に繰り返している化合物であると考えられ（当時の分析技術の限界による），遺伝情報という高度な機能は持ち得ないと考えられていたからである。

ところが，1950年になって，シャルガフ（Chargaff, 1905-2002）は，A・T・G・Cの量が生物種によって異なること，また生物種に関わらずAとTの量はたがいに等しく，GとCの量もたがいに等しいことを明らかにした。また，それとは別に，1944年にアベリー（Avery, 1877-1955）らが肺炎双球菌の遺伝物質が，1952年にハーシェイ（Hershey, 1908-1997）とチェイス（Chase, 1927-2003）が大腸菌のファージ（T2 phage）の遺伝物質がそれぞれDNAであることを明らかにした。さらに，1953年には，ワトソン（Watson, 1928- ）とクリック（Crick, 1916-2004）がDNAの分子模型を提唱した。

2.5.8 二重らせん

DNAは2本のポリデオキシリボヌクレオチド鎖が逆方向にむかい合ってねじれた構造をしている（二重らせん（double helices）という）（図2.2.15（c）参照）。DNAは2本の向かい合った鎖から突き出た塩基の間の水素結合でたがいにつながっており，DNAの特徴はこの水素結合にある。水素結合は非常に弱いので，わずかな温度変化で離れたり，また元に戻ったりする。水素結合の数が多いので，分子全体としては2本の鎖がくっついているが，局所的には離れたり元に戻ったりする（イメージとしては，チャックないしはマジックテープである）。

DNAのもう一つの特徴はA/TとG/Cの塩基対合である。分子は外見的には非常に均一であるが，内部構造（塩基対の並び方）は非常に多様である（つまり，情報量が多い）。この性質によって，DNA合成ならびにRNA合成によって情報の伝達が可能になっている。DNAの鎖が局所的に離れ，鋳型となる（塩基対合により相補的なヌクレオチドが入り込んだ上，共有結合でつなぎ合わせられる）。つまり，DNAの二重らせん構造によって，遺伝子の複製が進行する（**図2.5.5**）。こうして，遺伝子の働きがDNAという化学物質の構造で説明できることが明らかになった。

おわりに　本節では，"遺伝"という生物に特有の現象の研究から"分子生物学"という新しい生物学が展開した流れを解説した。以下の節では，"分子生物学的に見た生物のはたらき"について解説する。

(a) 原核生物

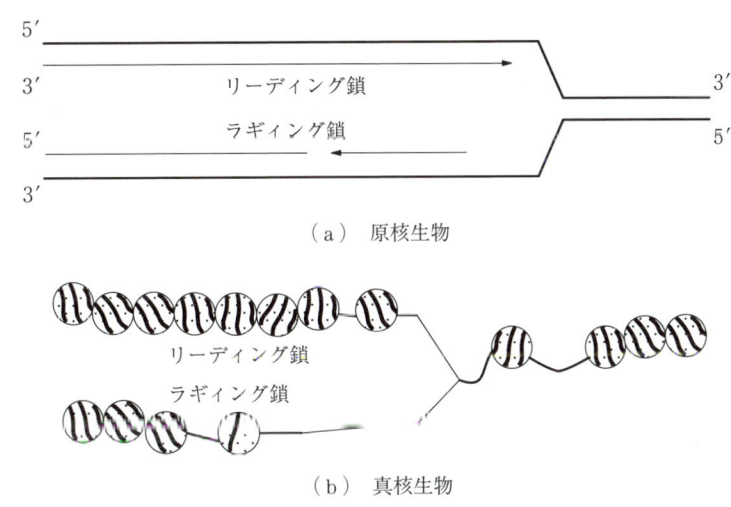

(b) 真核生物

図 2.5.5 DNA 合成

2.6 セントラルドグマ

はじめに　遺伝の研究の進展とともに，遺伝現象を物質のはたらきとして理解しようとする機運が高まった。この時期（1951年）に，理論物理学者のシュレディンガー（Schrödinger, 1887-1961）は『生命とはなにか？』という本を書き，「物質の世界ではものごとはエントロピーが増大する方向に進行するが，生物の世界ではものごとはエントロピーが減少する方向に進行している（エントロピーは"秩序"と考えてよい；つまり，物質世界では"壊れる方向"に変化するのに対して，生物世界では増殖のように"作る方向"に変化が進行する）。生物の世界では物質の世界と違う原理が働いているのか？」と問いかけた。

　これに応じたのが当時の若い物理学者たちである。彼らは大腸菌とそれに感染するウイルス（ファージという）を使って，物理学の視点から生物の世界の基本原理を解明しようと試みた。彼らは"生物に特有の現象と考えられる遺伝"を取り上げ，物理学者として当然のこととして，生体を分解して分析するという研究手法を用いた。こうして"分子遺伝学（後に，分子生物学に発展した）"が誕生した。

　分子生物学は遺伝学と生化学の融合の産物であるが，基盤は物理学である。いずれにしても，分子生物学者の当初の関心は"① 遺伝子は何か？"と"② 遺伝子はどのようにして表現型を決めるのか？"にあった。前節で解説したとおり，①の結論は『遺伝子はDNA』であった。本節では，②の結論である「セントラルドグマ」について解説する。

2.6.1 RNA の 役 割

1941年に，ビードル（Beadle, 1903-1989）とテータム（Tatum, 1909-1975）はアカパンカビ（*Neurospora crassa*）を使って，酵素活性の有無が遺伝子に対応していることを明らかにした（じつは，1902年に，ギャロッド（Garrod, 1857-1936）がアルカプト尿症というヒトの遺伝疾患について，代謝異常と遺伝子の対応関係を明らかにしていたが，注目されなかった）。また，1950年ごろには，生化学の発展により，酵素以外にも生物のさまざまな働きがタンパク質に担われていることが明らかになった。したがって，この時期（1950年代後半），遺伝子とタンパク質の間をつなぐことがつぎの課題となっていたが，以下に示すような理由から，RNAが注目されるようになった。

① 真核生物では，RNAが核内（DNAのある場所）で合成されたあと，細胞質（多くのタンパク質がある場所）に移行する。

② ファージが大腸菌に感染すると，タンパク質よりも先にRNAが合成される。

③ RNAには，リボソームに含まれ半減期が長いrRNA，サイズがrRNAよりもかなり長く半減期が短いmRNA，rRNAよりもずっと小さく半減期が中程度のtRNAの3種がある。

④ rRNA，mRNA，tRNAはいずれもDNAと相補的である（つまり，いずれもDNAを鋳型にして合成される）。

そして，1958年に，DNAの二重らせん構造の提唱者の一人であるクリックは「DNAの遺伝情報がmRNAに伝えられ，mRNAの情報に基づいて，リボソーム上でタンパク質が合成される」という独創的な仮説を提唱した。クリックは，さらに『遺伝情報が"DNA → mRNA → タンパク質"に一方的に流れる』のは地球上のすべての生物に共通の原理（セントラルドグマ）であると考えた。この考えは，物質の塊である生物体を動かしているのが情報であることに注目した点で画期的であった。

セントラルドグマは，複製，転写，翻訳という三つの要素（素過程）で構成される（**図2.6.1**）。複製は，遺伝子の複製を指し，遺伝情報の縦の流れ（細胞増殖ならびに個体増殖に伴う遺伝情報の流れ）を担っている。これに対して，転写と翻訳は，遺伝情報の横の流れ（細胞の生命の維持に伴う遺伝情報の流れ）を担っている。複製については，すでにDNAの二重らせん構造の項（2.5.8項）で述べたので，以下，RNAが中心的な役割を演じる転写について概説する。

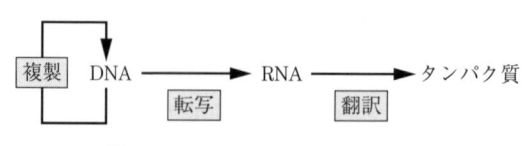

図2.6.1 セントラルドグマの構成

2.6.2 遺伝暗号表

1950年代の後半には，DNA（4種のヌクレオチドがひも状につながった化合物）とタンパク質（20種のアミノ酸がひも状につながった化合物）の関係の解明が研究の焦点となった。さらに，DNAからmRNAが転写され，mRNAを使ってリボソーム上でタンパク質が合成されるというセントラルドグマが提唱されるに及んで，mRNAの塩基配列とタンパク質のアミノ酸配列との関係の解明が進められるようになった。

ニーレンバーグ（Nirenberg, 1927- ）は試験管内でタンパク質を合成する実験系（試験管内タンパク質合成系）を構築し，Uだけを含むRNA（ポリU）を加えた場合には，フェニルアラニン（Phe）のみからなるポリペプチドが合成されることを見いだした。ついで，ポリA（Aだけを含むRNA）を加えるとLys（リシン）のみからなるポリペプチドが，ポリCではPro（プロリン）のみからなるポリペプチドが合成されることを見いだした。さらに，ポリU-A（UとAをさまざまな比率で含むRNA）やポリU-CやポリC-Aを使って，同様の実験を行った。

その後，コラーナ（Khorana, 1922- ）は任意の塩基配列を持つRNAを合成する方法を開発し，そのRNAを使って作られるペプチドのアミノ酸配列を解析した。その結果，3個の連続した塩基の配列（トリプレット；コドン）が1個のアミノ酸に対応することを見いだした。こうして，1966年には，64個のコドン（コドンは$4^3 = 64$通りある）とアミノ酸との対応が完全に解明された。コドンとアミノ酸の対応関係は遺伝暗号表またはコドン表（**表2.6.1**）と呼ばれる。

表2.6.1 遺伝暗号表

①	②				③
	U	C	A	G	
U	Phe	Ser	Tyr	Cys	U
	Phe	Ser	Tyr	Cys	C
	Leu	Ser	Term	Term	A
	Leu	Ser	Term	Trp	G
C	Leu	Pro	His	Arg	U
	Leu	Pro	His	Arg	C
	Leu	Pro	Gln	Arg	A
	Leu	Pro	Gln	Arg	G
A	Ile	Thr	Asn	Ser	U
	Ile	Thr	Asn	Ser	C
	Ile	Thr	Lys	Arg	A
	Met(Init)	Thr	Lys	Arg	G
G	Val	Ala	Asp	Gly	U
	Val	Ala	Asp	Gly	C
	Val	Ala	Glu	Gly	A
	Val	Ala	Glu	Gly	G

〔注〕 ①，②，③は5′側からの番号を指す。

遺伝暗号表では，①20種のアミノ酸が網羅されている，②一つのアミノ酸が複数のコドンに対応する，③アミノ酸に対応しない三つのコドンが（UAA, UAG, UGA）はタンパク質合成の停止信号（Term）として使われる，④AUGはタンパク質合成の開始信号（Init）であるとともに，メチオニンの信号としても使われる。なお，現在では，遺伝暗号表は，わずかな例外はあるものの，地球上のすべての生物に共通していることが明らかになっている。

2.6.3 転写と翻訳

転写はDNAを鋳型としてRNAを合成する過程であり，複製とよく似ている（表2.6.1）。DNA中の遺伝情報はA, T, G, Cという4種の文字（塩基）を使って書かれている。これは，日本語が45（元々は51）の"かな"を持つのに対比される。そして，DNAからRNAへの情報の伝達（変換）は，"ひらかな"から"カタカナ"への1対1対応の書き換えにたとえられる。一方，RNAからタンパク質への情報の変換である翻訳は核酸語からタンパク質語への変換（つまり，翻訳）ということができる。日本語でいえば，カタカナを漢字に書き換えるのに似ている。ただし，カタカナから漢字への変換にはこれという規則はないが，核酸語からタンパク質語への変換の規則は非常に簡単である（この違いは日本語辞書と遺伝暗号表を比べると一目瞭然である）。

セントラルドグマでは，遺伝情報を貯蔵するDNA，遺伝情報をDNAからタンパク質に伝達するRNA，遺伝情報を受け取って現場で働くタンパク質がそれぞれの化学物質としての特性に基づいて，生命維持のための役割を分担をしている。なお，真核生物では，転写は核内で翻訳は核外で進行する。核膜は大量のDNAをコンパクトに収納するはたらきとともに，転写と翻訳を空間的に分断する働きをしている（原核生物では，DNA量が多くないので，核膜の必要がないのであろう）。なお，真核生物の核は"図書館"に例えることができる。ただし，この図書館は，蔵書をそのまま貸し出すのではなく，原本をコピーしてそのコピーを持ち出させる（コピーは使い捨てで返却されない）。コピーを原本（DNA）と区別するために，またコピーが分解されやすいようにRNAを使っているのであろう。こうして，蔵書（情報）の保全を図っているのである。

2.6.4 転写の分子機構

転写（mRNA合成）は，DNAの遺伝情報（塩基配列）を読み取るという点では，複製（DNA合成）と同じである（**表2.6.2**）。なお，原核生物，真核生物に関わらず，DNA合成と同様に，RNA合成も5′から3′の方向にしか進行しないが，原核生物が1種のRNAポリメラーゼしか持たないのに対して，真核生物は3種のRNAポリメラーゼ（I, II, III）を持

表 2.6.2 複製と転写との比較

	複製（DNA 合成）	転写（RNA 合成）
鋳　型	DNA 全長 両方の鎖	DNA 部分部分 特定の場所では一方の鎖
開始点	複製起点 (ori, ARS)	プロモーター
プライマー	必要	不要
酵　素	DNA 合成酵素	RNA 合成酵素
合成の方向	5′ → 3′	5′ → 3′
基　質	dATP, dTTP, dGTP, dCTP	ATP, UTP, GTP, CTP
産　物	2 本鎖 DNA 2 分子	1 本鎖 RNA 1 分子と 2 本鎖 DNA 1 分子

ち，mRNA，tRNA，rRNA はそれぞれ異なる RNA ポリメラーゼによって合成される。このように，転写は原核生物と真核生物で異なる点がある。以下，原核生物と真核生物の違いを中心に，mRNA 合成の進行過程を解説する。

〔1〕　オペロン

転写の単位をオペロンといい，原核生物と真核生物とではオペロンの構造が異なる。原核生物では機能的に関連のある遺伝子がたがいに隣接しており，それらがまとまって一つの mRNA に転写される（ポリシストロニック mRNA という）のに対して，真核生物では遺伝子ごとに一つの mRNA に転写される（モノシストロニック mRNA という）。原核生物と真核生物との間になぜこのような大きな違いがあるのかはまだ明らかにされていない。

〔2〕　転写の開始

遺伝子はすべてがつねに転写されているのではない。細胞の外部環境ならびに内部環境によって，どの遺伝子が転写されるのか（また，されないのか）は大きく異なる。これは，遺伝子（タンパク質のアミノ酸配列を決める領域）の上流部（プロモーターという）の DNA の構造が遺伝子によって異なり，そこに特異的に結合するタンパク質によって転写が始まるためである（2.7 節に具体例を挙げる）。

〔3〕　転写の終結

転写が終結する領域をターミネーターという。原核生物ではパリンドローム，(AGCGGCX GCCGCT のように中央の X で折り返すと相補的に対合する配列）とそれに続く T が連続している配列で mRNA 合成が終結する。一方，真核生物では，3 種の RNA ポリメラーゼごとに転写終結の塩基配列やその認識様式が異なることが知られているが，詳細はまだ原核生物の場合ほどには明確になっていない。

〔4〕　転写後修飾

原核生物では転写産物（RNA）がそのまま mRNA として翻訳に使われる。ところが，真核生物では転写産物が翻訳に使われるまでに改造される。これを転写後修飾といい，①5′末端への"キャップ"と呼ばれる特殊な構造の付加，②3′末端での鎖の切断と"ポリ−A

尾部"と呼ばれるポリアデニル酸の付加，③内部で起こる切断と再結合（スプライシングという）の三つがある（図2.6.2）。キャップとポリ-A尾部はmRNAの末端からの分解を防ぐ働きをすると考えられる。一方，RNAがループ構造をとり，ループの部分が切り取られるのがスプライシングであり（図（a））。切り取られる部分をイントロン，mRNAとして残る部分をエクソンという（図（b））。エクソンとイントロンの数とそれぞれの長さは遺伝子によって異なり，数千塩基の長さのイントロンを持つ遺伝子もある。なお，複数のイントロンを持つ場合，一つのRNAから複数のmRNAが作られる場合もある（図（c））。これが選択的スプライシングであり，真核生物における遺伝情報の多様性の要因と考えられている。

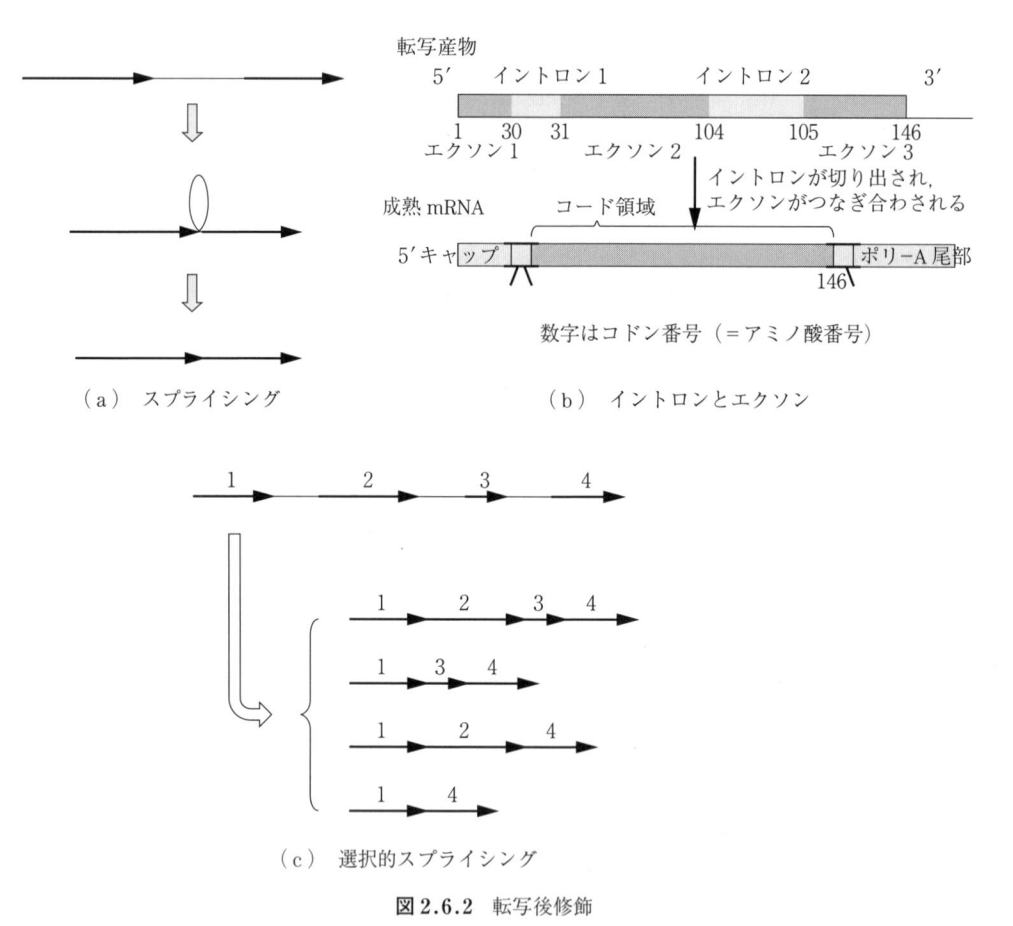

（a）スプライシング　　　　　　（b）イントロンとエクソン

（c）選択的スプライシング

図 2.6.2　転写後修飾

2.6.5　翻訳の分子機構

〔1〕 tRNAの役割

タンパク質合成（翻訳）はリボソーム上で進行する。ただし，アミノ酸が直接脱水縮合し

てタンパク質が合成されるのではなく，tRNAが重要な働きをしている。以下，tRNAの構造と機能について概説する。

tRNAは70〜150個程度のリボヌクレオチドがひも状につながった分子である。一つのアミノ酸に複数のコドンが対応することから，生体（細胞）は50種程度のtRNAを持つ。これらのtRNAの塩基配列を調べると，① 部分的に2本鎖を形成すること，しかも ② すべてのtRNAが"三つ葉のクローバ"とよく似た構造（二次構造）を形成することがわかった（**図2.6.3**図（a））。つまり，1本の茎（二重鎖部分）が三つに枝分かれし，それぞれに葉（1本鎖部分）が付いているという構造である。三つの葉のうち，真ん中の葉にコドンを識別する3連塩基（アンチコドンと呼ぶ）がある。両側の葉はそれぞれリボソームならびに後述するアミノ酸活性化酵素と付着する働きを持つ。なお，実際には，両側の葉が重なり，茎の部分とアンチコドンループがほぼ直角に折れ曲がった立体構造を成している（図（b））。

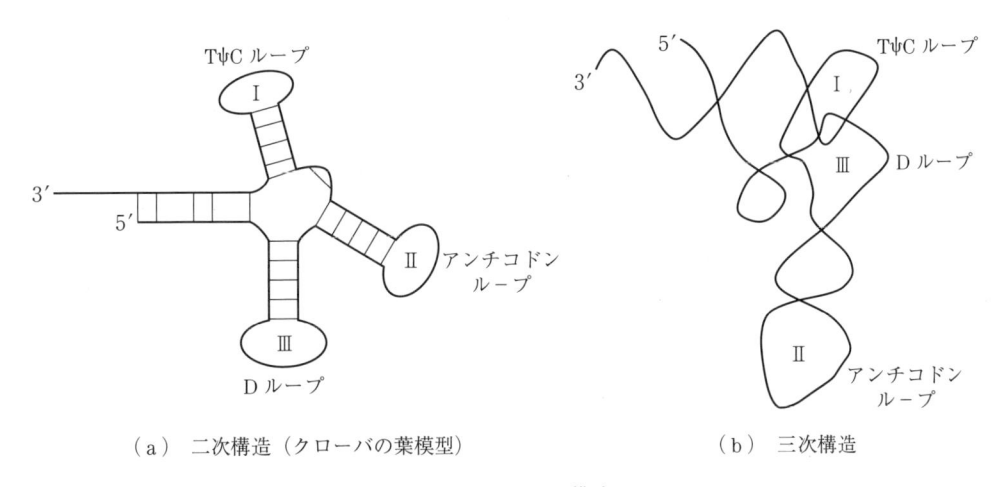

（a）二次構造（クローバの葉模型）　　　　（b）三次構造

図2.6.3　tRNAの構造

20種のアミノ酸それぞれに対して，少なくとも1種（多くは，複数）のtRNAがあり，アミノ酸はそれぞれのtRNAと結合した形（アミノアシル-tRNAという）でリボソームに付着する。なお，アミノアシル-tRNAの形成には，アミノアシル-tRNA合成酵素（アミノ酸活性化酵素とも呼ばれる）が働く（アミノアシル-tRNA合成酵素は，アミノ酸の構造とtRNAの構造を識別して，特定のアミノ酸を特定のtRNAにつなぐ）。なお，タンパク質合成の開始には，アミノ基がフォルミル化したメチオニン（フォルミルメチオニン）が使われるが，この場合，メチオニンはtRNAに結合したあとにフォルミル化される。

〔2〕 リボソームの役割

タンパク質合成はリボソーム上で進行する。真核生物ではリボソームは核の外に存在し，転写と翻訳は核膜を隔てた別空間で進行する。つまり，mRNAは核内で合成されたあとに，

核膜を透過して原形質中のリボソームに達してから，タンパク質の合成に関わる（一方，原核生物では，転写と翻訳が同時進行する）。リボソームは，リボソーム RNA（rRNA）とタンパク質からなる巨大な複合体であり，原核生物，真核生物ともに，大きなサブユニットと小さなサブユニットに分けられる（模式的には，"正月の鏡餅"ないしは"ダルマ"のような形に描かれるが，実際には複雑な形をしている）(**図2.6.4**)。原核生物と真核生物とではリボソームの大きさに多少の違いがあるが，機能的には差がない。リボソームには二つのtRNA結合部位があり，ペプチドがつながったtRNA（ペプチジルtRNA）が結合する部位をP-サイト，アミノ酸がつながったtRNA（アミノアシルtRNA）が結合する部位をA-サイトと呼ぶ。さらに，E-サイトと呼ぶtRNAが遊離する部位がある。

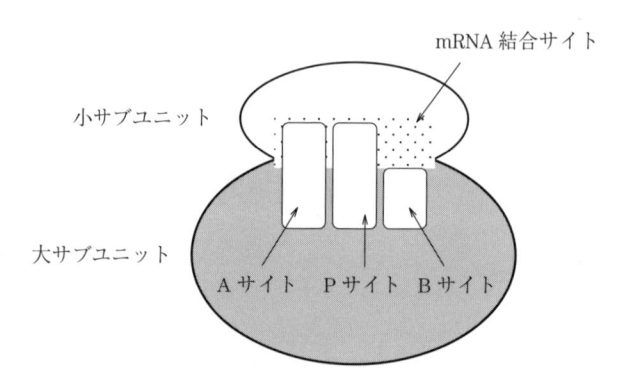

図2.6.4 リボソーム

ペプチド合成（翻訳）は，原核生物と真核生物との間にほとんど差はなく，3段階で進行する。以下，段階を追って解説する。

（1） **翻訳の開始**　原核生物では，開始因子と呼ばれる複数のタンパク質の存在下で，mRNAの翻訳開始コドン（AUG）の3〜10ヌクレオチド上流に存在する部位に，リボソームの小サブユニット（30 S）が結合する。その後，開始コドンにフォルミルメチオニルtRNAのアンチコドンが対合する。続いて，リボソームの大サブユニット（50 S）が会合し，フォルミルメチオニルtRNAがリボソームのP-サイトにはまり込む。こうして，タンパク質合成装置（mRNA＋リボソーム＋アミノアシルtRNA）が完成する。なお，一連の反応に必要なエネルギーはGTPの加水分解によって供給される。

一方，真核生物では，mRNAの5'-末端のキャップがリボソームの小サブユニット（40 S）や開始因子と呼ばれるタンパク質，フォルミルメチオニル-tRNAとともに結合して，タンパク質合成装置を形成する。なお，エネルギー源にはGTPが使われる。

（2） **翻訳の進行（ペプチドの伸長）**　第2段階では，原核生物と真核生物ともに，P-サイトのペプチジルtRNAからペプチドが外れてA-サイトのアミノアシルtRNAのアミノ酸とペプチド結合を形成する。この反応（ペプチドの転移）はペプチジルトランスフェラー

ゼによって触媒されるが，rRNA がこの触媒活性を担うリボザイムとして働く。なお，ペプチド鎖を失った tRNA は E-サイトに移行したあとにリボソームから放出される。そして，新たにペプチドを持つようになった tRNA が P-サイトに移行し，空になった A-サイトにはつぎのコドンに対応するアンチコドンを持ったアミノアシル tRNA が入ってくる。同じ過程を繰り返すごとに N 末端から C 末端側にアミノ酸が一つずつ付け加わり（リボソームは mRNA 上を 3′ 側から 5′ 側に移行する），ペプチド合成が進行する。

（3） **翻訳の終結**　リボソームが mRNA の終止コドン（UAA, UAG, UGA）に到達すると，終止コドンに対応するアンチコドンをもつ tRNA がないため，A-サイトは空のままになる。この間に，遊離（停止）因子と呼ばれるタンパク質が A-サイトに入り込む（遊離因子はつねに A-サイトに入り込むスキを狙っている）。遊離因子が A-サイトに入ると，これがリボソームにとっては"ペプチド合成終結"の信号となり，P-サイトに付着しているペプチジル tRNA にペプチジルトランスフェラーゼが作用して，ポリペプチド鎖を tRNA から解離させる。すると，tRNA は E-サイトに移行し，リボソームから遊離する。その後，mRNA がリボソームからを遊離する。そして，mRMA がなくなると，リボソームは大サブユニットと小サブユニットとに解離する（解離した tRNA，mRNA，リボソームの大小サブユニットはつぎの"開始"に再利用されるか，分解の道をたどる）。合成されたペプチドはそのまま，または必要に応じた修飾を受け，それぞれが働く場所に運ばれる（この点については 2.8.5 項で述べる）。

2.6.6　セントラルドグマの修正

セントラルドグマの提唱以来，約半世紀が過ぎた今もその重要性はゆるぎないが，半世紀の間にいくつかの知見が加わり，セントラルドグマは修正・改訂されている。以下に，おもな変更点を紹介する。

〔1〕 **逆転写酵素**

RNA を持つウイルスが感染すると，ウイルス RNA を鋳型にして DNA が合成される。これは，ウイルス感染で RNA とともに宿主細胞に持ち込まれた逆転写酵素（リバーストランスクリプターゼ）の働きによる（通常の転写を行う酵素はトランスクリプターゼという）。逆転写酵素の発見により，DNA と RNA との間の遺伝情報の流れは，必ずしも "DNA → RNA" という一方向的なものではなく，"RNA → DNA" という方向の流れもあることを意味する。

〔2〕 **RNA レプリカーゼ**

RNA ファージから RNA を鋳型にして RNA を合成するという新規の RNA 合成酵素（RNA レプリカーゼ）が発見された。RNA レプリカーゼの存在は，DNA が介在することなく RNA

の複製が進行することを意味し，RNA を遺伝物質として持つウイルスの増殖に新しい見方を加えた。

〔3〕 情報の循環

セントラルドグマは，遺伝情報が 1 対 1（ヌクレオチド対ヌクレオチドならびにコドン対アミノ酸）対応で，一方向的に伝わることを明らかにした。これは，原子力の解明（20 世紀前半）と並ぶ 20 世紀の科学の成果であるといえるが，現実の生物の中では，情報の流れは一方向ではないことを十分に認識しておく必要がある。ある遺伝子が発現した結果は生物の状態を変え，それによって，つぎの瞬間にはその遺伝子が発現をさらに続けるか，それとも発現をやめるか（中間程度も含めて）が決まる。さらに，その遺伝子だけでなく，その生物が持っているすべての遺伝子が逐次的に制御されているのである。また，より長期的には，遺伝子の変化（突然変異）によって，ゲノム情報が変化する（進化する）のである。つまり，"生物の情報は循環している"という認識がなければ，生物のダイナミズムは真に理解できないであろう（図 2.6.5）。

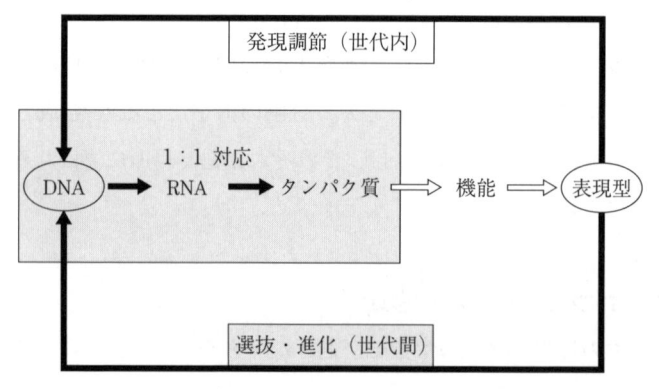

図 2.6.5 複雑対応（環境要因）

おわりに 本節では，分子生物学の進展とそれによって得られた知見を解説した。かなり簡潔に記述したつもりではあるが，それでも難解であったと思う。しかしながら，生物が生きていることの裏側に目を向けてほしいものである。

2.7 生物の働き：遺伝子発現制御

はじめに　「パソコンもソフトがなければただの箱（より正しくは，箱にも使えないゴミ）」といわれる。生物も同様で，からだだけでは動かない。動かしているのはソフト（プログラム）である。情報の重要性を明確にしたセントラルドグマの意義はこの点にある。現在，大腸菌が約 5 000，ヒトが約 23 000 の遺伝子を持っていることが明らかになっている（2.9 節参照）が，これらの遺伝子は常時働いているのではない。必要な場所で必

2.7 生物の働き：遺伝子発現制御

要なときに働く（または，働かない）か，さらにどの程度働くかが重要である。個々の遺伝子の働きが制御されるとともに，その生物が持っている遺伝子全体としてたがいに影響を及ぼしあって生命を営んでいる。これが遺伝子発現制御である。本節では，遺伝子発現制御の実例を紹介する。

2.7.1 大腸菌のラクトースオペロン

大腸菌をグルコースがなくてラクトースがある培地で培養すると，ラクトースがガラクトースとグルコースに分解され，炭素源として利用される（グルコースは直接に，またガラクトースは途中から解糖系に入る）。この現象の研究から，フランスのジャコブ（Jacob, 1920- ）とモノー（Monod, 1910-1976）は，1961年に，遺伝子発現制御機構としてオペロン説を提唱した。大腸菌のラクトースオペロンは，ラクトースを分解する酵素の遺伝子（*lacZ*），細胞外のラクトースを細胞内に取り込むためのタンパク質の遺伝子（*lacY*），ラクトースとは関係ない（役割不明の）遺伝子（*lacA*）とこれらの遺伝子のプロモーターで構成されている（この三つの遺伝子は単一の mRNA として転写される）。さらに，近傍にはこのオペロンの発現制御をするタンパク質の遺伝子（*lacI*）がある（図 2.7.1）。

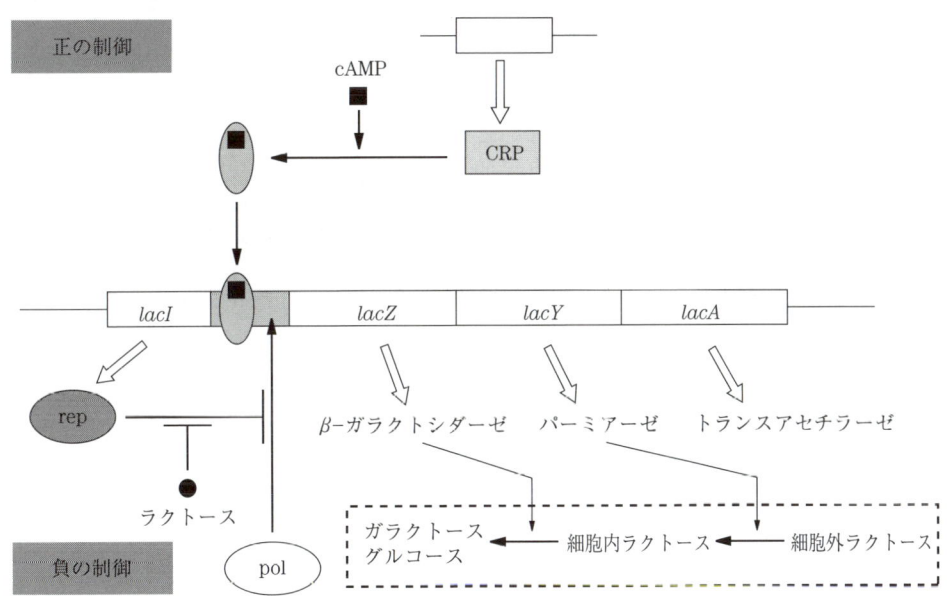

図 2.7.1　大腸菌のラクトースオペロン

ラクトースオペロンは正と負の発現制御を受けており，ジャコブとモノーが明らかにしたのは負の制御であった。負の制御というのは，*lacI* によって作られるタンパク質（リプレッサー）がラクトースと結合するとプロモーターと一部重なって下流の領域（オペレーターという）に結合することによって，RNA ポリメラーゼがプロモーターに結合できなることである。

一方，あとで明らかになった"正の制御"では，CRPというタンパク質（遠く離れた遺伝子によって作られる）がcAMPと結合したときにプロモーターのすぐ前の領域に付着し，それによってRNAポリメラーゼがプロモーターに結合できるようになる（リプレッサーがDNAに付着していない場合）。なお，cAMPの量はグルコースの量が多いと低下する。

このように，ラクトースオペロンはこの正と負の二重制御によって，ラクトースがあってグルコースがないときに作働する（大腸菌にとっては，グルコースのほうがラクトースよりも経済的な炭素源である）。なお，正と負の制御は車のアクセルとブレーキに相当し，安全運転の基本設計である（車に限らず，多くの機械は正と負の制御によって安全が確保されるように設計されている）。

2.7.2 大腸菌のマルトースオペロン

マルトースはグルコースが2分子つながった二糖である。大腸菌がマルトースを利用するための遺伝子系（マルトースオペロンという）は二つの領域（*malA*と*malB*）に分かれた三つのオペロンを持つ複合系である（つまり，3種のmRNAがつくられる）（図2.7.2）。ラクトースオペロンに比べるとやや複雑であるが，制御原理は同じである。マルトースオペロンでは，Tによって作られるタンパク質がマルトーストと結合してIP，I_1P_1，I_2P_2）というプロモーターに付着することによって，これらの三つの単純オペロンが転写される（マルトースがないと転写は起こらない）。転写・翻訳によって合成された5種のペプチドは，単独または複合体を形成してマルトースの代謝に働く（*lamB*はラムダファージの感染に関与しているタンパク質の遺伝子であるが，なぜかマルトースオペロンに含まれている）。

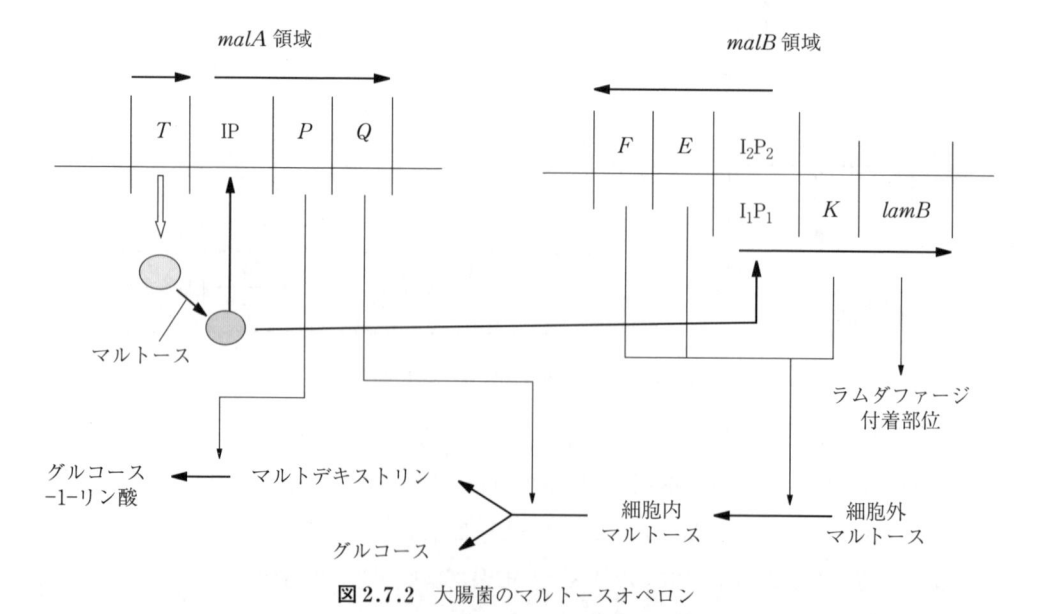

図2.7.2 大腸菌のマルトースオペロン

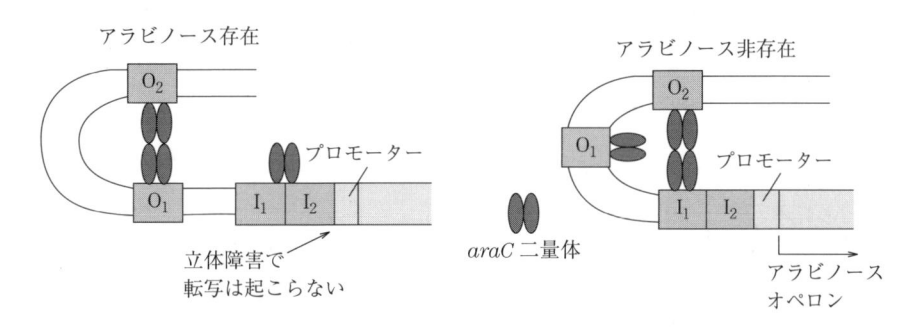

2.7.3 大腸菌のアラビノースオペロン

アラビノースは六炭糖の一種であり，解糖系を介して代謝される。アラビノースの代謝に関与している遺伝子はアラビノースオペロンを形成して，一括制御される。このオペロンは，構造遺伝子群を制御するプロモーターに加えて，プロモーター直近のI_1とI_2および離れた位置にあるO_1とO_2の四つの制御要素を持つ（**図2.7.3**）。そして，さらに遠く離れた位置にある調節遺伝子 *araC* がある（*araC* の遺伝子産物は二量体を形成する）。アラビノースが十分量あるときには，*araC* 二量体がI_1-I_2にまたがって結合する（O_1とO_2にそれぞれ結合した二量体はたがいに結合する）。その結果，RNAポリメラーゼがプロモーターに結合できず，構造遺伝子群は転写されない。一方，アラビノースがない場合は，*araC* 二量体がI_1に結合する（I_2には結合しない）。そして，O_1とO_2にそれぞれ二量体が結合するが，O_2に結合した二量体とI_1に結合した二量体とがたがいに結合する。その結果，RNAポリメラーゼがプロモーターに結合し，構造遺伝子群は転写される（プロモーターへのRNAポリメラーゼの結合には，I_1とO_2の間に形成された *araC* 四量体が必要である）。

図2.7.3 大腸菌のアラビノースオペロン

2.7.4 大腸菌のトリプトファンオペロン

トリプトファンはアミノ酸の一種である。糖の代謝は基本的に分解であるのに対して，アミノ酸の代謝は基本的に合成である。**図2.7.4**に示すように，大腸菌のトリプトファン合成に関与している遺伝子はオペロン（トリプトファンオペロン）を形成しており，ラクトースオペロンと同様の負の制御を受けている。

ただし，大腸菌トリプトファンオペロンには，アテニュエーションという興味ある制御機構も働く。このオペロンでは，トリプトファン合成酵素の遺伝子（構造遺伝子）の上流にアテニュエーター，そのさらに上流にリーダーペプチド遺伝子があり，その前にプロモーターが付いている（**図2.7.5**）。アテニュエーターの中にはたがいに相補的な四つ（a〜d）の塩

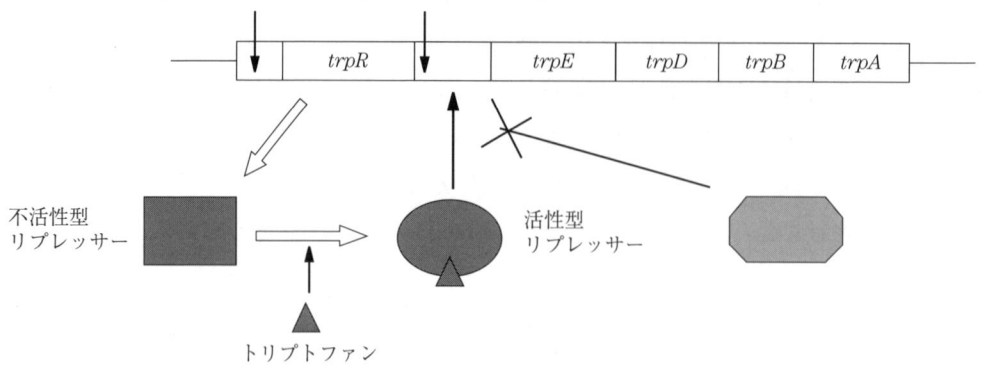

図 2.7.4 大腸菌のトリプトファンオペロン：リプレッション

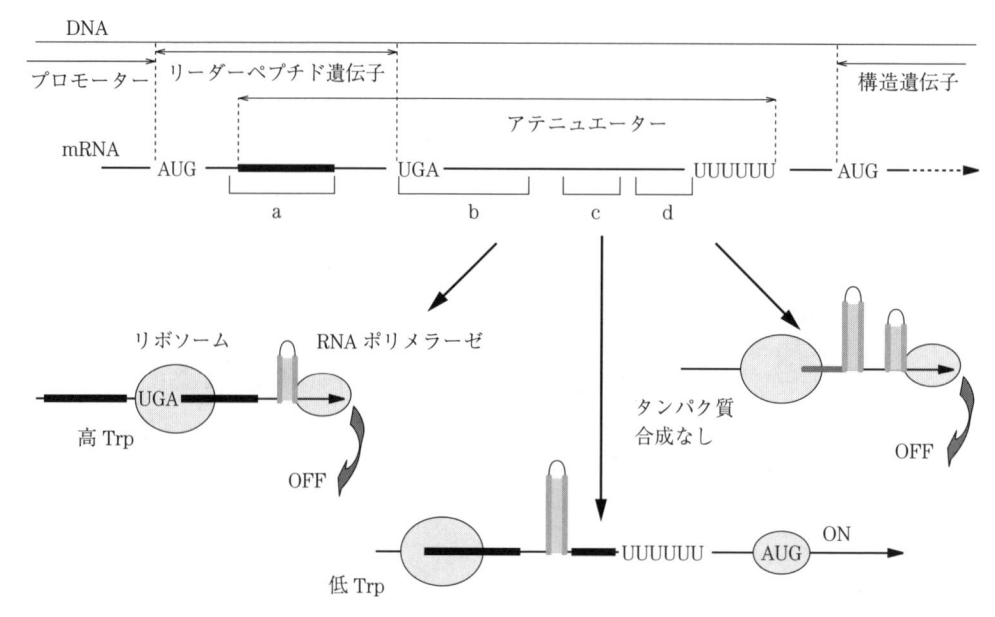

図 2.7.5 大腸菌のトリプトファンオペロン：アテニュエーション

基配列が分散しており，リーダーペプチド遺伝子は多数のトリプトファンのコドンを持っている。これらがどのように働くかを以下に説明する。

① **トリプトファンが十分にある場合**　プロモーターからmRNA合成が始まると，合成されmRNAにリボソームが付着し，タンパク質合成が進行する。つまり，RNAポリメラーゼのあとをリボソームが追いかける状態になる。そして，RNAポリメラーゼがcを通り過ぎる頃には，リボソームはaを通り越してbに差し掛かっている。この状態では，aとbの相補配列は対合できず，cとdが対合してRNAポリメラーゼの背後でヘアピン構造を作る。これが，RNAポリメラーゼにとっては合成停止信号となり，RNAポリメラーゼがDNAから離れる（構造遺伝子の部分は転写されない）。

② **トリプトファンが不足している場合**　リボソームはRNAポリメラーゼのあとを追うが，トリプトファンが少ないためにリーダーペプチド遺伝子（a）のところでリボソームの進行が遅れる。すると，bとcがヘアピン構造を作り，dが取り残される。停止信号が作れないため，RNAポリメラーゼはその先の転写を続ける。

③ **トリプトファンが非常に不足している場合**　リボソームはaに到達したところで停止する。すると，aとbならびにcとdがヘアピン構造を作る。停止信号ができるので，RNAポリメラーゼはDNAから離れる。

ラクトースオペロン型の制御装置は電灯を点滅するスイッチに，トリプトファンオペロンの制御装置は照明の明るさを変えるスイッチにたとえられる。アテニュエーターというのはそのようなダイアル式のスイッチのことであり，トリプトファンの量の微妙な調節ができる特徴がある。なお，アテニュエーションによる制御は転写と翻訳が同時進行する原核生物では可能であるが，転写と翻訳が核膜で隔離されている真核生物では不可能である。

2.7.5　出芽酵母の *GAL* genes

ガラクトースはグルコースの構造異性体であり，解糖系を介して分解される。ただし，解糖系に入るまでに数段階の反応が必要である。出芽酵母のガラクトース利用に関わる遺伝子群（*GAL* genes）はそれぞれ独立に転写される五つの構造遺伝子（*GAL1*, *GAL7*, *GAL10*

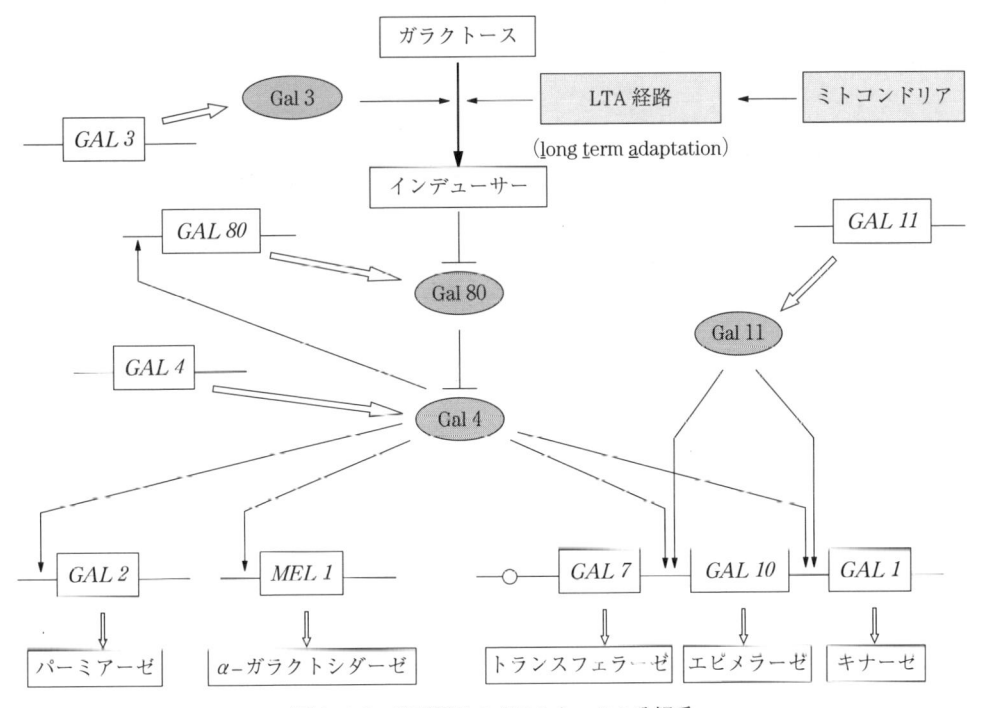

図2.7.6　出芽酵母のガラクトースの分解系

は近接しているが，独立に転写される）であり，四つの調節遺伝子で直接ないしは間接に制御されるとともに，ミトコンドリアの機能が発現制御に関与していることが明らかになっている（**図 2.7.6**）。真核生物として最初に詳細な発現制御の研究が行われ，真核生物の遺伝子発現制御系の特徴の多くがこの制御系で明らかにされた。

2.7.6 出芽酵母の *PHO* genes

出芽酵母のリン酸利用に関わる遺伝子群（*PHO* genes）も数多くの調節遺伝子の制御を受ける（**図 2.7.7**）。

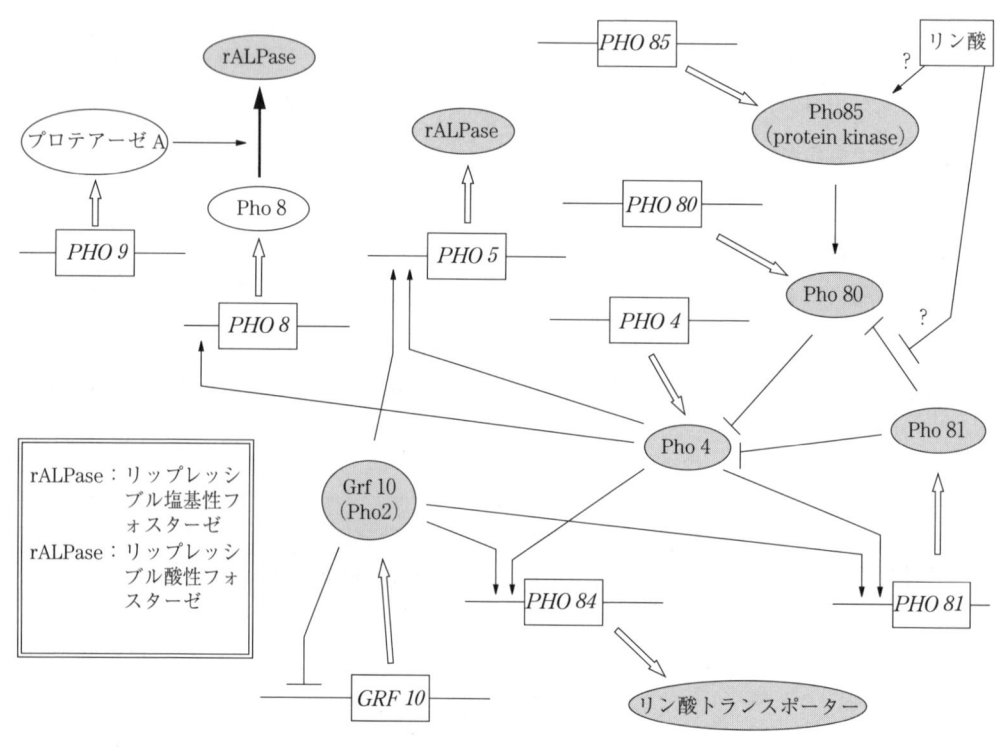

図 2.7.7 出芽酵母のリン酸利用系

2.7.7 出芽酵母の *MET* genes

硫酸の代謝は含硫アミノ酸（システインとメチオニン）の合成と関わっており，出芽酵母では代謝経路の遺伝子と酵素活性の関係がほぼ解明されている。メチオニン（システインも）の合成に関わる遺伝子群（*MET* genes）の発現制御に関しては，二つの考え方（① SAM が直接的に負の制御因子として働く，② システインが間接的に負の制御因子として働く）があり，まだ決着はついていない（**図 2.7.8**）。

なお，各 *MET* genes の上流には共通して CACGTGA という配列があり，これに *MET 4*

2.7 生物の働き：遺伝子発現制御

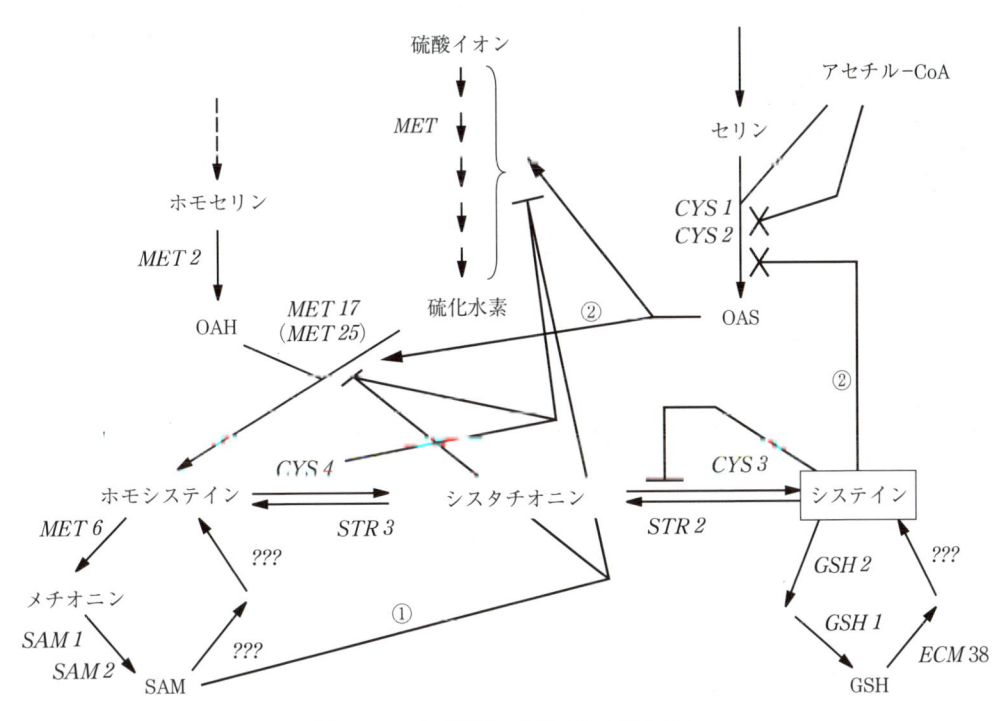

図 2.7.8 出芽酵母の含硫アミノ酸合成系

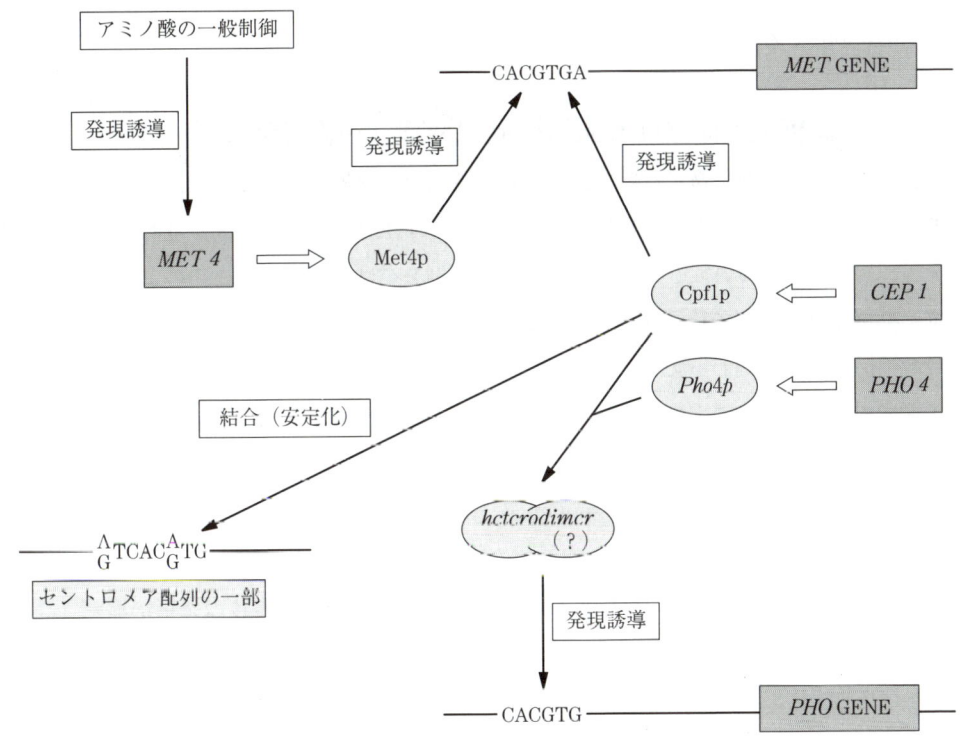

図 2.7.9 出芽酵母の *CEP1* 遺伝子の働き

およびCEP1の遺伝子産物（タンパク質）が結合して転写が活性化する（図2.7.9）。MET4はアミノ酸の一般制御の情報をMET genesに伝える役割をする。アミノ酸の一般制御は，ほとんどすべてのアミノ酸の合成を一括して制御する機構であり，特定のアミノ酸だけが多くなったり少なくなったりしすぎないようにする働きをしている。そして，アミノ酸の一般制御自体にも数多くの制御遺伝子が関わっている（図2.7.10）。

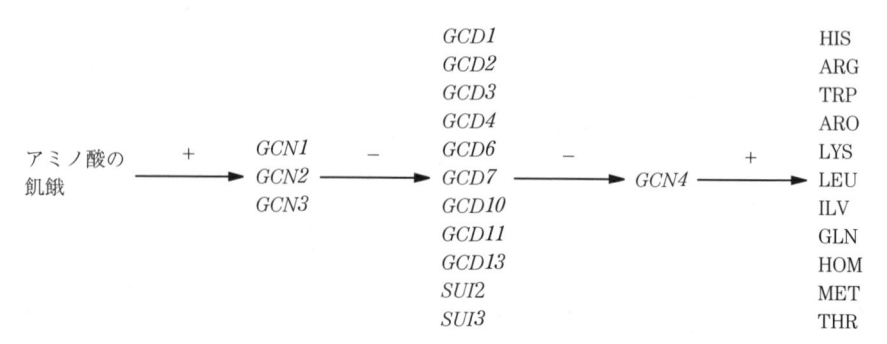

```
                                    GCD1              HIS
                                    GCD2              ARG
                                    GCD3              TRP
                                    GCD4              ARO
アミノ酸の    +     GCN1    −       GCD6      −             +    LYS
  飢餓     ───→    GCN2   ───→     GCD7    ───→  GCN4  ───→    LEU
                    GCN3             GCD10             ILV
                                    GCD11             GLN
                                    GCD13             HOM
                                    SUI2              MET
                                    SUI3              THR
```

図2.7.10　出芽酵母におけるアミノ酸合成の一般制御

一方，CEP1の遺伝子産物は単独で動原体配列と結合することで，細胞分裂時の染色体の正常な分離に働くとともに，PHO4遺伝子産物と共同してPHO genesの発現制御に関与する。言い換えると，硫酸代謝（MET genes）とリン酸代謝（PHO genes）はCEP1によって協調的に制御されているのである。

2.7.8　真核生物における遺伝子発現制御（一般モデル）

現在ではさまざまな生物について分子生物学的研究が進展しているが，当初は大腸菌と出芽酵母がそれぞれ原核生物と真核生物の代表（モデル生物）として研究が進められた。遺伝子発現制御の研究においても同様であり，上に実例を挙げて解説した。このような研究を通して，真核生物の遺伝子発現調節機構の特徴が明らかになってきた。中でも特徴的なのは，多数の調節遺伝子が関わっていることである。そして，それらが図2.7.11に示す一般的な分子機構で説明できることである。構造遺伝子の直近にTATA boxと呼ばれる配列があり，それにはTATA-binding protein（TBP）が結合する。一方，構造遺伝子から遠く離れた位置に一つ以上のupstream regulatory sequence（URS）があり，個々のURSにtranscriptional activators（転写活性化因子；複数のタンパク質）が結合する。そして，TBPと転写活性化因子が結合することによりTATA boxとURSの間にタンパク質複合体の架橋が形成される。このタンパク質複合体にリボソームが結合して転写が可能になるのである。この機構によって，真核生物では，個々の遺伝子がさまざまな内的・外的な環境に応じて微妙な発現制御が行われていると考えられる。

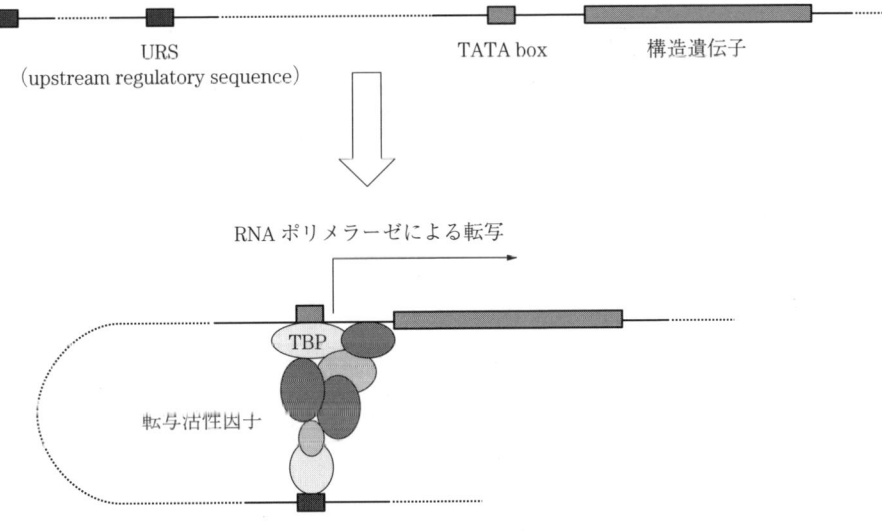

図 2.7.11 真核生物の一般的な遺伝子発現制御機構

おわりに 本節では，実例を挙げて，遺伝子発現制御機構を解説した。紙幅の関係で大腸菌（原核生物）と出芽酵母（真核生物）に限定したが，現在ではヒトを含めて数多くの遺伝子について発現機構が解明されつつある。

2.8 タンパク質の構造と機能

はじめに 前節では，生物機能・生命機能におけるセントラルドグマの役割（核酸の遺伝情報保持（DNA）と遺伝情報発現（RNA）における役割）を説明した。本節では，遺伝情報を受け取り，生命維持の現場で働くタンパク質の構造と機能について概説する。

2.8.1 タンパク質の構造

タンパク質はアミノ酸がひも状につながった化合物（分子）である。ただし，生体内（水が主成分）では長く伸びた状態で存在することはまれであり，タンパク質分子ごとに異なるさまざまな立体的な構造を形成する。タンパク質の構造は一次構造，二次構造，三次構造，四次構造に分けて考えられる。

〔1〕 一 次 構 造

アミノ酸配列のことであり，DNA（遺伝子）の塩基配列によって決まる。通常，N末端側からC末端側方向に表記する。なお，簡便法として，アミノ酸をアルファベット3文字または1文字で表記する（**表 2.8.1**）。一次配列はタンパク質分子の大きさ（長さ，分子量）を知るのに便利である。また，タンパク質の類縁関係（したがって，遺伝子の類縁関係）を

表 2.8.1 アミノ酸の表記法

1文字表記	3文字表記	英語名	日本語名
A	Ala	Alanine	アラニン
C	Cys	Cysteine	システイン
D	Asp	Aspartic Acid	アスパラギン酸
E	Glu	Glutamic Acid	グルタミン酸
F	Phe	Phenylalanine	フェニルアラニン
G	Gly	Glycine	グリシン
H	His	Histidine	ヒスチジン
I	Ile	Isoleucine	イソロイシン
K	Lys	Lysine	リジン
L	Leu	Leucine	ロイシン
M	Met	Methionine	メチオニン
N	Asn	Asparagine	アスパラギン
P	Pro	Proline	プロリン
Q	Gln	Glutamine	グルタミン
R	Arg	Arginine	アルギニン
S	Ser	Serine	セリン
T	Thr	Threonine	ヌレオニン
V	Val	Valine	バリン
W	Trp	Tryptophan	トリプトファン
Y	Tyr	Tyrosine	チロシン

解析するときにも使われる。

〔2〕二次構造

タンパク質（ペプチド鎖）の骨格は $-NH-CHR-CO-$ の繰返しである。この骨格に含まれる元素によって形成される水素結合（$>N-H \cdots O=-C<$）により、ペプチド鎖は α ヘリッ

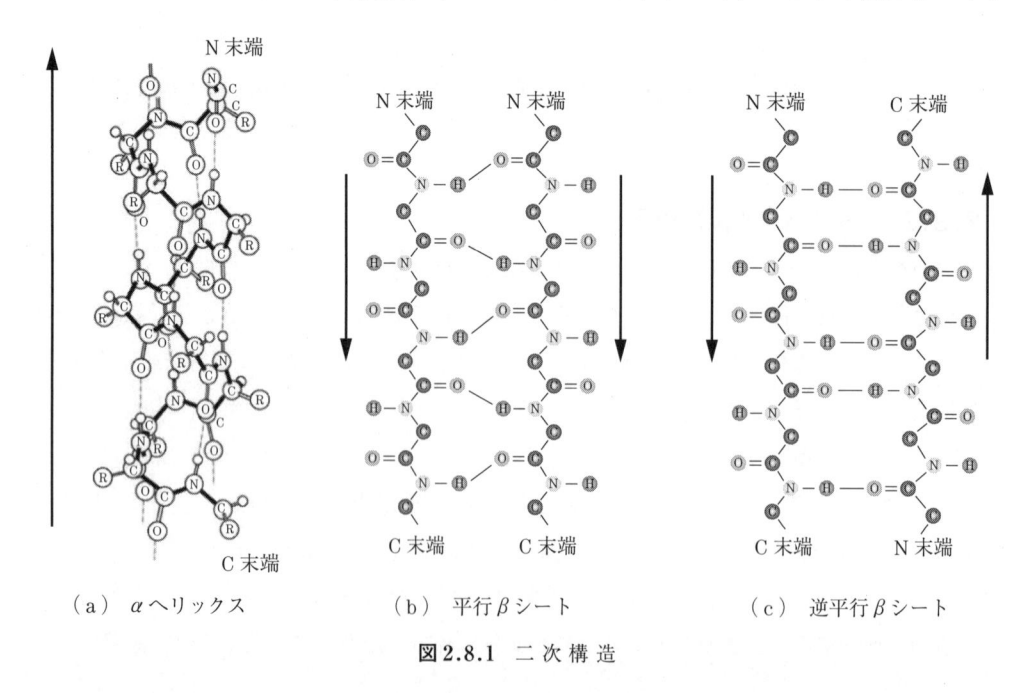

（a）α ヘリックス　　（b）平行 β シート　　（c）逆平行 β シート

図 2.8.1 二次構造

クスとβシート（平行と逆平行がある）という規則的な構造を形成する（図 2.8.1）。αヘリックスおよびβシートを形成しない部分はターンおよびループ（ターンよりもループのほうが長い）と呼ばれる。現在では，アミノ酸配列からαヘリックスとβシートを作る領域はほぼ正確に予測できるようになっている。なお，複数の二次構造が組み合わさって生じる構造を超二次構造（図 2.8.2）といい，βαβ 単位，β 屈曲，αα 単位，β バレル，ギリシャキーなどがある。

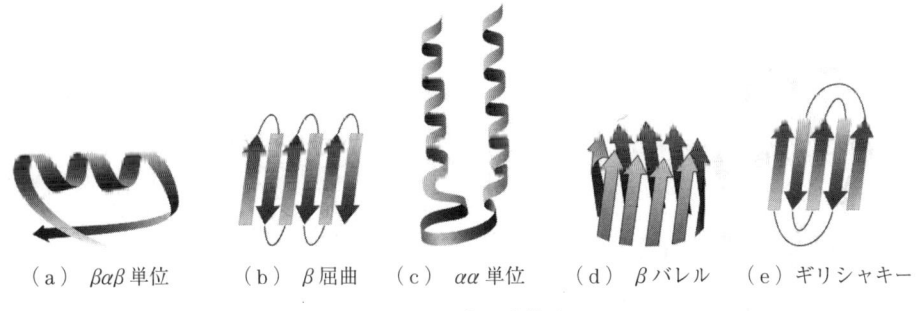

（a）βαβ 単位　（b）β 屈曲　（c）αα 単位　（d）β バレル　（e）ギリシャキー

図 2.8.2 超二次構造

タンパク質分子中の二次構造の例を**図 2.8.3**に示す。図（a）はミトコンドリア電子伝達系のタンパク質の一つであるチトクローム c，図（b）はオワンクラゲの緑色蛍光タンパク質 GFP，図（c）はアフリカ原産の植物に含まれる世界で最も甘い物質といわれるモネ

（a）チトクローム c　　　（b）オワンクラゲの緑色蛍光タンパク質 GFP

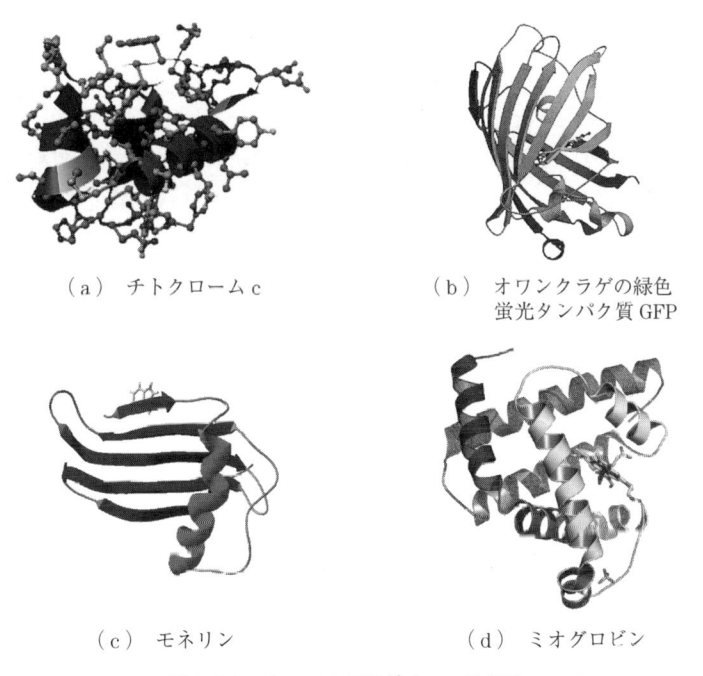

（c）モネリン　　　（d）ミオグロビン

図 2.8.3 タンパク質分子中の二次構造

リン，図（d）は酸素と結合するミオグロビンである．なお，図（a）では原子を球で，ほかでは主鎖を線で，αヘリックスは帯状のらせん，βシートは平行した帯で示す（ターンやループは細い線）．

〔3〕 三 次 構 造

分子全体の立体構造のことであり，二次構造の組合せによって形成される（図2.8.3参照）．具体的には，アミノ酸側鎖間の弱い結合および二つのシステイン間に形成される共有結合（−S−S−；ジスルフィド結合）によって形成される．タンパク質の多様な機能はおもにこのような弱い結合による柔軟な構造に起因する．

一つのタンパク質分子中の構造的ならびに機能的にまとまった領域をドメインといい，図2.8.4に例を示す．

（a） 免疫グロブリン　　　　（b） LDL受容体

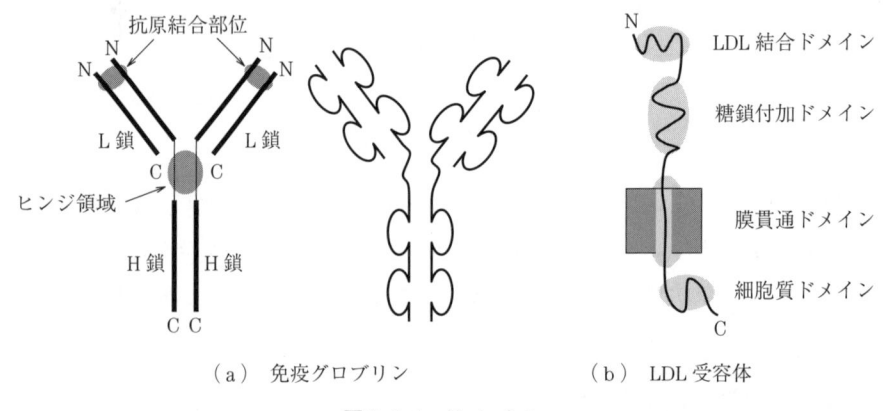

図2.8.4　ド メ イ ン

免疫グロブリン（IgG）では，抗原に共通の部位（定常領域）と抗原を識別する部位（可変領域）とが構造的に独立しており（図（a）），膜貫通タンパク質であるLDL受容体には膜貫通ドメインが存在する（図（b））．

三次構造は数多くのアミノ酸間の相互作用だけでなく，水をはじめとする周囲の低分子物質によっても影響を受ける．したがって，アミノ酸配列だけでそのタンパク質の三次構造を予測するのは非常に困難である（ただし，現在，スーパコンピュータを使用して，タンパク質の三次構造を予測する方法が盛んに開発されている）．

〔4〕 四 次 構 造

タンパク質の中には，1本のペプチド鎖だけで構造と機能を持つものもあるが，複数のペプチド鎖を持つタンパク質も多い．例えば，ヘモグロビンはおのおのがミオシンとよく似ている4本のペプチド鎖（2本のα鎖と2本のβ鎖）を持つ．個々のペプチドをサブユニットと呼び，通常，それぞれのサブユニットがそれぞれの三次構造を持ち，それらが寄り集まっ

図 2.8.5 四 次 構 造

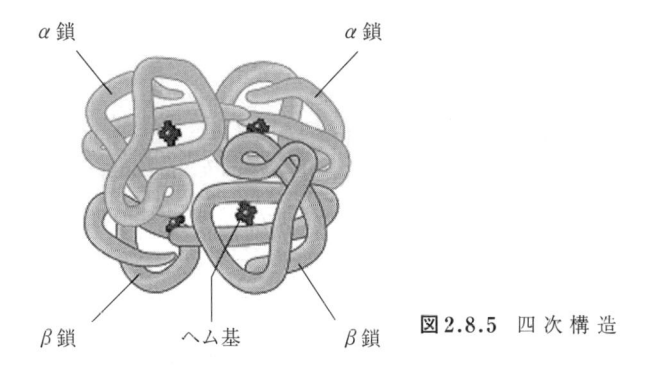

（α鎖、α鎖、β鎖、ヘム基、β鎖）

て一つのタンパク質分子になる（**図2.8.5**）。四次構造の形成にも弱い結合とジスルフィド結合が関与する。

2.8.2 タンパク質の立体構造と機能

タンパク質の立体構造は弱い結合ならびにジスルフィドで形成されるため，立体構造に依存する機能（ほとんどすべての機能）は温度，pH，塩濃度などの影響を受けやすい。しかしながら，タンパク質の立体構造は弱いとはいうものの多数の結合で形成されているために，全体としては比較的安定である。ただし，部分部分は絶えずくっついたり離れたりして，揺れ動いているのである（マジックテープ全体を一度にはがすのはたいへんであるが，端から順序にはがすと容易にはがれるのに似ている）。このようなタンパク質の部分的な不安定性（柔軟性）がタンパク質のダイナミックな機能（酵素は基質とくっつくとともに，反応産物は容易に離れる；また，基質がくっつくことにより酵素そのものの構造が変化する）の源である。

なお，例外はあるものの，タンパク質の立体構造は基本的にアミノ酸配列によって決まる。言い換えると，遺伝子はアミノ酸配列を決めることによって，タンパク質の立体構造を決めているのである（"アンフィンゼンのドグマ"という）。タンパク質はその立体構造（特に，分子の表面構造）によってその機能を営んでいる。例えば，酵素の基質特異性は，酵素タンパク質の表面のくぼみに基質がはまり込むことによって決まる（そのくぼみにはまり込む分子だけが基質になる）のである。したがって，遺伝子はタンパク質の立体構造を通して機能を規定しているといえる。

2.8.3 タンパク質の構造解析と構造予測

タンパク質の一次構造の解析には，アミノ酸をN末端側から順次切り離して，生じるアミノ酸を調べる方法（エドマン分解法）が有用である。また，タンパク質そのものを調べるのではなく，DNA（遺伝子）の塩基配列を解析し，それからアミノ酸配列を推定する方法

も一般的に使われる。ただし，近年は，田中耕一（1959－　）が開発したタンパク質の質量分析法が広く使われるようになっている。

タンパク質の高次構造の解析には，X線回折法が最もよく使われる。ただし，この方法にはタンパク質の結晶を作る必要がある（結晶化しないタンパク質にはX線回折法が適用できない）とともに，結晶状態の構造が生体内（おもに水に溶けた状態）の分子構造をどれだけ反映しているのかという問題がある。しかしながら，X線回折法がタンパク質の立体構造について非常に有用な情報を提供していることは間違いない。

溶液中のタンパク質の立体構造を解析する方法としては，核磁気共鳴（NMR）法や円旋回光（CD）法がある。これらの方法によって分子全体の二次構造の比率が比較的容易に解析できる（現状ではアミノ酸数が10程度のペプチドへの適用に限られているが，技術革新により分析可能な分子の大きさは急速に伸びている）。したがって，X線解析法などとこれらの方法の併用によって，生体内のタンパク質分子の生きた姿を描き出す工夫が行われている。

2.8.4　酵素の働きの分子モデル：具体例

酵素は，基質が結合することにより，それが結合していない状態よりもエントロピーが減少していると考えられる。事実，基質を結合させた酵素はあらゆるストレス（熱やpHの変化など）に対して安定である。これは酵素の立体構造が変化するためであると考えられる。例として，図2.8.6にレニンに基質（阻害剤）が結合する前（図（a））と後（図（b））の立体構造の変化を示す。いずれもX線結晶回折による三次元構造である。酵素レニンの中央部にラットのアンジオテンシノーゲン由来のペプチド性レニン阻害剤が結合していることがわかる。

酵素に基質が結合することにより，酵素が触媒反応に適した形状に変化し，酵素の立体構

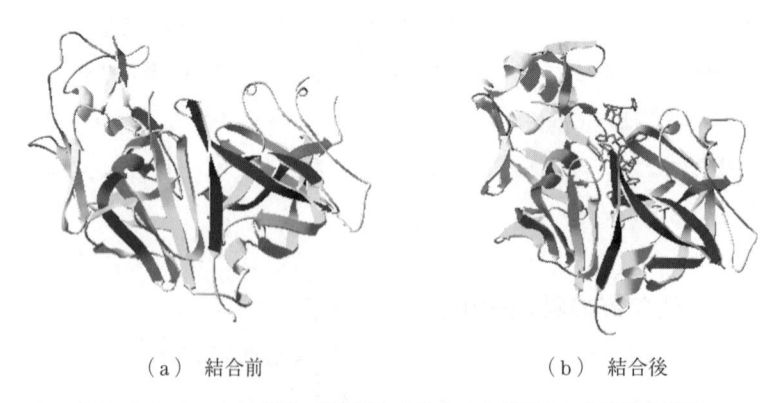

　　　　　（a）結合前　　　　　　　　（b）結合後
図2.8.6　レニンに基質（阻害剤）が結合する前後の立体構造の変化

造変化に伴って基質の立体構造も変化し遷移状態へと向かう。遷移状態に向かう過程で分子の安定化が増し，それによって反応の活性化エネルギーを低下させていると考えられている。このような酵素の構造変化を誘導適合と呼ぶ。誘導適合により酵素の活性中心が機能を発現しうる位置に移動する。なお，活性中心とは別の位置に特定の物質が結合することで，活性中心の機能（構造）を制御することができる。この形式の酵素の制御をアロステリック効果と呼ぶ。

「酵素の基質特異性はなぜ発揮されるのか？」，「活性化エネルギーをいかにして下げるのか？」など，無機触媒や酸塩基触媒などと違う基本的特性を生み出す酵素反応の機構についてはまだ統一的な解答が得られたとはいえない。しかし，今日では，構造生物学の発展や組換えタンパク質作成による変異導入などのテクニックを用いることにより，その片鱗が明らかにされつつある。

タンパク質分解酵素セリンプロテアーゼの場合，基質が酵素に結合することで反応系のエントロピーが減少する働き（エントロピートラップ）により酵素複合体を形成する。結合した基質は誘導適合により活性中心に反応に適した状態で固定され生成物へと反応が進行する。ここではセリンプロテアーゼの一種であるキモトリプシンの作用機作を図2.8.7に示す。

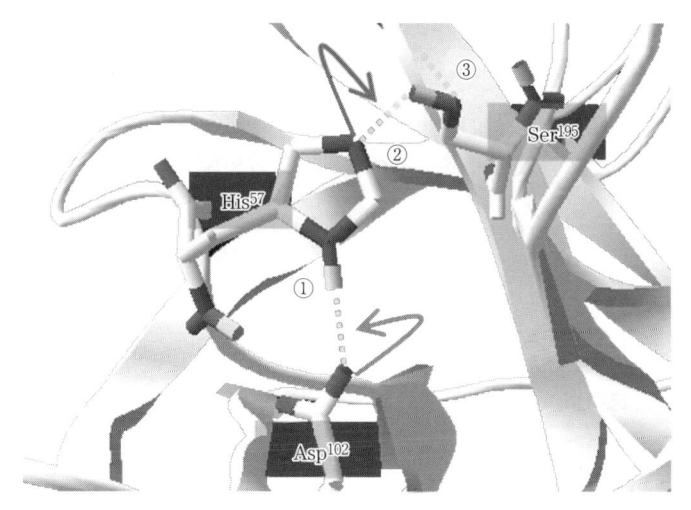

図2.8.7 キモトリプシンの作用機作（モデル）

キモトリプシンについては，以下のようなプロトンの伝達のモデルが考えられている。

①His57がプロトンを負に荷電したAsp102に譲渡する。
②His57が塩基となり，活性中心のSer195からプロトンを奪う。
③Ser195が活性化されて（負に荷電して）基質を攻撃する。
④His57がプロトンを基質に譲渡する。

⑤ Asp102 から His57 がプロトンを奪い①の状態に戻る。

2.8.5 タンパク質の一生

タンパク質合成についてはセントラルドグマによって概略が明らかになった。しかし、合成されたタンパク質はいつまでも構造と機能を維持し続けることはない。機械と同じように、何時かは壊れ、機能を失うものである。この点について、近年、"タンパク質の一生（誕生から死まで）"といういい方がされるようになっている。

このいい方では、これまで述べてきたタンパク質合成は"誕生まで"に相当する。誕生したあと、多くのタンパク質は化学修飾を受けたり切断されたりして、活性を持つようになる（成長する）。

なお、タンパク質によっては、活性のある立体構造を持つようになるためには別のタンパク質（シャペロンタンパク質という）の助けを要するものもある。また、細胞外に分泌されるタンパク質や膜で囲まれた細胞器官のタンパク質は膜を通る儀式を受ける（生体膜は疎水的であり、基本的に親水的なタンパク質はそのままでは膜を通過できない）。

活性を持つタンパク質はその活性に応じた立体構造を維持している（むしろ、立体構造を維持しているからこそ、その構造に応じた活性を持つ）が、温度の変化や特定の化学物質との接触などによって、立体構造が変化する。いわゆるタンパク質の変性である。これは、タンパク質の老化ということもできる。変性タンパク質については、① 変性状態から回復（若返り）させるか、② 潔く死（分解）を迎えさせるかである。① にはシャペロンタンパク質が働く。② にはタンパク質分解酵素やより一般的な分解酵素が主要な働きをする（シャペロンタンパク質の中にも、タンパク質分解酵素としての働きを持つものもある）。リソゾームやオートファゴソームは、タンパク質に限らず、細胞内の"ごみ処理施設"という見方ができる。人間の社会から見ると薄情なようであるが、タンパク質の場合は、"分解してアミノ酸にリサイクルする"ことが徹底している。細胞（生物界全般）は、タンパク質に限らず、原則として、"使い捨ての原理"で生命を営んでいるということができる。

2.8.6 タンパク質と生物時計

飛行機で海外旅行したことのある人は時差ぼけを経験したことがあるだろう。これは「到着点の時刻と体内の時計の時刻とのずれが原因である」といわれる。最近、体内の時計がタンパク質のリン酸化サイクルであることが明らかになったので紹介する。

〔1〕 環境サイクル

生物は環境の時間変化の中で生活している。環境の時間変化は、基本的に、地球の自転・

公転ならびに月の公転によってもたらされる。地球はほぼ24時間の周期で地軸を中心として自転している。生物にとってはこの24時間周期は最も重要な環境変化の周期である。照度、温度は日周変動する大きな環境要素である。中でも、照度（光の量）の変化は振幅が最も大きくかつ周期変化が正確であり、生物にとって最も安定な環境変動である。

また、地球は太陽の周りを1年周期で公転している。地軸は公転面に対して垂直でなく一定の傾きを持つため、太陽光の入射角の変化が生じ、その結果、季節変動（日長や温度の変化）が現れる。温度変化は年によって一定ではないが、日長変化は非常に正確である。そのため生物は日長変化を指標にして季節変動に適応している。

月が地球の周りを約29.5日で公転することも地球の環境に周期を生み出している。月の公転と地球の自転とにより、月の出の周期は24.8時間となる。なお、潮の干満の周期（満潮周期）は月の運動がもたらす最も大きな環境変化周期である。

[2] 生物の周期性

ヒトは、通常、朝起きて夜に眠るという毎日を繰り返している。ヒトに限らず、ほとんどの生物は同様の周期性（リズム）を持って生きている。生物が持つリズムには、睡眠や体温変化のような1日単位の日周リズムや、女性の月経周期にみられる約1か月単位の月周リズム、また渡り鳥の移動や植物の開花など年単位を周期とする年周リズムなどがある。さらには、7年ゼミや13年ゼミのようにさらに長期のリズムもある。このような生物が示す周期的現象を生物リズムと呼ぶ。

約1日（約24時間）周期のリズムを概日リズムという。サーカディアンリズム（circadian rhythm）ともいうが、ラテン語の「circa（約）」と「dian（1日）」に由来する言葉である。概日リズムを示す生物活動には、動物の活動性や植物の葉の就眠運動、光合成活性など多くがある。

[3] 生物時計

生物が一定のリズムを持って生きるには、時刻を知り、さまざまな単位の周期を計る仕組みが必要である。この仕組みを、広い意味での生物時計と呼ぶ（体内時計とも呼ぶ）。生物を取り巻く環境の中で、昼と夜の変動は最も大きく、生物が1日（24時間）をどう生きるかは重要である。そのため、生物時計は24時間周期の概日リズムを生み出す仕組みと同じ意味で使われることが多い。したがって、生物時計は概日時計とも呼ばれる。

生物時計は、ヒトに限らず、地球上のほとんどの生物が持っている。動物・植物はもちろんのこと、細菌も24時間のリズムを作りだす仕組みを持つ。生物時計を持つことで、時刻を知り、つぎに必要なことをあらかじめ準備することで、有利に生存できる利点が生まれるためであろう。

生物時計の仕組みの基本モデルを図2.8.8に示す。リズムを作り出す時計本体である中

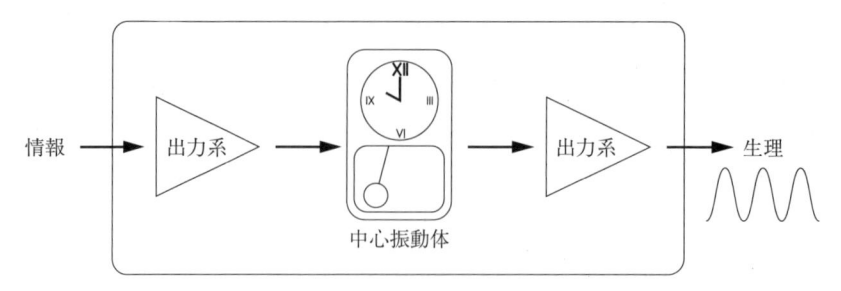

図 2.8.8 生物時計の仕組みの基本モデル

心振動子（振り子）に，外からの情報が光受容体から入力系を介して伝えられる。中心振動子から発信された情報は，出力系を介してさまざまな生理的振動を制御する。その結果，生物の活動にさまざまな周期性が現れるのである。

〔4〕 生物時計の特徴

概日リズムは時計によって制御されているので，概日リズムの特徴が時計の本質を表していると考えられる。概日リズムにはつぎの三つの性質がある。

① **自由継続性**　概日リズムは，外部環境の変化ではなく，自律的に24時間周期を示す。外界の日周的変化を遮断しても24時間周期が継続することから，生物のからだの内部の仕組みで動く時計（生物時計）があると考えられる。

② **同調性**　概日リズムが環境の日周期とずれたとき，概日リズムが環境の日周期に合うように調整される。つまり，概日リズムは外部環境に合うように位相が変動する。つまり，生物時計は時間調整が可能である。

③ **温度補償性**　概日リズムは温度変化に対して安定している。環境の温度が変化しても，おおよそ24時間の概日リズム周期は維持される。これを温度補償性という。

生物体内の反応のほとんどには酵素が関わっており，酵素反応は温度が上がれば速度は速くなる（温度が10℃上昇すれば酵素活性は約2〜3倍になる）。しかし，生物時計の周期は温度が変化してもほとんど変化しない。例えば，シアノバクテリアを20℃で生育した場合と30℃で生育した場合では，増殖速度は大きく変化するが，シアノバクテリアにとって1日が24時間であることは，20℃でも30℃でも変わらない。

〔5〕 生物時計の遺伝子

生物の概日リズムは，古くから知られており，オジギソウの葉の日周運動は光がなくても24時間周期で続くことは18世紀に発見されていた。しかし，最近になってようやく，生物時計の分子機構が明らかになってきた。

1971年に，概日周期の異常（行動リズムの24時間周期がなくなる，長くなる，あるいは短くなる）を持つショウジョウバエが見いだされた。この異常は遺伝することから，概日リズムの遺伝子があることが明らかになった。1984年になって，概日周期の異常の原因遺伝

子である *period* がクローニングされた。ほ乳類では，1997年に，マウスの概日周期遺伝子 *clock* が見つかった。また，同年，ショウジョウバエの *period* 遺伝子のホモログがヒトやマウスにもあることが明らかになった。そして，1998年には，原核生物のシアノバクテリアの概日周期遺伝子 *kai* が発見された。

この頃から生物時計の分子生物学的な研究が急速に広がった。まず，概日周期遺伝子の発現量とその産物であるタンパク質の量の変動が調べられた。「時計タンパク質の量が24時間周期で増減し，それによって生物は時刻を知ることになる」，「タンパク質がある一定の量になると，それ自身が転写を抑制する（ネガティブフィードバックループ）ことによって周期的な量の変化を作り出される」と考えられたのである。

〔6〕 シアノバクテリアの生物時計の分子機構

シアノバクテリアでは三つの時計タンパク質（KaiA，KaiB，KaiC）が生物時計に必須であり，KaiC のリン酸化量が概日周期で変動することが明らかになっていた。そして，2005年に，転写や翻訳を停止させても，KaiC のリン酸化状態は24時間周期で振動する，つまり，ネガティブフィードバックループが生物時計を動かす仕組みであることが否定されたのである。さらに，試験管の中で三つの Kai タンパク質と ATP を混ぜた反応液で，KaiC のリン酸化量が概日周期で変動することが示された。転写や翻訳が関与しない試験管内で生物時計が動くというのはまったく予想外の発見であった。KaiA，KaiB，KaiC タンパク質にアミノ酸置換を導入することで，周期の長さが変わることも見いだされた。

生物時計は細胞内の複雑な環境の中で多様な因子が関わることで働くという考えが支配的であったが，シアノバクテリアでの発見はこれまでの研究の方向性を大きく変えることになった。もちろん，さまざまな生物の生物時計が単一の分子機構を持っているか否かは不明であり，現在も世界中でさまざまな生物において生物時計の研究が進められている。

おわりに 本節では，分子生物学の進展とそれによって得られた知見を解説した。かなり簡潔に記述したつもりではあるが，それでも難解であったと思う。しかしながら，生物が生きていることの裏側に目を向けて欲しいものである。

2.9 遺伝子工学

はじめに 21世紀は生命科学の世紀といわれる。また，「バイオの時代」という言葉もよく聞く。ここでいう"バイオ"とは"バイオテクノロジー（biotechnology；日本語では「生物工学」と訳される）のことである。バイオテクノロジーは生物を工学的に利用する技術を広く指す。私たちの生活に馴染みの深い酒や醤油を醸造する技術は古いタイプのバイオテクノロジーであるが，遺伝子が化学物質（DNA）であることが明らかになり，

ある生物から取り出したDNAを試験管の中で作り変え，それを元と同じ生物に戻すなり別の生物に導入することが可能になったことにより新しい科学技術として注目されるようになった。例えば，医薬品としてのインスリンや抗体などの生産も，新しいバイオテクノロジーの応用として注目を浴びている。

これまで述べてきたDNAの構造や機能の理解の上に築かれた新しいバイオテクノロジーの中心を担っているのが遺伝子工学である。遺伝子工学というのは，まさに遺伝子を工学的に利用する科学技術である。生体からDNA（遺伝子）を取り出し，それを人工条件下で取り扱うのは生化学ならびに分子生物学の分野では当たり前の作業になっており，DNAを生体に入れてその効果を調べるのは生物を知る上での基礎技術であるとともに，生物の改造につながる応用技術でもある。本節では，遺伝子工学について概説する。

2.9.1 実験技術

遺伝子（DNA）を取り扱うのには，ほかの化学物質の研究のために開発されたさまざまな実験技術が利用できる。加えて，DNAという化学物質を取り扱うために開発された実験技術もある。ここでは，機器の開発も含めて，DNAのための実験技術をいくつか紹介する。

〔1〕 形質転換

細胞がDNAを取り込むことによって形質が変化することを形質転換という（単にDNAを取り込ませることを形質転換ということが多いが，厳密には間違いである）。形質転換は，当初，肺炎双球菌で見いだされた現象であるが，その後，大腸菌でも起こることが明らかになった。そして，1970年に，大腸菌をカルシウムイオンによって処理することにより，形質転換効率が飛躍的に上昇することがわかった。その後，出芽酵母についても，カルシウムをはじめとする二価カチオンを使う形質転換法が確立された。大腸菌にしても出芽酵母にしても，形質転換におけるカルシウムイオンの役割はまだ完全に解明されてはいないが，細胞膜（脂質二重層膜）の損傷が大きな要因であると考えられている。なお，動物細胞の形質転換においてもカルシウムイオンが有効であるが，この場合は，DNAがカルシウムイオンと結合することにより沈殿し，その沈殿を細胞が貪食作用によって細胞内に取り込むためと考えられている。なお，DNAを受け取る細胞を宿主と呼ぶ。

細胞によっては，生存には必ずしも必須でない核酸（広くプラスミドと呼ばれる）を持つ。プラスミドは複製のための部位（複製開始点）を持つ。加えて，多くの場合，機能性部位（薬剤耐性などのためのタンパク質の情報）を持つ。プラスミドの多くは環状DNAである。このDNAは宿主中で分解されないばかりか，複製して宿主に代々受け継がれる。そして，宿主が溶解した場合，別の宿主に取り込まれ，その宿主を形質転換することがある（水平伝達という）。そこで，プラスミドに目的のDNA断片をつないで宿主に導入する方法が開発された（その方法については後述する）。このようにして使うプラスミドをベクター

(vector：運び屋) という。

ベクターには，通常，DNA複製の開始点に加えて，ベクターが宿主に入ったことを簡単に見分けるためのマーカー（薬剤耐性遺伝子などが使われる）を保有している（複製開始点やマーカーを人為的に付けたり，入れ替えたりする場合もある）。プラスミドDNA以外に，ウイルス（ファージ）DNA全体やその一部をベクターとして用いることもある。なお，プラスミドベクターは，おおむね10 kbp以下の比較的短いDNAを組み込むのに適しており，ウイルス（ファージ）は100 kbp程度のDNAを組み込むときに使用する。さらに，最近では，直鎖状DNAをベクターに使って，100 kbpまたはそれ以上の長いDNA断片を組み込むことが可能になっている。このようなベクターを人工染色体ベクターという。

〔2〕 試験管内DNA組換え

遺伝子工学では，ベクターDNAと目的DNAをつなぎ合わせる（つまりDNAを組み換える）ことが重要な作業になる（図2.9.1）。ここで使われる道具が，DNAを切る"はさみ"とDNA断片を貼り合わせる"のり"である。"はさみ"にあたるのは"制限酵素（restriction enzyme）"という変わった名前の一群の酵素である。"制限"というのは，細菌がファージの感染に対抗して自分の身を守る現象を指す言葉であり，ヒトなどの高等生物に見られる"免疫"に対応する機能であるといえる。

1968年，大腸菌によるλファージの制限現象を研究していたアーバー（Arber, 1929- ）

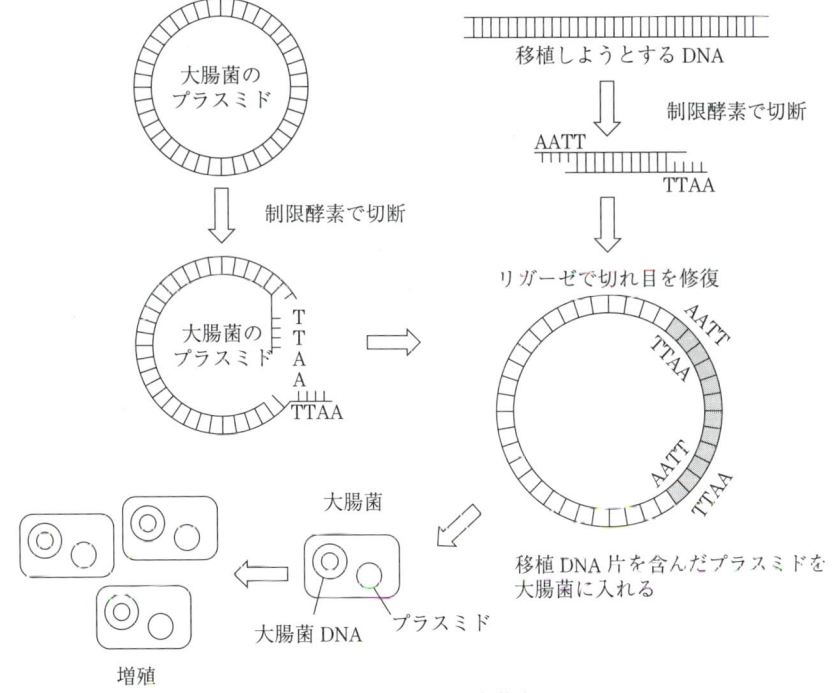

図2.9.1 DNAの組換え

が最初の制限酵素 *Eco*K を発見した。*Eco*K は DNA 鎖中の特異な配列を認識してメチル基を転移する一方で，そこから数 kbp 離れた場所で DNA 鎖を切断する活性を持っていた。メチル化と DNA 切断との二つの活性を持ち，その反応に ATP と S-アデノシルメチオニンを必要とする一群の酵素を I 型制限酵素という。同じ年，スミス（Smith, 1931- ）は別の制限酵素（あとに II 型制限酵素と呼ばれる）をインフルエンザ菌から発見した。この酵素は GTYRAC（Y はピリミジンで T または C，R はプリンで A または G を表す）という 6 ヌクレオチドの回文配列（パリンドローム）を認識して，その中央を切断する活性を持っていた。

その後，さまざまな微生物からさまざまな認識・切断部位を持つ制限酵素がつぎつぎと見いだされた（現在，そのうちの数百種が研究用に市販されている）。なお，制限酵素の命名法はつぎのとおりである。

まず，その酵素が由来する細菌の属名の頭文字（大文字）と種名の最初の 2 文字をイタリックで表記する（生物の学名はイタリック表記するため）。そのあとに，株名の 1 文字と発見順にローマ数字（I, II, III…）を続ける。例えば，*Eco*RI は，大腸菌（*Escherichia coli*）の R プラスミドにコードされている制限酵素であり，*Hin*dIII はインフルエンザ菌（*Haemophilus influenzae*）の Rd 株から分離された制限酵素である。

制限酵素が"はさみ"であるとすると，"のり"は DNA リガーゼという酵素である。この酵素は制限酵素よりも前，1967 年に，複数の研究室から報告されていた。DNA リガーゼは，ATP の加水分解のエネルギーを使って，ある DNA 断片の 5′ 末端のリン酸基ともう一方の断片の 3′ 末端の水酸基の間にホスホジエステル結合を形成させる。今日の遺伝子工学ではバクテリオファージ T4 由来の酵素がよく用いられている。

〔3〕 **塩基配列解析法**

DNA の塩基配列（ヌクレオチド配列ともいう）の解析は，遺伝子ならびに遺伝情報の実態を知る上で必要不可欠である。塩基配列解析法としては，DNA 中の 4 種の塩基をそれぞれ特異的に修飾する試薬を用いてそれぞれの塩基の位置で切断する手法（マクサム・ギルバート法）が最初に（1977 年に）開発された。この方法は初期のヌクレオチド配列解析で大きな役割を果たしたが，現在では，後に発表されたサンガー法（酵素法）に取って代わられている。

1958 年にインスリンの全構造を決定した業績によりノーベル賞を受賞していたサンガー（Sanger, 1918- ）は核酸の塩基配列決定法の確立においても偉大な足跡を残した。彼が 1975 年に開発した方法は複雑なために汎用されなかったが，1977 年に発表した方法は簡便であり広く普及した。どちらも，DNA ポリメラーゼを使って試験管内 DNA 合成を行う方法であり，酵素法と呼ばれる。具体的には，DNA 鎖を合成・伸長する際に特定の塩基で合成を停止させ，合成される DNA の長さからヌクレオチド配列を解読する。なお，反応を停止

させるためにデオキシリボースの3′の水酸基（-OH）を水素（-H）に置換した"ジデオキシヌクレオチド"を用いることから，ジデオキシ法とも呼ばれる。なお，サンガー法には，当初，放射性同位元素を用いていたが，蛍光色素の開発により，簡便かつ高感度の解析が行われるようになった（**図2.9.2**）。

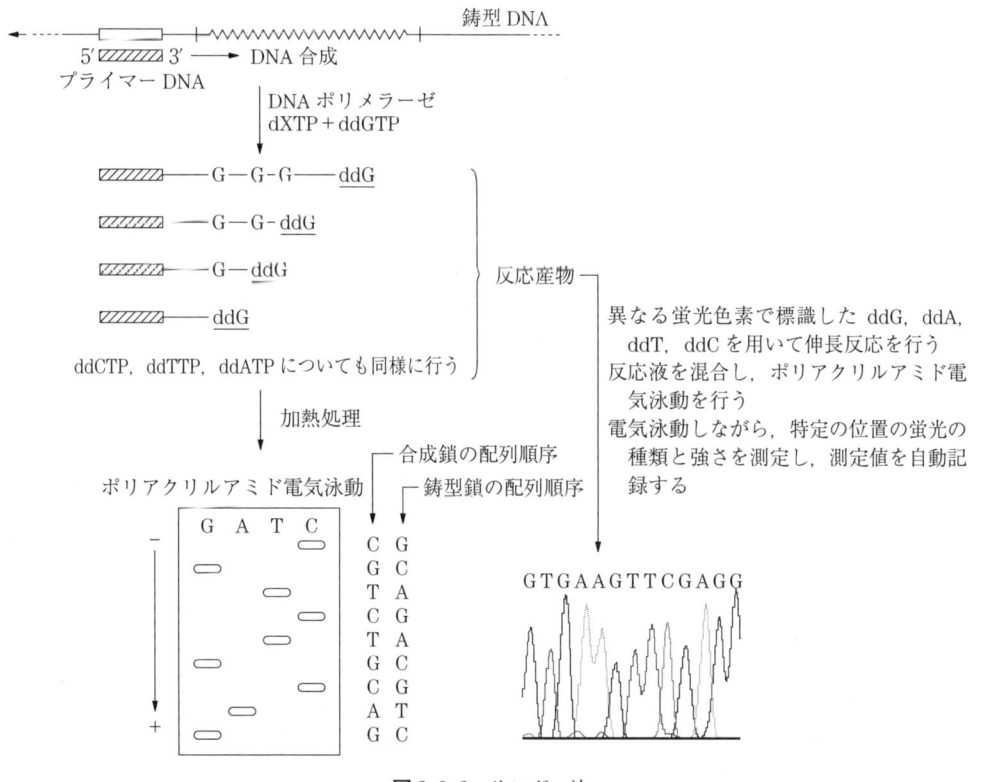

図2.9.2 サンガー法

さらに，後述するPCR法を採り入れて改良が重ねられ，ヒトを含めた多くの生物種のゲノムの解読に大きく貢献している。

〔4〕 **PCR法**

遺伝子工学のさまざまな技術の中で最も有用性が高いのはPCR（polymerase chain reaction）法といって過言ではないだろう。1987年にマリス（Mullis, 1944- ）が発表したPCR法は，DNA断片の特異的な部位を増幅する技術であり，その仕組みはきわめて単純である。用いるのは，①増幅させたい領域を含むDNA（鋳型DNAという：例えば，ヒト由来DNA），②増幅させたい領域の両端のヌクレオチド配列（プライマーDNAという：おおむね，20 b程度の1本鎖DNA），③4種のヌクレオチド（DNA合成基質：ATP, GTP, CTP, TTP），④DNAポリメラーゼ（DNA合成酵素）である。これらを混合して（全量は0.2 ml程度でよい），温度制御ができる反応槽に入れる。

すると，以下の反応が順次進行する；① 高温下での鋳型 DNA の変性，② 低温下でのプライマー DNA の鋳型 DNA への付着，③ 適温下での DNA ポリメラーゼによるプライマー DNA の伸長（DNA 合成）（**図 2.9.3**）。これを 1 回のサイクルといい，1 回のサイクルで目的の領域は元の 2 倍量に増える。以後，サイクルを繰り返すごとに倍々に増え，n 回のサイクルで 2^n 倍になる（ちなみに，10 サイクルでは，約千倍（$2^{10} ≒ 10^3$）になる）。

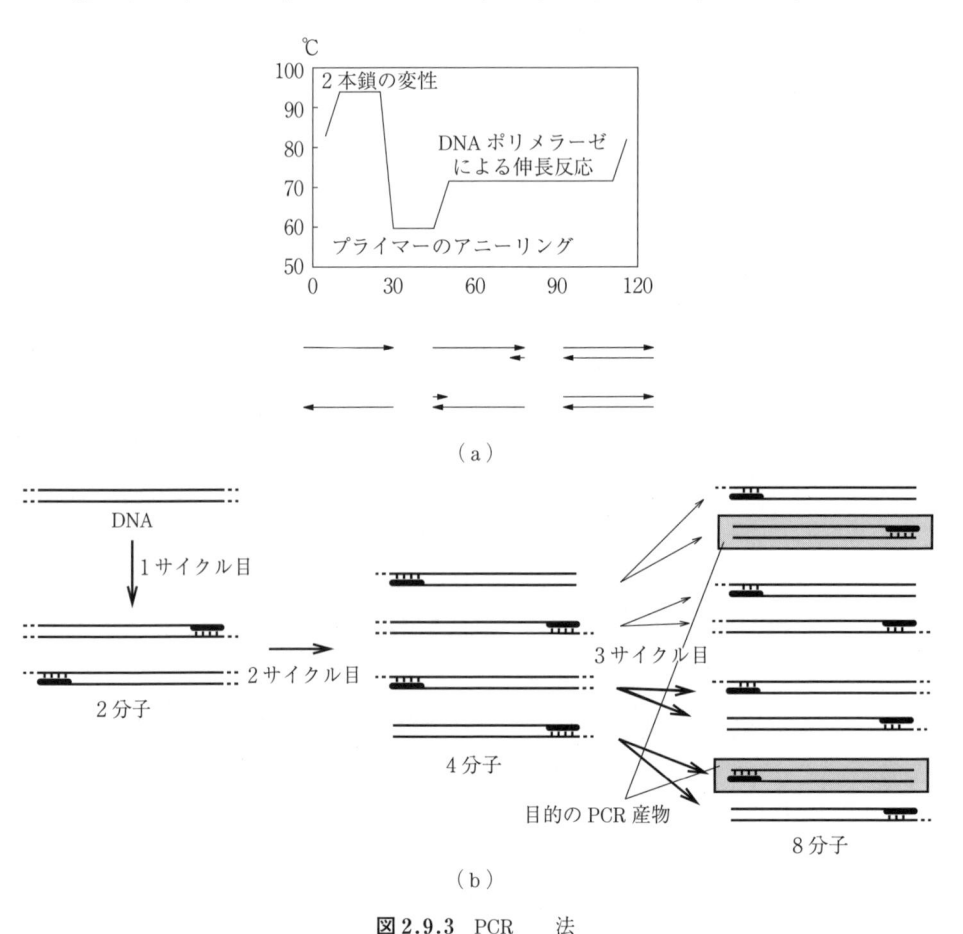

図 2.9.3 PCR 法

なお，当初は，高温下で DNA ポリメラーゼが失活してしまうために，サイクルごとに酵素を添加する必要があったが，100℃ 近くでも失活しない好熱菌由来の熱耐性 DNA ポリメラーゼを用いることにより，連続して反応を進めることが可能になり，全プロセスが自動化された。また，PCR 法開発前には DNA の塩基配列解析には少なくとも数 μg の DNA が必要であったが，PCR 法により 1 本の毛髪，血痕程度の微量の血液，口腔内を綿棒でぬぐってはがされた微量の細胞などでも分析が可能になった。DNA 鑑定というのは，この手法で増やした DNA を用いて解析することである。

2.9.2 遺伝子工学の実用例

もともとは細菌で開発されたことから，細菌の育種には実用例は多いが，現在では，遺伝子工学はすべての生物に応用可能である。真核生物の中でも，単細胞生物での実用例が多い。しかし，ここでは，多細胞生物における実用例をいくつか紹介する。

〔1〕 動　物

動物のさまざまな部位で作られる遺伝子産物がどのような役割を果たしているかを調べるには，初期発生の段階にさかのぼって染色体上の遺伝子に手を加えなければならない。1980年代にマウスの胚性幹細胞（ES細胞）を用いて特定の遺伝子を改変する技術が開発され，遺伝子組換え動物を作成することが可能となった。ある遺伝子を個体内で過剰に発現させたり（トランスジェニックマウス），あるいは本来働いているのとは異なる組織で発現させたりすることによって，その遺伝子産物による生理機能を明らかにすることができる。

また，導入する遺伝子にあらかじめ変異を加えておくことによりアミノ酸配列の異なるタンパク質をつくらせたり，目的の遺伝子を不活化して発現させないようにしたり（ノックアウトマウス）して，その遺伝子の生理学的な意義を解析することも行われるようになってきた。さらに，異なる遺伝子変異をもつノックアウトマウスやトランスジェニックマウスを交配して二つ以上の遺伝子に変異をもつ個体をつくることにより，複数の遺伝子の複合作用を解析することができる。

こうした技術を用いてさまざまなモデル動物が作製され，病気の原因究明や治療薬の開発のための研究が進められている（動物ではないが，7 000ほどの遺伝子を持つ出芽酵母では，遺伝子を一つずつ不活化する段階がすでに完了し，現在は二つずつ不活化する段階が進行している）。

〔2〕 植　物

1994年にアメリカで，遺伝子組換え技術を使って，日持ちがよく熟しても果実が柔らかくなりにくいトマトが開発され，スーパーマーケットにならんだ。これが世界初の商業栽培された遺伝子組換え作物であった。この遺伝子組換えトマトは貯蔵性が向上し，産地から消費地への輸送に有利であったが，消費者の味覚には受けが悪く（トマトは熟して柔らかくなるのがやはりおいしい！），今日では販売されていない。その後，除草剤に耐性を持つ性質（除草剤耐性）や食べると害虫が死ぬ性質（害虫抵抗性）を持つトウモロコシ，ダイズ，ナタネ，ワタや，ウイルス耐性を持つパパイヤなどが遺伝子組換え技術を使って開発され，大規模に商業栽培されている。2008年には作付け面積にして95万 km^2 のダイズが地球上で栽培されたが，このうち70%が遺伝子組換えダイズであった。これは日本の国土面積（38万 km^2）の2倍近くである。

遺伝子組換え植物は，自然には獲得できない有用遺伝子を人工的に植物ゲノムへ加えることによってできる植物である。例えば，もともと除草剤や害虫に耐性のない植物に細菌が持つ除草剤を分解する酵素の遺伝子や昆虫の幼虫に致死効果のあるタンパク質の遺伝子をそれぞれ導入することで，除草剤や害虫に耐性を持つ植物を作ることができる。これら有用遺伝子の植物ゲノムへの導入には，アグロバクテリウムと呼ばれる土壌細菌を使う方法がよく使われる。葉の切片や茎，カルス化した細胞に，組換え遺伝子を持つアグロバクテリウムを感染させ，植物ゲノム中に有用遺伝子を導入する方法である。有用遺伝子が導入されたわずかな数の細胞を組織培養によって増殖させ，さらに個体まで復元させて遺伝子組換え植物が作成される。

2.9.3 遺伝子工学の展望

遺伝子工学は非常に有用な科学技術であり，大きな期待が寄せられている。しかし，それとともに，新しい（展開が見極められない）技術であるがゆえの不安感も払拭されない。特に，遺伝子工学はすでにいくつかの遺伝的疾患の治療として，日本でもヒトに応用されている。一方，日本では，"組換え植物（さらには，組換え食品）"はまだ社会的には十分に認知されておらず，普及の妨げになっている。このように，遺伝子工学の展望は，倫理的問題を含むこともあり，個人によって（また，対象によって）受け取り方はさまざまである。研究者が情報を公開し，その情報に基づいて社会全体で意思決定をしていく体制の確立が急務である。

おわりに 近年では，高校の生物クラブでも"PCR法によるメダカ（他の生物も）の多様性"というような研究テーマが盛んなようである。大学の1日体験入学でも，"DNAの抽出と制限酵素による切断"などのテーマが当たり前のように行われる。本節で記述した例なども含めて，遺伝子工学の実態に触れてもらいたいものである。

2.10 ゲノムプロジェクト

はじめに 1980年代には一つの遺伝子を取り出してその全塩基配列を明らかにすることさえに多くの時間を要したが，この時代に「ある生物を理解するにはその生物が持っている全遺伝情報を解読するのが早道である」と考える研究者が現れた。ある生物が持っている全遺伝情報を「ゲノム」ということから"ゲノムプロジェクト"と呼ばれた。そして，1990年代に入ると，医薬品の開発を目指して，ヒトを対象にしたゲノムプロジェクト（ヒトゲノムプロジェクト）が強力に推進された。以下，「ヒトゲノムプロジェクトがどのように進められたのか」をまず紹介し，その後「他の生物のプロジェクト」とともに「ゲノムプロジェクトの成果」ならびに「今後の展望と課題」を論考する。

2.10.1 ヒトゲノムプロジェクト

〔1〕 スタートまで

ヒトゲノムは，およそ32億の塩基対から成ると見積もられていた．1塩基対を1文字とすると，400字詰めの原稿用紙で約800万ページ分に相当する情報量である．ヒトゲノムプロジェクト（human genome project：HGP）が議論され始めた1980年代に用いられていたDNA塩基配列解読装置（DNAシークエンサー）の能力は6000塩基対/1日/1台であった．塩基対配列を正確に読み取るためには同じ領域を数回は繰り返し解析する必要があるので，塩基対数の10倍程度の配列（約320億対）を解析する必要がある．したがって，ヒトゲノムの完全解読には，100台のDNAシークエンサーを毎日フルに稼働しても約150年を要すると見積もられた．また，1塩基対の読取りに約1ドルの費用がかかることから，HGPを完遂するためにはDNAシークエンサーによる解析だけでも約320億ドル（当時のレートで約4500億円）ものコストを要すると想定された（配列のつなぎ合わせなどの費用は予測不能であった）．

このように，HGPの推進には膨大な時間とコストがかかることから，当時はその実現性を疑問視する研究者が少なからずいた（むしろ，推進派のほうが少数であった）．しかし，HGPの重要性を認識する研究者が国境を越えて熱心に議論する中，1990年10月にNIH（アメリカ国立衛生研究所）とDOE（アメリカエネルギー省）が約3300億円の予算を獲得したことを機に，HGPが本格的にスタートした．その直後，イギリス，日本，フランス，ドイツが参画を表明し，アメリカを含む5か国の国際プロジェクトチームが形成された（さらに，その後，中国がチームに参加した）．

〔2〕 ゲノム解析の戦略

ゲノム解析の第1段階は，ゲノムの地図を作成する作業（マッピングという）である．マッピングには，遺伝子がどのような順番で染色体上に並んでいるのかを決める遺伝的マッピングと，遺伝子とは関わりなくゲノム全体の塩基配列を解読していく物理的マッピングがある．国際プロジェクトチームは，まず遺伝的マッピング法により，それまでに機能がわかっている遺伝子の染色体上の位置を含むヒトゲノムの全体像を明らかにした．このようにして作成した地図をもとに，階層的ショットガン法によるゲノム解析が進められた（図2.10.1（a））．

この方法では，まず制限酵素を用いてヒトゲノムを長さ10万～20万塩基対の断片に切り離し，その断片をそれぞれBAC（細菌人工染色体）ベクターに組み込み，ヒトゲノムのほぼ全域をカバーするライブラリーを作製する．その後，各BACクローンを長さ1000～2000塩基対の長さにランダムに断片化して，個々の断片の塩基配列をDNAシークエンサー

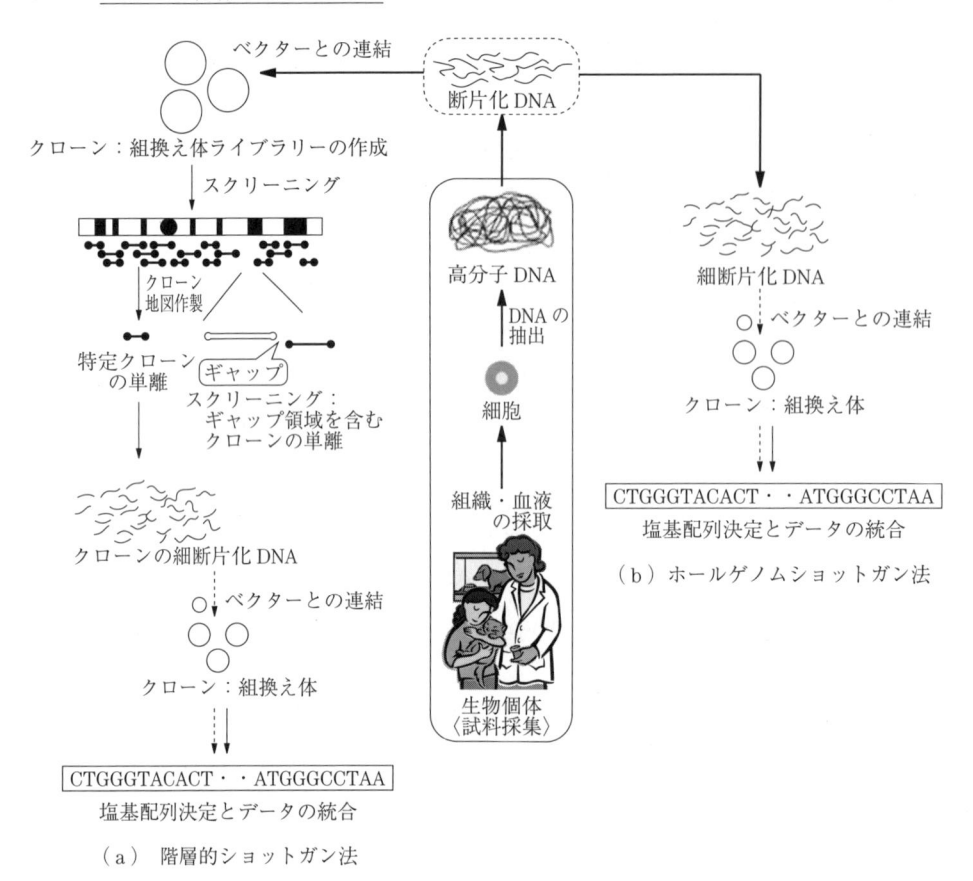

図 2.10.1　ゲノム解析

により読み取る（ショットガン法という）。そして，読み取った塩基配列をつなぎ合わせてBACクローンのDNA断片の塩基配列を決め，さらにそれらをつなぎ合わせることでゲノム全体の塩基配列の決定を行う。なお，DNAの量ないしは長さは"塩基対数（bp）"で表示し，1 000 bp は 1 kb，1 000 000 bp は 1 Mbp と書く。

〔3〕 技術革新

　国際プロジェクトチームは，遺伝的マッピング法と階層的ショットガン法により計画を着実に進めた。この間，"PCR（ポリメラーゼ連鎖反応）法"という革新的技術が開発された。これにより，塩基配列を読み取りたい任意のDNA断片を短時間で大量に入手することが可能となり，プロジェクトの進行が急速に加速した。また，情報科学の進歩もプロジェクトの期間短縮に大いに貢献した。ゲノムプロジェクトで日々得られるDNAの塩基配列情報は膨大であり，特にショットガン法で読み取ったDNA断片をつなぎ合わせる作業には，情報処理速度が飛躍的に増したスーパコンピュータの利用が不可欠であった。一方で，さまざまな機関がより高速にDNAのヌクレオチド配列の解析が可能なDNAシークエンサーの開発を

競った。この開発競争の中で，アメリカのアプライドバイオシステムズ社は従来の10倍の速度で塩基配列を解析できる装置を開発した。このシークエンサーの導入によりヒトゲノム計画は当初の目標期間よりも大きく短縮されると思われた。ところが，新型シークエンサーの登場が火種となって誰もが予期し得なかった事態が起きた。

1998年にセレラ・ゲノミックス社（以下，セレラ社）がヒトゲノム解読に参入したのである。セレラ社は300台の新型DNAシークエンサーと最新鋭のスーパーコンピューターを配備し，ゲノム解析に"ホールゲノムショットガン法"を用いた（図2.10.1（b））。

ホールゲノムショットガン法は，ゲノムをランダムに切断して得られたDNA断片の塩基配列を片端から読み取り，解読した配列をつなぎ合わせる方法である。この方法では，国際プロジェクトチームが採用していた階層的ショットガン法で必要な遺伝的マッピングの作業が不要なため，時間とコストを大幅に削減することが可能であった。そして，セレノ社は国際プロジェクトチームの10分の1程度の予算（約300億円）と5分の1程度の期間（約3年）でHGPを遂行すると宣言したのである。1990年から着実にHGPを実行していた国際チームにとってセレラ社の参入は衝撃的な出来事であり，HGP完了の先行を目指して両者は激しく対立することとなった（国際チームには一企業によるゲノム情報の独占（特許権の独占）を防ぐ狙いがあった）。その後の両者の熾烈な競争によって，当初2005年を目途に完了が予定されていたヒトゲノムの解読は大幅に加速された。

〔4〕 **プロジェクトの完了**

HGPは2001年に一つの区切りを迎えた。この年の2月15日号のNature誌に国際チームが，2月16日号のScience誌にセレラ社がそれぞれヒトゲノムヌクレオチド配列の概要（ドラフト配列：速報版）を発表した。その後，約2年を経て，2003年4月14日に国際チームは99.999%という精度でヒトゲノムの解読が完了したことを公表した。国際チームにおける貢献度は，解読した塩基対数の比率で，アメリカが67%，イギリスが22%であり，日本は6%であった。なお，日本はアルツハイマー病，急性骨髄性白血病，筋委縮性側索硬化症などの多くの病気の原因遺伝子を持つ21番染色体の解読に貢献した。

〔5〕 **HGPでわかったこと**

ヒトゲノムには約22 000個のORF（open reading frame；塩基配列からタンパク質（ペプチド）に転写・翻訳されると考えられ，遺伝子に相当すると考えられる部分）があり，ORFはゲノム全体の約5%を占める。プロジェクトの開始当初の想定（少なくとも100 000個程度はあると考えられた）に比べると，約5分の1であった。

ヒトゲノムのドラフト版によって明らかになった平均的なORFの構造は以下のとおりである。①全長（エキソン＋イントロン）は約27 000 bpである，②5′および3′の領域にそれぞれ平均330 bpと770 bpの非翻訳領域を持つ，③エキソン領域の合計は1 340 bpであ

り，447のアミノ酸残基に相当する，④9個のエキソンを持ち，各エキソンは平均50個のアミノ酸残基に相当する，⑤イントロンの長さは平均約3300bpである．

〔6〕 他生物のゲノムとの比較

tRNAの全塩基配列解読（1964年）やφX174ファージの全塩基配列の解読（1980年）などと，核酸の全塩基解読が進められるようになった．そして，全塩基配列が解読された自由生活をする最初の生物はインフルエンザ菌（1995年）であった．それ以後，ヒトを含めて，さまざまな生物の全塩基配列解読がつぎつぎと報告され，種々の生物のゲノムの比較が可能になった．代表的な生物について，ゲノムサイズと遺伝子数を表2.10.1に示す．

表2.10.1 全塩基配列が解読されたおもな生物

生物種				ゲノムサイズ〔Mbp〕	染色体数（2n）	予測される遺伝子数
真核生物	多細胞	哺乳類	ヒト	2900	46	22000
			チンパンジー	2800	48	22000
			マウス	2700	40	24000
			ラット	2700	42	22000
			イヌ	2400	78	18000
		鳥類	ニワトリ	1200	78	18000
		魚類	フグ	380	44	20000
		昆虫	ショウジョウバエ	180	8	13800
			ハマダラ蚊	280	6	14000
		線虫	線虫	100	12	20000
		植物	イネ	390	24	40000
			シロイヌナズナ	125	10	25000
	単細胞	菌類	細胞性粘菌	34	12	12500
			出芽酵母	13	32	6680
		原始紅藻	シゾン	16	40	5300
原核生物	真正細菌		大腸菌（K12株）	4.6		4400
			枯草菌（標準株）	4.2		4100
	古細菌		メタン細菌	1.7		1700

〔出典 日本語バイオポータルサイト Jabion
http://www.bioportal.jp/data_room/finished_genome.html 2005年6月1日更新〕

ゲノムサイズ（DNA量）は哺乳動物の間ではほとんど差がないが，生物全体では大きく異なり，系統分類で考えられていた関係とよく一致した（染色体数はまったく一致しない）．ところが，ORFの数については，原核生物と単細胞真核生物以外の生物（つまり，多細胞真核生物）はほぼ同じであった．ヒトのORFの数は大腸菌（原核生物）の約5倍であった．これを，わずかな違いと見るか否かは人によって見解が分かれるところであろうが，むしろこのような数値からヒトと他の生物との距離（他の生物間の距離も）を考える時代になったと考えるべきであろう．

参考のために，2003年4月20日（ドラフト版の発表は同月14日）の新聞記事を要約し

> **ヒトゲノムの解読で，こんなことがわかった** （朝日新聞 2003年4月20日より要約）
>
> **2003年4月14日「ヒトゲノム完全解読」発表**（要約）
> ① タンパク質のアミノ酸配列を規定すると考えられる領域（ORF）は全体の2～3%（90%以上は「がらくた」と呼ばれ，しかもその半分近くは「反復配列」）。
> ② ORFの数は約32 000（マウスのORFとほぼ同じ数であり，その99%は部分的に似た配列（また，約80%についてはほぼ同じ配列）；チンパンジーとの違いは1.23%）。
> ③ ORFの約80%はすべての生物に共通。
> ④ 個人差は1 000塩基当り1塩基（0.1%）。
> ⑤ 人種間の相違より人種内の相違のほうが大きい。

たものを下に示す。関心の高さが見て取れる。

いくつかの遺伝子の (DNA) の塩基配列の比較から，ヒト，チンパンジー，ゴリラは共通の祖先から分岐して現在に至っており，ヒトの系統とチンパンジーの系統が分岐したのは今から500万年～700万年前であり，ゴリラの系統が分岐したのはそのおよそ100万年前であると推定されていた。ゲノムの比較からも，ヒトとチンパンジーのゲノム間の相違は1.23%と推定された。なお，ヒト個体間の違いが0.5%程度あることを考えると，ゲノムの塩基配列から見る限り，チンパンジーがヒトと非常に近いことが明らかになった。その後，12 000種のORFについて，ヒトとチンパンジーの間で大脳皮質と肝臓におけるmRNAの量を比較したところ，脳での違いが肝臓での違いに比べて約2倍大きいことがわかった。このことから，ヒトとチンパンジーの違いは，記憶や学習などの脳の高次機能に関与する遺伝子の発現量の違いに起因する可能性が高いと考えられる。今後，このような視点からの研究がさらに展開されるであろう。

2.10.2 ゲノム科学の展望

ゲノムの全塩基配列解読はゲノムの理解の第一歩にすぎない。「それによって明らかになった"遺伝子（正しくは，ORF）"が本当に遺伝子として働くのか？」，「ORF以外の部分は何の働きも持たないのか？」などの疑問が生じる。以下，このような疑問を含めて，現在ならびに近い将来のゲノムの研究（ゲノム科学）を展望する。

〔1〕 **機能ゲノム学**

各生物の遺伝子数や遺伝子の構成の解明が進み，見かけの生物の違いが遺伝子の数と必ずしも対応していないことが明らかになった。そこで，ゲノム情報を受け継いで実際に生命現象を担っているタンパク質が合成される過程が注目されるようになった。つまり，ゲノム全体における遺伝子発現パターンとタンパク質の合成後，改造の解明に目が向けられるようになった。つまり，ある組織の細胞における発現遺伝子群の経時変化ならびに環境変化に伴う

発現遺伝子群の変化を解析することによって，遺伝子間ネットワークが解析されるようになってきた。

一方，ある時期ある組織で合成されているmRNAとタンパク質を網羅的に解析する研究，例えば，細胞外接着タンパク質であるフィブロネクチンの遺伝子（約75 kb）の研究から，選択的スプライシングによって20種以上のmRNAが合成され，これに伴い各組織・臓器に特異的な多様なフィブロネクチンタンパク質が合成されることが明らかになった。線虫では遺伝子当たり平均約1.3種のmRNAが合成されるのに対して，ヒトでは遺伝子当たり平均約2.6種である。このことから，生物の違いに選択的スプライシングが重要な役割を果たしていることが見て取れる。

ゲノム中の各遺伝子の発現状況も生物の違いを生み出す要因となっていると考えられる。遺伝子数をXとすると，遺伝子の活性／非活性の組合せは単純計算で2^Xである。ヒト（$X=22\,000$）とショウジョウバエ（$X=13\,800$）や出芽酵母（$X=6\,700$）を比較すると，遺伝子の活性化状態はそれぞれ$2^{22\,000}/2^{13\,800}=2^{8\,200}$倍（ヒトとショウジョウバエ），$2^{22\,000}/2^{6\,700}=2^{15\,300}$倍（ヒトと出芽酵母）という非常に大きな差になる。さらに，合成されたタンパク質はさまざまな翻訳後修飾を受けたあとに機能を持つ。特に，高等生物では，200種を超える翻訳後修飾がタンパク質の機能の多様性を生み出している。このように，遺伝子数のわずかな違いが，その数値よりも格段に大きな違いを生み出している可能性があることを知っておくことも必要である。

〔2〕 **構造ゲノム学**

分子生物学の進展に伴い，生物の働きを細胞，細胞器官さらには分子の形ならびに構造で説明する機運が生まれた。いわゆる構造生物学である。このような機運の中で，DNAの塩基配列からタンパク質の全アミノ酸配列が推定できるようになったことは画期的であった。機能がすでにわかっているタンパク質であれば，その機能とアミノ酸配列との関連が興味の的になる。また，機能未知のタンパク質であれば，アミノ酸配列から機能を推定する道が開ける。いずれにしても，アミノ酸配列（一次構造）からタンパク質の二次構造，三次構造を推定する（分子モデリングという）ことが鍵になる。当然，物理化学の知識とコンピュータプログラムの知識が求められる分野である。それに加えて，X線回折をはじめとするタンパク質構造解析手法による知見も求められる。

現在は構造生物学というとタンパク質が対象であるが，DNAも対象になる。タンパク質のアミノ酸配列を決めるのだけがDNAの働きではない。例えば，遺伝子発現にはさまざまなタンパク質とDNAの相互作用が関与している。それには，タンパク質の構造だけでなくDNAの構造が関与している可能性がある（DNAがつねに二重らせん構造をとっているとは限らない）。塩基配列依存的，局所的特異構造の解明が求められる。また，ゲノム全体のな

かの遺伝子の分布が，例えばヒトとチンパンジーでどれだけ異なるのか，またその違いがヒトとチンパンジーの違いに寄与するのか，という視点からの研究も必要である．要するに，ゲノム全体の高次構造の解析である．このような方向も含めて，構造ゲノム学を考えるべきである．

〔3〕 比較ゲノム学

分子進化学は，精製したタンパク質のアミノ酸配列の比較から始まった．その後，遺伝子のクローニングが可能になり，DNAの塩基配列さらにはそれから推定されるアミノ酸配列の比較が行われるようになった．ゲノムの全塩基配列の解読がおおむね完了した現時点では，ゲノム全体の比較が可能になった．しかし，情報量が多すぎてプログラムが追いついていない状況であり，目下のところ目ぼしい成果はない．しかしながら，将来は『ゲノムのこの位置の塩基が変化したことによって，ヒトとチンパンジーが共通の祖先から別れることになった』というような議論ができるようになるかもしれない．さらにいうと，地球に現れた最初のゲノムから現在の多種多様なゲノムに至る道筋をたどる系統樹が作成されることも不可能ではないであろう．もっとも，そのような系統樹は，現在のような単純な枝分かれ式の系統樹ではなく，枝が絡み合ったり入れ替わったりする非常に複雑なものになるであろう．

2.10.3 RNA 干 渉

ゲノムプロジェクトの開始当時は，「生物のゲノム（その生物が持つ全DNA）がわかれば，その生物がすべてわかる」とさえも考えられていた．しかし，現実にさまざまな生物の全DNAの塩基配列の解読が完了しても生物が解明できたとはいいがたい．むしろ，"DNA中の遺伝情報"と"生身の生物"との間のギャップが明らかになってきた．タンパク質の働きの複雑さはある程度予感されていたが，RNAについては，長年，mRNA，tRNA，rRNAの別以外には考えられていなかった．ところが，近年，RNA干渉（RNA interference：RNAi）と呼ばれる現象が見いだされ，新種のRNAが注目されるようになっている．以下，RNAiについて紹介する．

〔1〕 **RNAiの発見**

RNAiは，線虫の一種 *Caenorhabditis elegans*（*C. elegans*）ではじめて発見された．線虫はミミズのような形をした全長約1mmの生物で，土の中で細菌を食べて生きている．*C. elegans* は分子生物学のモデル生物として世界中の実験室で使われている．ファイア（Fire, 1959- ）とメロー（Mello, 1960- ）は，たがいに相補的な2種の1本鎖RNAを混ぜて注射すると，*C. elegans* の特定の遺伝子の発現が抑えられることを見出した．これは，その後，2本鎖RNAが遺伝子発現を抑えるというまったく新しい現象であることが明らかになった．

〔2〕 RNAi の分子機構

外来の2本鎖RNAはダイサーと呼ばれるタンパク質（RNA分解酵素）により切断されて短い2本鎖RNAになり，このRNAがRNAiを誘発する。RNAiを誘発する短い2本鎖RNAは，短鎖干渉RNA（small interfering RNA：siRNA）と呼ばれる。siRNAは2本の1本鎖に分かれ，アンチセンス側の1本鎖RNAはRISC（RNA-inducing silencing complex）というタンパク質複合体に付着する。そして，mRNAはこの1本鎖RNAとの相補対合によってRISCに取り込まれ，RISCに含まれるアルゴノートというRNA分解酵素によって分解される（図2.10.2）。

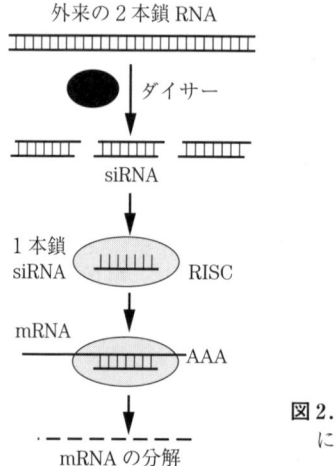

図2.10.2 2本鎖RNAによるmRNAの分解

特定の塩基配列を持つsiRNAを使うことによって特定のmRNAを分解することができる（特定のタンパク質の合成を抑えることができる）。RNAiは，特定の遺伝子の働きを容易に抑えることができる技法として広範な利用が期待される。

〔3〕 RNAiとノンコーディングRNA

「生物にとっては異物であるはずのsiRNAがなぜ遺伝子の抑制を起こすのか？」，「siRNAと同じような働きをするRNAが細胞内にあるのではないか？」という疑問から，マイクロRNA（micro RNA：miRNA）と呼ばれる特別なRNAが存在することがわかった。miRNAは20～24塩基の1本鎖のRNAであり，タンパク質のアミノ酸配列に対応しない塩基配列を持っている。つまり，miRNAはノンコーディングRNAの一種である。ノンコーディングRNA（non-coding RNA）は，タンパク質をコードして翻訳されてタンパク質を合成するmRNAに対し，タンパク質をコードしないRNAの総称である。rRNAとtRNAもノンコーディングRNAであるが，それ以外にもきわめて多くの種類のノンコーディングRNAが存在する。真核生物のゲノムではタンパク質をコードしない部分は非常に多く，ノンコーディングRNAの種類も多いが，今のところ，マイクロRNAのように機能がわかっているものはごくわずかである。

マイクロRNAに話を戻すと，ゲノムDNA上にはマイクロmiRNAに対応する配列（遺伝子）が多くある。miRNA遺伝子の転写産物は核内で切断されてmiRNA前駆体になる。ヘアピン形の前駆体は細胞質に運ばれてからダイサーによる切断によってsiRNAとほぼ同じ形の2本鎖RNAとなる。そして，miRNA（アンチセンス鎖）は，自身に相補的なmRNAの3′非翻訳領域（ポリA側）に結合し，その後siRNAと同じ機構でmRNAが分解される（**図2.10.3**）。

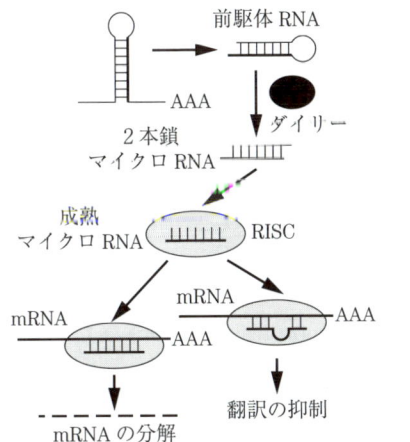

図2.10.3 1本鎖RNAによるmRNAの分解

miRNAが標的のmRNAと完全に相補的な場合はmRNAは分解される。部分的に相補的でない場合には分解は起こらないが，mRNAの翻訳は抑えられる。つまり，miRNAとmRNAとの配列は完全一致しなくても遺伝子の働きが抑えられる。したがって，一つのmiRNAに対して複数のmRNAが標的となる（一つのmiRNAで多数の遺伝子の働きをまとめて抑える）可能性がある。

〔4〕 **miRNAの働き**

多種類のmiRNAが線虫からヒトまで多くの生物で発見されており，miRNAがさまざまな生命機能に関係していることがわかりはじめている。線虫では発生の過程に，ショウジョウバエでは細胞増殖やアポトーシスに，植物では花や葉の形成に，マウスでは造血細胞の分化や心臓の器官形成に関係している。ヒトではがん，白血病，リンパ腫とマイクロRNAの発現異常との関連が報告されている。一方，miRNAの働きを制御するダイサーやアルゴノートなどのタンパク質の異常が植物の花や葉の形成や動物の発がんに関与していることもしだいにわかってきた。

〔5〕 **RNAiの応用**

siRNAによって，過剰に合成されたmRNAやタンパク質を減少させることができる。また，RNAは通常複雑で不安定な二次構造を持つが，siRNAは比較的安定な二次構造を持つ。そこで，特定のタンパク質の過剰が病気の原因となっている場合，siRNAが治療に利用でき

と考えられる。ところが，30塩基以上の長いsiRNAをほ乳動物の細胞に入れると，塩基配列に関わらずインターフェロン（病原体（特に，ウイルス）の侵入に対して細胞が分泌するタンパク質であり，細胞が持つ免疫機構の一つ）が作られてさまざまな副作用を生じてしまう。そこで，化学合成した短いsiRNAやmiRNA前駆体を使ったりして，インターフェロンの反応が起こらないような工夫をしている（siRNA医薬品の開発がすでに始まっている）。

miRNAに関する新しい研究結果が続々と報告されており，miRNAが多くの病気や生命現象に関係することがわかってきている。これらの知見が病気の診断や治療に生かされる日も近いであろう。今後，分化，発生，細胞死などさまざまな生命現象やガン化へのmiRNAの関与の解明が進行するであろう。

2.10.4 ゲノム情報を生かした新しい医療

同じ生物種においても個体ごとにゲノム情報（塩基配列）は少しずつ異なっている。このようなゲノムの塩基配列の違いを多型（polymorphism）という。ヒトでは個体間に一塩基の違いが多く見られる。これを一塩基多型（single nucleotide polymorphism：SNP）と呼び，1千万個を超えるSNPが見いだされている。およそ300塩基対当り1個のSNPが存在するのである。ヒトゲノム中のSNPの位置を示す地図が既に作成されている。多型には，SNPのほかにも複数個の塩基の挿入や欠失，繰り返し配列の重複度の相違などがある。これらの多型がタンパク質をコードする遺伝子やその発現制御領域に存在することによって，個人の性格や体質といった表現型の差が現れる可能性もあり注目されている。

今後迅速かつ低コストで個人のゲノムの解読が可能となれば，個人のゲノム情報を生かした個人化医療（オーダーメイド医療）が確立するものと期待されている。ある遺伝子が原因で疾病が発症していても，ゲノムの多型による個人の体質の違いから投薬による治療効果が異なる場合がある。SNPをはじめとする多型とさまざまな疾病に対する特定の治療法の効果についての情報が蓄積することで，各個人のゲノム情報を基にした個人化医療が実現するであろう。

また，SNPと特定の疾病の関係が明らかになることで，予防医学の分野では，個人のゲノム情報に基づき，それぞれの病気の罹りやすさを調べる遺伝子診断により適切な予防措置を講じることが可能になるであろう。

2.10.5 究極の個人情報

ある個人のゲノム情報は，その人の設計図を表すものであり，まさに「究極の個人情報」である。国際プロジェクトチームにより解読されたゲノムは異なる人種の何人かのDNAを混ぜ合わせたものであった。また，セレラ社は，5人のDNAを混ぜ合わせたものを解読し

たといわれている。これは，特定の個人の究極の個人情報が公にされることを避けた措置であると考えられる。ところが，2007年9月4日にセレラ社のベンター (Venter, 1946-) が，さらに2008年4月17日にDNAの二重らせん構造を解明したワトソンがそれぞれ自身のゲノムの解読結果を科学論文誌およびインターネット上に公開した。ワトソンのゲノムの解読は，アメリカの454ライフサイエンシズ社が約2か月の期間で約1億円のコストで行った。ヒトゲノムプロジェクトの成果をもとにすることで，短期間で個人のゲノムの解読が可能であることが実証されたことになる。本項でも触れたように，個人のゲノム情報を解読することは，個人化医療などで重要な役割を果たす。しかしながら，われわれが病気の診断や治療のために1億円を払ってゲノム解読をすることは現実的といえない。

アメリカでは，将来の個人化医療への応用を見すえて，個人のゲノム解読を普及可能なレベルまで低コスト化しようとの動きがある。実際に，NIH（アメリカ国立衛生研究所）が，2014年までの目標達成を目指して『1000ドルゲノムプロジェクト』を進めている。ゲノム情報の医療への応用は素晴らしいことだが，究極の個人情報であるゲノム情報をどう取り扱うのかという倫理的な問題を早期に解決すべきことはいうまでもない。

ゲノム情報の取り扱いの問題が解決されれば，個人のゲノム解読については本人の承諾があれば今後の医療の発展に大きく貢献するであろう。一方で，モーツアルトの遺髪からゲノム解読を行い，モーツアルトが大天才たる所以を調べるプロジェクトが始まるかもしれない。確かに多くの天才のゲノム情報を調べることで，人類の繁栄に貢献する有用な情報が得られる可能性はあるであろう。しかし，この場合，誰が彼らのゲノム解読の承諾をすればよいのだろうか。大天才たちは自らの究極の個人情報が衆人にさらされることを，草葉の陰で，どのように考えるであろうか。

おわりに ゲノムプロジェクトは，往々，"ある生物が持っているDNAの全塩配列の解読"と受け取られるが，DNAの全塩配列解読は"ゲノムプロジェクト"の入り口でしかない。本節では，ゲノム情報が日々刻々と蓄積され，それによって生物ならびに生命の見方が変化し続けている現状を紹介した。

2.11 発生・細胞分化

はじめに ヒト（成人）には約60兆個もの細胞がある。これらの細胞は約200種のタイプに分かれる。このような多種多様な細胞は，たった1個の細胞（受精卵）から分裂を繰り返して生じたものである。1個の細胞から多細胞の個体が生じる過程を発生という。また，発生の過程で，異なる機能を持つ細胞が生じることを細胞分化という（分化した細胞によって個々の組織が形成されることから組織分化ともいう）。本節では，多細胞生物の発生と細胞分化について解説する。

2.11.1 細胞分化と遺伝子発現

動物のからだは筋肉組織，神経系，皮膚組織，骨組織，消化器系などの集合体である。種々の組織や器官が統合して一つの個体が成立する。筋肉組織はからだを動かすための筋繊維を持ち，神経系は軸索，樹状突起という特徴的な構造を持ち情報伝達の役割を担う。また，血液には体の各組織に酸素を運搬する働きをする赤血球が含まれている。植物の場合，細胞分化は動物ほど多様ではない（器官としては，根，茎（幹），葉を持つ程度である）が，やはり異なる役割を担う細胞で構成されている。細胞の違いはそれぞれの細胞が持つタンパク質の種類に起因する。筋肉繊維はアクチンとミオシンを持つ細胞の集合体であり，赤血球はヘモグロビンだけしか持たない細胞であるといっても過言ではない。

つまり，生体は合成するタンパク質がさまざまに異なる細胞で構成されている。これは，細胞分化は細胞内で発現している遺伝子群の違いであることを意味する。もともと一つの細胞（受精卵）から生じた多くの細胞で発現する遺伝子群に差があることの理由としては，「発生の途中で，それぞれの細胞が持つ遺伝子群に差が生じること（ゲノムの不可逆的変化）」と「分化した細胞も受精卵と同じ遺伝子群を持つが，発現制御によって各細胞で発現する遺伝子群が異なること（ゲノムの可逆的変化）」との二つが考えられる。

この二つの考え方は発生学の初期からあったが，分子生物学的に証明されたのはゲノムの不可逆的変化が先であった。この実験を行ったのは日本人の利根川進（1939- ）であった。彼は，生物が多様な異物に対して抗体を作る免疫機構に関心を持って研究を行い，1979年に，「抗体を作る細胞ではDNAの構造変化が起こり，それが多様な抗体が作られる原因である」という結論に到達した。つまり，免疫細胞では，細胞分化の過程で遺伝子の構造が変化することを証明したのである。ところが，その後，免疫細胞はかなり特異であり，ゲノムの可逆的変化による細胞分化のほうがむしろ一般的であると現在では考えられるようになっている。以下，ゲノムの可逆的変化について論考する。

2.11.2 動物細胞の全能性

ゲノムの可逆的変化を実証するには，個体から取り出した一つの細胞（体細胞）が分裂を繰り返して個体に成長すること（個体復元という）を示せばよい。植物については，比較的早く（1950年頃）に個体復元に成功した。そして，植物の体細胞は，受精卵と同じく，すべての細胞に分化する能力（全能性）を持っていると考えられるようになった。一方で，動物については，1960年頃に，イギリスのガードン（1933- ）がアフリカツメガエルを使って，オタマジャクシの腸管細胞が全能性を持つことを示す実験を行った。哺乳動物については，イギリスのウイルムット（Wilmut, 1944- ）がヒツジを使って同様の実験を行った

2.11 発生・細胞分化

(1997年)．その後，マウス，ラット，ウシ，ヤギ，ブタ，ネコ，イヌ，ウマやサルなどについても同様の実験が行われたが，ここではウイルムットのヒツジの実験ならびに近年のヒト細胞に関する実験について解説する．

〔1〕 ヒツジのドリー

　1996年に，当時，"世界で最も有名なヒツジ"が誕生した．名前はドリー（♀）である．ドリーは，1匹のメスヒツジの乳腺細胞と別のメスヒツジの卵細胞（この卵細胞の核は取り除いてある）との融合で生じた細胞を別のメスヒツジの輸卵管の中で培養し，その後さらに別のメスヒツジの子宮に入れて発生が進行したものである（**図2.11.1**）．ドリーの誕生には4匹のメスヒツジがかかわっている（オスヒツジはかかわっていない）が，その核内の遺伝情報は乳腺細胞を提供したメスヒツジと同じである（細胞質内の遺伝情報は主として卵細胞を提供したメスヒツジ由来である）．"クローン"とか"体細胞クローン"の誕生と騒がれたが，「乳腺細胞の核が個体を形成するのに必要な遺伝情報をすべて持っていることが明らかになった」ことが生物学的には重要である．

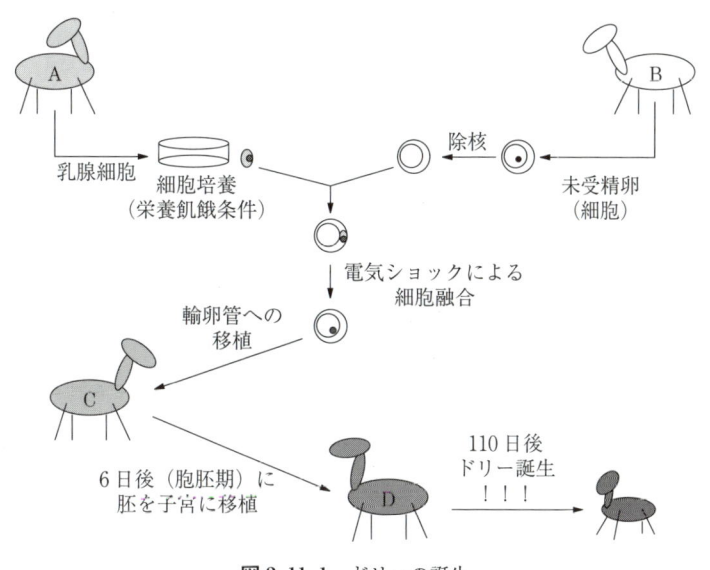

図2.11.1 ドリーの誕生

　ところで，ドリーが1/277（0.0036 = 0.36%）の成功率で生まれた"幸運のヒツジ"であることはあまり認識されていない．現在でも，哺乳動物の体細胞クローンの成功率は数%程度である．生物学的には，"不成功例の原因究明"が必要である．なお，ドリーは7歳で死亡した．ヒツジの平均寿命が10～12歳であることを考えると，ドリーは短命であった．この短命が"体細胞クローン"の特性であるとされる（テロメアが誕生時にすでに短かったことに関連付けられる）が，クローン動物の寿命についてはまだ確定的なことはわ

かっていないのが実情である。

〔2〕 ES 細胞と iPS 細胞

本節の冒頭にも述べたように，受精卵は個体発生の源となる未分化な細胞であり，体を構成するあらゆる細胞に分化することができる。このような性質を全能性という。一方，マウス受精卵を培養して得られる ES 細胞 (Embryonic stem cell; 胚性幹細胞) は多能性を有する (ES 細胞は体組織への分化能は持つが，個体形成能は持たない)。ES 細胞のように，自己複製能（細胞分裂により，自分と同じ細胞を無制限に複製できる能力）と多能性を併せ持つ細胞を幹細胞と呼ぶ。

ドリーの実験は，分化した細胞（体細胞）にも全能性があることを明らかにした。しかし，体細胞が無制限に多能性を発揮すると困ったことになる。人間の腕からその人間と同じ顔が現れたりするとなるとホラーの世界である。この世がホラーの世界でないのは，分化した体細胞では，通常，全能性が抑えられているためのである。しかしながら，じつは，分化した組織にもこの抑制がない（または低い）細胞が存在する。このような細胞（成体肝細胞ないしは組織肝細胞という）の役割の例は傷口の修復である。また，生体の細胞は程度の差はあるがつねに入れ替わっている（例えば，皮膚の細胞は下部から補給され，上部から剥がれ落ちている（垢の主体は剥がれ落ちた細胞である）が，これは新しい皮膚細胞を供給することができる分裂能を持つ幹細胞があるからである。

ちなみに，肝細胞には，ごく限られた種類の細胞にしか分化しないものから，かなり幅広い種類の細胞に分化しうるものまである。逆説的であるが，「組織肝細胞は"未分化の状態"に分化した細胞である」ともいえる。そして，その未分化の状態も細胞内で発現している遺伝子群によって決まるのである。近年，この考えを実験的に証明したのが山中伸弥（1962 - ）である。山中は成体マウスの皮膚，肝臓，胃等の分化細胞に 4 種の発現調節遺伝子（転写因子ともいう）を挿入して強制発現させることで，"人工多機能性幹細胞（iPS 細胞という）"が作成できることを見いだした（2006 年）。iPS 細胞は ES 細胞とほぼ同等の分化能力を持つことが示されたが，受精卵を使用する ES 細胞に比べて倫理的制約を受けないと考えられている。また，免疫拒絶反応がないために，医療（特に，移植医療）への広範な利用が期待されている。

2.11.3 植物細胞の全能性

無性生殖の項 (2.4 節) で「人間が木の枝を切り取って土に挿しておくと，それから根が生えて独立の木として生長することがある。」と述べた。さらに，植物個体の一部分（器官，組織，細胞）を個体から分離し，滅菌処理した液体培地や寒天培地で生育させることが比較的容易に行える（この技術を組織培養ないしは細胞培養という）。また，組織培養や細胞培

2.11 発生・細胞分化

養した細胞からの植物個体の復元も，動物細胞よりは容易である。細胞壁を取り除いた細胞（プロトプラスト）からの個体復元も行える。このような技術は，栽培種の苗を大量に作ったり，希少植物を増やして絶滅を防いだりするのに有効である。

　組織切片やプロトプラストからの植物個体の復元はつぎのように行う。葉や茎の一部を切り取り，適当な栄養と植物ホルモンを含む寒天培地にのせ，25℃くらいの温度で一定に保つ。すると，切り取った組織の切り口に白い塊ができてくる。この塊はカルスと呼ばれ，葉や茎の細胞に一度分化した細胞が脱分化し，脱分化したまま増殖して塊となったものである。つぎに，この植物細胞の集まりである白いカルスを植物ホルモンの濃度を変えた寒天培地にのせると，細胞の再分化が起き，芽が出てくる。さらにこの芽を異なる寒天培地に移植して根を作らせ，完全な植物個体にまで復元させる。

　植物のどの部分を組織培養して個体復元させるのかは，利用目的により異なり，器官培養，茎頂培養，葯培養，胚培養，プロトプラスト培養などがある。よく行われている茎頂培養について説明すると，生長点である茎頂を切り出して培養に用いる。茎頂は植物の中でももともと最も細胞分裂が盛んな場所であることから，植物個体へ復元させやすいことに加え，茎頂にはウイルスが侵入しないことがよく知られており，茎頂培養によって，ウイルスが感染していない（ウイルスフリー）植物が得られる。ウイルスの感染は植物の生育を遅くするとともに果実のサイズを小さくするなど，収穫量，品質を落とす原因となる。イチゴ，ジャガイモ，サツマイモのようにクローンで株を増やす農産物では，栽培中にウイルスが感染して全身に拡がるため，翌年植え付ける苗はすでにウイルスに感染していることになって生産性が落ちる。したがって，茎頂培養によるウイルスフリー化した苗を植え付けることが生産性の向上に効果的である。また，シンビジウムなど増殖速度の遅いラン科の植物を大量増殖させるためにも茎頂培養は有効であり，実用化されている。

　一方，植物個体に復元させることなく，植物細胞の組織培養技術が使われる例もある。植物細胞が合成する二次代謝産物の中には医薬品などの有用物質として利用されるものがある。組織培養による大量増殖技術を利用すれば，生育速度の遅い植物の生育時間を短縮させたり，選抜によって有用物質を高度に蓄積する細胞株を得て生産量を増加させたり，希少植物を材料として利用したりすることが可能である。例えば，ムラサキの細胞培養によって，シコニンという赤い色素の大量生産が可能となり，天然色素として口紅などに用いられている。また，チョウセンニンジンの細胞培養で，主要有効成分であるサポニンの大量生産が行われている。

　自然界では交雑が不可能で雑種が生じない植物間でも，それらの体細胞どうしを融合し，この融合細胞を組織培養技術で個体まで復元することにより，植物の新しい品種の作出が可能である。融合させたい植物の細胞から細胞壁を取り除き（プロトプラスト化），物理的あ

るいは化学的処理を加えて融合させる。この技術を細胞融合という。新しい品種は，細胞融合に使われた二つの植物の性質をあわせ持つことが期待される。細胞融合の例として有名なのは，ジャガイモ（ポテト）とトマトを細胞融合して作ったポマトである。

　ジャガイモとトマトはどちらもナス科に属するが自然に交配することはない。これらの細胞融合雑種であるポマトは地上部と地下部のどちらもが収穫できる便利な植物になると期待されたが，現実には，実もイモも中途半端で食べられるようなものにはならなかった。ポマトのもう一つの目的は，トマトにジャガイモの耐寒性を持たせることであったが，この点についても，ポマトが不稔であったために系統維持がたいへんであった。地上部も地下部も食用にはならないことと合わせて，ポマトは実用には至らなかった。なお，ポマトのほかに，オレンジとカラタチからオレタチ，ハクサイとキャベツ（カンラン）からハクランの細胞融合雑種が作られている。

2.11.4　アポトーシス

　"発生"は，細胞の増殖（誕生）によって進行すると考えられていたが，発生が細胞の死をも組み込んだプログラムであることが明らかになった。線虫は成虫で7種約1 000個の細胞を持つ。もちろん，受精卵から発生する。ブレナー（Brenner 1927- ）らはこの線虫について，受精卵から成虫までの全過程にわたって細胞分裂の追跡調査を行った。そして，その結果から，細胞は分裂によって増えるだけでなく，発生の特定の段階で死滅する細胞があることが明らかになった。これは，例えば，ヒトの発生の段階で，指の間（水かき）の細胞が消滅することやオタマジャクシがカエルになるときに尾が消えることの原因を明確にした実験であり，"アポトーシス；プログラム細胞死"の発見とされる。

2.11.5　細胞分化とエピジェネティクス

　発現している遺伝子群を変えることによりiPS細胞が作成されること，またiPS細胞において発現する遺伝子群を変えることによって種々の組織細胞が作成できることは，細胞分化が基本的にDNAの塩基配列の変化ではないことを意味する。では，分化した細胞と受精卵や幹細胞との違いは何に起因するのか？　これまでの研究により，DNAのメチル化やヒストンの修飾（いずれも，DNAの塩基配列の変更を伴わない）によって遺伝子発現が制御されることが明らかになってきている。このようなゲノムの可逆的な変化をエピジェネティクス（epigenetics）と呼ぶ。エピジェネティクスは塩基配列には現れないゲノムの変化であるが，多種多様な細胞を生み出す発生の原動力である。また，エピジェネティクスは親細胞から娘細胞へ，さらには個体レベルでは次の世代へと受け継がれることもあることから，生物の多様性や生物進化に重要な役割の役割を果たしている可能性もある。そのほか，がんをは

じめ神経疾患や循環器疾患，自己免疫疾患など多くの疾病が，エピジェネティクスの制御異常によって起こることが明らかになってきている。

2.11.6　生物の発生における細胞分化と遺伝子発現の具体例

飼育や観察の容易さ，世代交代の早さなどの理由で，ショウジョウバエとカエルが発生生物学におけるモデル動物として古くから利用されてきた。その結果，誘導現象，体軸形成などの無脊椎動物から哺乳類にいたる多細胞生物に共通した発生の基本原理が明らかにされた。以下，実際の生物の発生現象を遺伝子発現と関連させて考える。

〔1〕　**動物の体軸形成**

ヒトのからだは頭と足を結ぶ軸（前後軸），腹と背を結ぶ軸（背腹軸），右左の軸（左右軸）があり（**図 2.11.2**），これらを体軸と呼ぶ。興味深いことにこれらの体軸構造は昆虫から魚，カエル，鳥，ヒトに至るまで共通している。そのうち，前後軸の形成にはHoxと呼ばれる一群の遺伝子が関与しており，昆虫から魚，カエル，鳥，ヒトに至るまで共通していることが知られている。

〔2〕　**ショウジョウバエの初期発生**

ショウジョウバエの卵細胞には，雌親由来のビコイドおよびナノスと呼ばれるタンパク質のmRNAが，それぞれ前局，後局に分布しており，頭部，尾部の形成に重要な役割を果たしている（**図 2.11.3（a）**）。つまり，ショウジョウバエでは，前後軸と背腹軸は卵母細胞核の偏りによるmRNAの非対称性によって決定されて

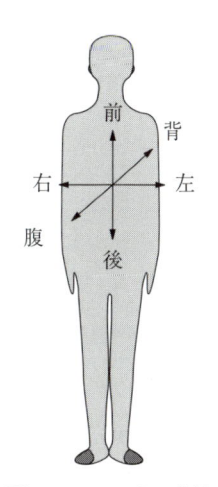

図 2.11.2　ヒトの体軸

おり，未受精卵の段階ですでに決定されている。なお，ビコイドおよびナノスのmRNAは卵細胞を経て次世代の個体に伝達される（精子からは伝達されない）ので，ビコイドとナノスは母性効果遺伝子と呼ばれる。

ショウジョウバエの初期発生では，受精卵は核分裂だけが進行するため，多くの核が共通の細胞質を持つことになる。ナノスとビコイドは核DNAに結合して遺伝子発現を制御する転写因子であり，細胞質内のビコイドとナノスの濃度勾配により，それぞれの核はその位置における転写因子の濃度を反映した位置情報を得るとともに，濃度依存的転写制御を受けることになる。

その後，ギャプ遺伝子，ペアルール遺伝子群，セグメントポラリティー遺伝子群が経時的かつ階層性的に発現し，前後軸のパターン形成が進行する（図（b））。このような濃度勾配により細胞に位置情報を与え，細胞分化に影響する物質をモルフォゲンと呼ぶ。

転写因子の濃度勾配で前後軸が決定される現象は，ショウジョウバエのように多核性胞胚

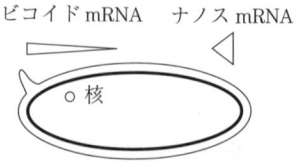

ビコイド mRNA　　ナノス mRNA

(a) 母性効果遺伝子 mRNA の濃度勾配

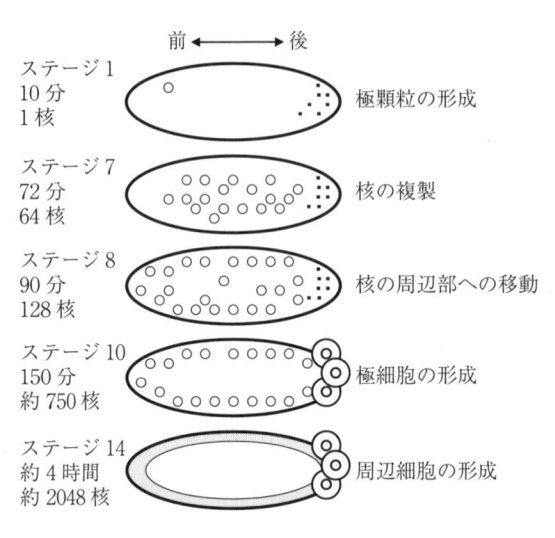

前←→後

ステージ 1
10 分
1 核
　　　　極顆粒の形成

ステージ 7
72 分
64 核
　　　　核の複製

ステージ 8
90 分
128 核
　　　　核の周辺部への移動

ステージ 10
150 分
約 750 核
　　　　極細胞の形成

ステージ 14
約 4 時間
約 2048 核
　　　　周辺細胞の形成

(b) 前後軸のパターン形成

図 2.11.3 ショウジョウバエの初期発生

(シンチウム)という一つの細胞質の中に多くの核が存在する胚を持つ生物に特異的な現象である。

〔3〕 **カエルの発生**

(1) **背腹軸の決定**　　カエルの未受精卵には，極体が放出される動物極と卵黄成分が多い植物極とがある(**図 2.11.4**)。動物極側は，将来，頭などの体の前方部となり，植物極側は後方部になる。つまり，前後軸はすでに決定されているのである。一方，背腹軸は受精により決まる(ショウジョウバエの場合と異なる)。

カエルでは，精子は動物極側から侵入し，その後，卵のコア部が侵入点側に約 30°回転する(**図 2.11.5**)。この回転により，植物極側の表層に存在した胚の背側を決定する母性因子タンパク質であるディッシュベルトが植物極から赤道付近に移動して背側を決定する(精子侵入点側が腹部となる)。回転を阻止すると，消化管はあっても背と腹の区別のない胚になる。

動物極 ─ 頂極斑

灰色三日月環

植物極

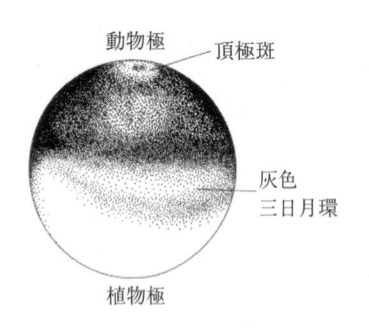

図 2.11.4 カエルの未受精卵

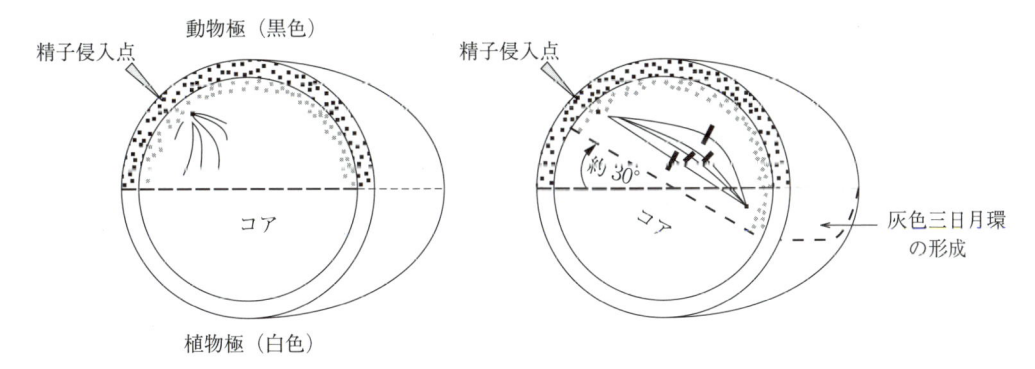

図2.11.5 カエルの受精卵の表層回転

（2） **中胚葉誘導** 発生を始めたカエルの受精卵を動物極半分と植物極半分とに分離すると，動物極側からは表皮だけ，植物極側からは内胚葉だけしか持たない胚になる（図2.11.6）。ところが，動物極側と植物極側の細胞を接着させて培養すると，動物極由来の細胞から中胚葉が形成される。この実験結果から，植物極側細胞が動物極側細胞の中胚葉への分化を誘導（中胚葉誘導）することがわかる。これが細胞外シグナルによる誘導現象である。

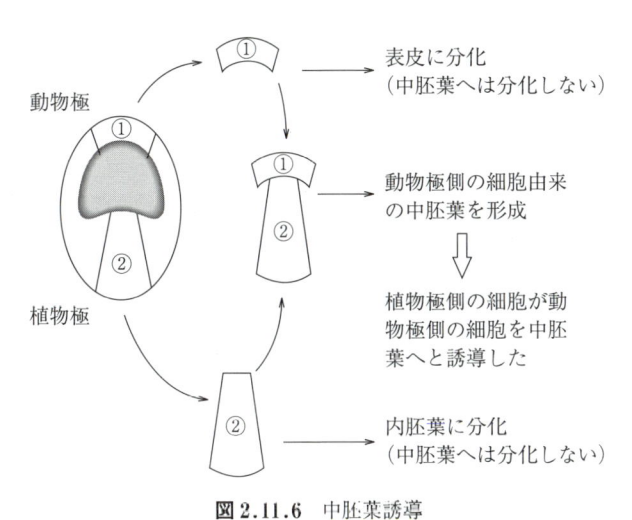

図2.11.6 中胚葉誘導

（3） **誘導の連鎖** 中胚葉誘導により，外胚葉からオーガナイザー（形成体）と呼ばれる領域が形成される。オーガナイザーは外胚葉から神経管を誘導する能力（神経誘導能）を持ち，形態形成に重要な働きをする。このような誘導の連鎖によって発生は進行する（図2.11.7）。なお，中胚葉誘導活性を持つ物質としてアクチビンが同定されている。例えば，動物極側の細胞をさまざまな濃度のアクチビン溶液中で培養すると，濃度に依存して血球，筋肉，脊索，心筋といった細胞が誘導される。

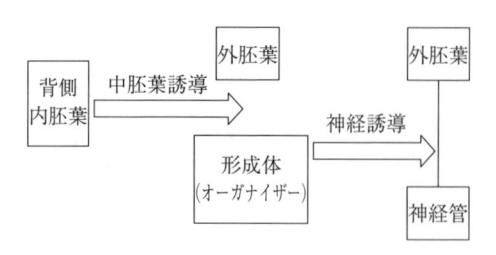

図2.11.7　誘導の連鎖

〔4〕 植物の花形成

植物における細胞分化と遺伝子発現の関係の単純明快な例を紹介する。花は被子植物の生殖器官であり，外側から，がく，花弁，おしべ，心皮（子房を包む組織）の順に並んでいる。これらの組織の形成は3群の遺伝子（A群，B群，C群）の発現の有無によって決まる（図2.11.8）。これはシロイヌナズナやキンギョソウの変異株の解析から明らかになったが，その後多くの植物にも適応できることが明らかになってきている。花のように，植物としては比較的複雑な器官の形成がこのような単純な遺伝子発現パターンによって決まるのはたいへん興味のあるところである。

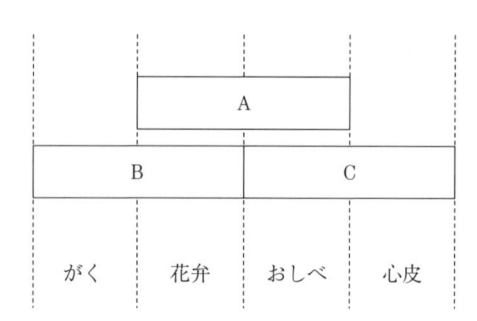

図2.11.8　植物の花形成遺伝子

おわりに　「発生学」は最も古い学問の一つである。それだけ"発生"は人間の関心を引く現象であったといえる。長い歴史があるだけに，事実誤認や誤解，誇張などの事例は多い。一方，根気強い観察，画期的な発見も数多い。現在もES細胞やiPSなど耳目を集める話題にはことかかない。本節が読者の冷静な判断に資することを期待する。

3

人間と医療

3.1 人間のからだ

はじめに　ギリシャ神話の中に，『フェキオン山のスフィンクスは通りかかる旅人に，「朝は4本足，昼は2本足，夕は3本足の生き物は何か？」というなぞを出し，答えられないと食い殺した』という話がある。答は"人間（赤ん坊の頃は 四つん這い（4本足），やがて2本足で立つようになり，老人になると杖を突くので3本足になる）"ということである。4本足と3本足はさておき，"2足直立歩行"は人間の特徴の一つである。背骨で支えることによって頭が巨大化し，ひいては脳の発達が可能になったといわれる。また，前脚（手）が自由に使えるようになり，道具の使用が可能になったともいえる。一方で，人間のからだのつくりは類人猿とよく似ており，さらには哺乳動物・脊椎動物とも基本的には通じるところが多い。本節では，人間のからだの構造と機能について考える。

3.1.1 全体像

脊椎動物である人間はからだの中心部に骨格（内骨格という）を持ち，骨格で体重を支える。"2足直立歩行"をする人間の場合，体重はすべて両足に掛かる。体重は遺伝的背景などの内的要因および栄養条件をはじめとする生活習慣に依存する。

図3.1.1に，1945年から2005年の間の日本人の体重と身長の変化を示す。体重は，30歳男性では55 kgから70 kgに，30歳女性では49 kgから53 kgに増加している。これには栄養状態変化の影響が大きいと考えられる。一方，身長は，30歳男性では160 cmから171 cmに，30歳女性では149 cmから158 cmに伸長しており，こちらは生活習慣の変化の影響が大きいといわれる。

日本は，現在，世界有数の長寿国であり，0歳児の平均余命が男性は79.0年，女性は85.8年である（2007年現在）。第二次世界大戦終了直後の平均寿命が，男性は50.1年，女性は54.0年であったこと（1947年現在）に比べると驚異的な伸びである。これには栄養条件の改善に加えて医療の進歩（特に，幼児期の死亡率の低下）が大きく寄与している。

成人には約60兆個の細胞があり，これらの細胞はでたらめに集まっているのではなく，

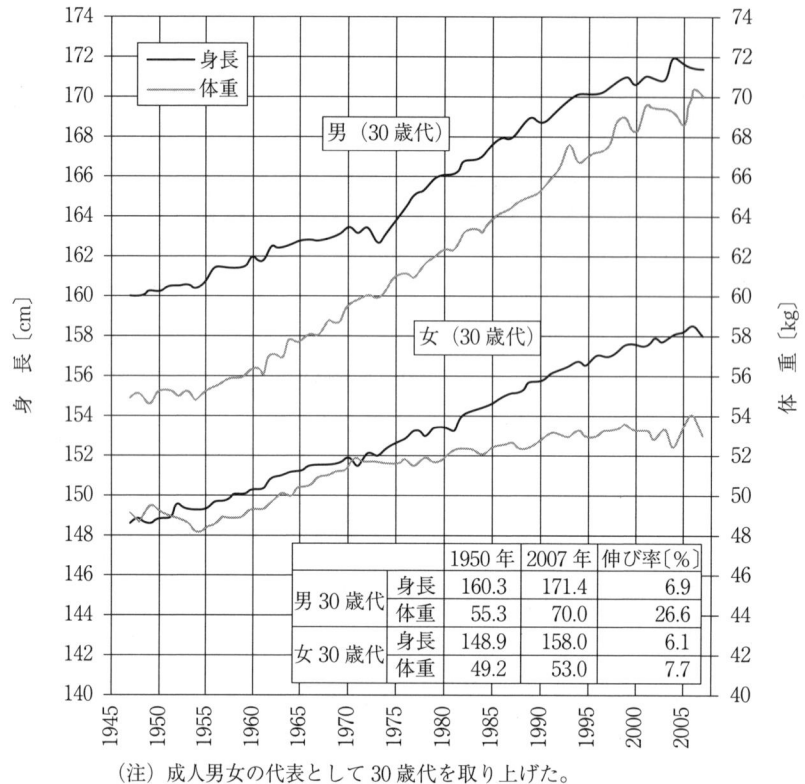

図3.1.1 日本人の平均身長・平均体重の推移

		1950年	2007年	伸び率〔%〕
男30歳代	身長	160.3	171.4	6.9
	体重	55.3	70.0	26.6
女30歳代	身長	148.9	158.0	6.1
	体重	49.2	53.0	7.7

（注）成人男女の代表として30歳代を取り上げた。
〔出典 国民健康・栄養調査（厚生労働省，1974年調査なし）〕

"細胞→組織→器官→系"という構造的・機能的な階層構造を形成している（**表3.1.1**）。以下，系・器官を中心に人間のからだのつくりを概説する。

表3.1.1 人間のからだを構成する系，器官

系	器官
運動器系	骨，骨格筋，靭帯
外皮系	皮膚，毛，爪
呼吸器系	鼻腔，喉頭，気管，肺
消化器系	口腔，食道，胃，小腸，大腸，肝臓，膵臓，小腸（十二指腸，空腸，回腸），大腸（盲腸，上行結腸，横行結腸，下行結腸，S状結腸，直腸）
泌尿器系	腎臓，尿管，膀胱，尿道
生殖器系	精巣，精管（男性）；卵巣，卵管，子宮（女性）
循環器系	心臓，動脈，静脈，毛細血管，リンパ管，リンパ節，脾臓，胸腺
神経系	大脳，小脳，脳幹，脊梢，末梢神経
感覚器系	目，耳，鼻，舌，皮膚
内分泌器系	下垂体，甲状腺，副腎，上皮小体

3.1.2 運動器系（骨・骨格筋）・外皮系（皮膚）

人体には，年齢によっても人によっても多少異なるが，約 200 個の骨がある（**図 3.1.2**）。一番上の頭蓋骨を頸骨・脊椎骨がささえて，脊椎骨底部の骨盤を経て，2 本の足に体重を伝える仕組みになっている（地面に接しているのは足掌である）。人間の頭の重さは体重の約 6% といわれる（体重 60 kg の人では 3.6 kg）が，頭が脊椎骨（頸椎，胸椎，腰椎に分けられる）の上に乗っているからこそ，比較的少ない筋肉でこの重さが支えられるのである。なお，多くの骨が寄り集まった脊椎骨は全体として S 字形になっており，クッションの働きをする。脊椎骨からは手（前肢）が横方向に伸びるとともに，肋骨が内臓を包む形で伸びて胴体部分（胸部と腹部）を形成する。

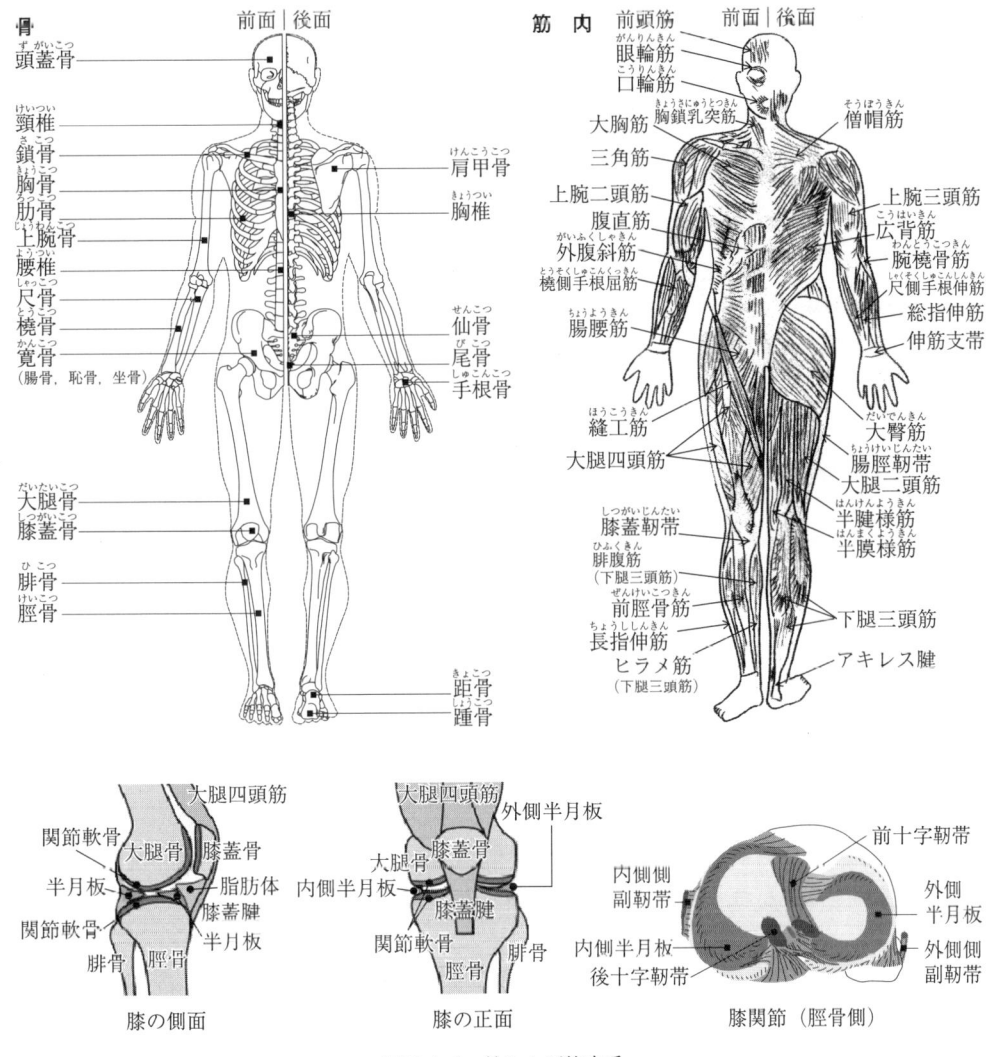

図 3.1.2 骨および筋肉系

からだの中心部にある骨盤は上半身の重さを受け，それを脚に伝える。4足歩行動物の場合，体重が4本の足に分散されることと脊椎骨と足（後肢）とがほぼ直角になっているために，骨盤が小さく狭平である。

これに対して，人間の場合には，上半身の重さが骨盤に掛かるため，大きくまた前後に広くなった（その結果，骨盤に包まれた空間で胎児を保護できるようになった）と考えられる。ただし，このようなからだの構造のために，"腰痛"と"難産"が人間の宿命になったということもできる。

骨と骨の接続点を関節という。骨の関接部分は軟骨で覆われており，これが潤滑油のような働きをする。骨と骨とはこの関節で屈曲するが，骨の動きを可能にしているのは筋肉である。人体には約400本の筋肉がある。そして，筋肉と骨をつなぐのが腱である。また，骨と骨を直接つなぐ靭帯という組織もある（図には，肩甲骨，鎖骨，上腕骨をつなぐ靭帯を示す）。筋肉の収縮と伸長により，足の力強い運動と手の細やかな動きが可能になっている。また，顔の豊かな表情も筋肉のなせる技である。

人間のからだは1枚の皮で包まれている。そのうちで外気に触れている部分がいわゆる体表である。この部分は角質層を持ち，皮膚ともいう。体表は解剖学的には皮膚組織（**図3.1.3**）であり，厚さは約0.2 mmである。体表の広さの実測は困難（不可能）であるが，いくつかの計算式が提唱されている。例えば，$S = W^{0.444} \times H^{0.663} \times 88.83$（$S$：体表面積〔m^2〕，$W$：体重〔kg〕，$H$：身長〔cm〕）を使うと，体重60 kgで身長170 cmであれば，体表面積は1.64 m^{2}になる。

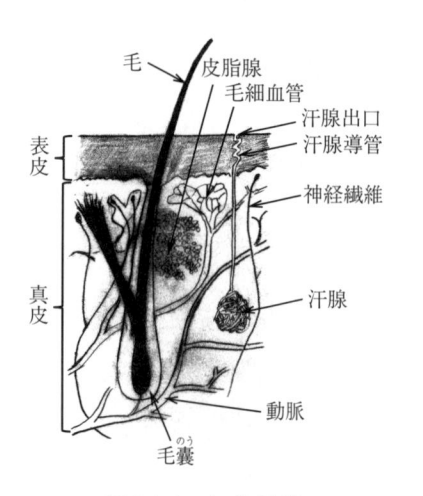

図 3.1.3 皮 膚 組 織

3.1.3 呼吸器系・消化器系

先に述べたように，胴体部分には内臓と総称する多数の臓器が収納されている（**図3.1.4**）。臓器のうちで最上部にあるのが呼吸器系であり，その下部に最も量的に大きい消化器系が位置する。なお，肺ならびに心臓が入る空間と他の臓器が入る空間とは横隔膜で仕切られている。

呼吸器系は鼻腔および口腔から気管を経て肺にいたる器官群であり，空気中の酸素を，肺（肺胞）を通して，血液に送る働きをする。また，血液から炭酸ガスを受け取り，鼻腔ないしは口腔を通して外気に放出する働きもする。肺の重量は男性で約1 000 g，女性で約900 g

3.1 人間のからだ　125

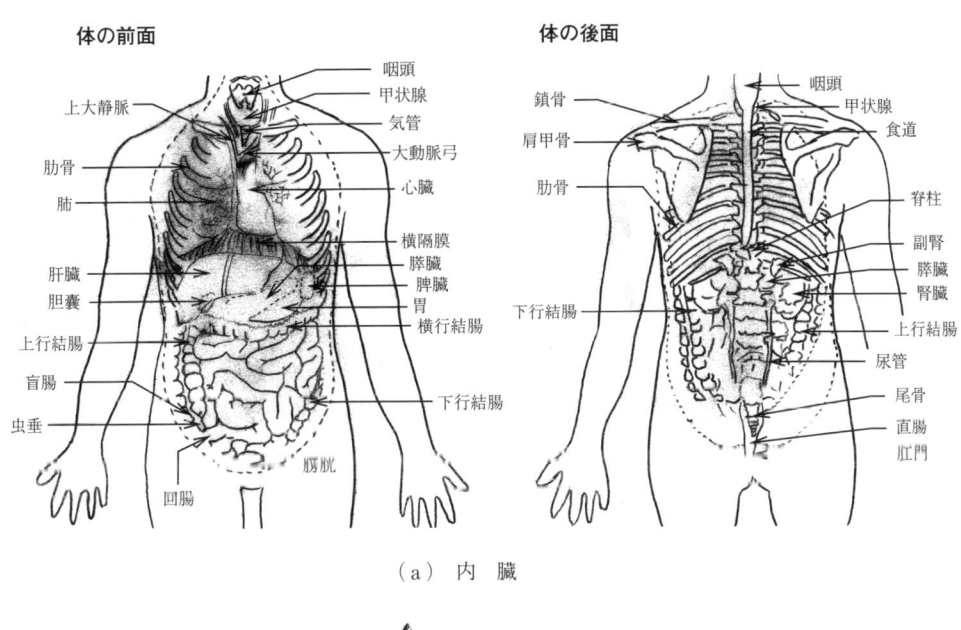

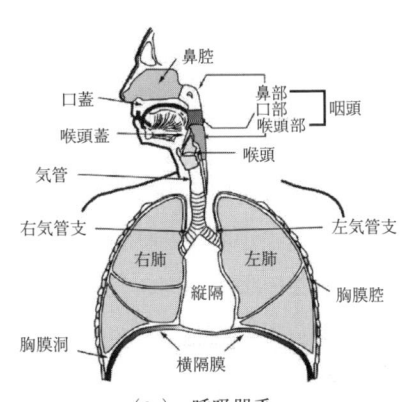

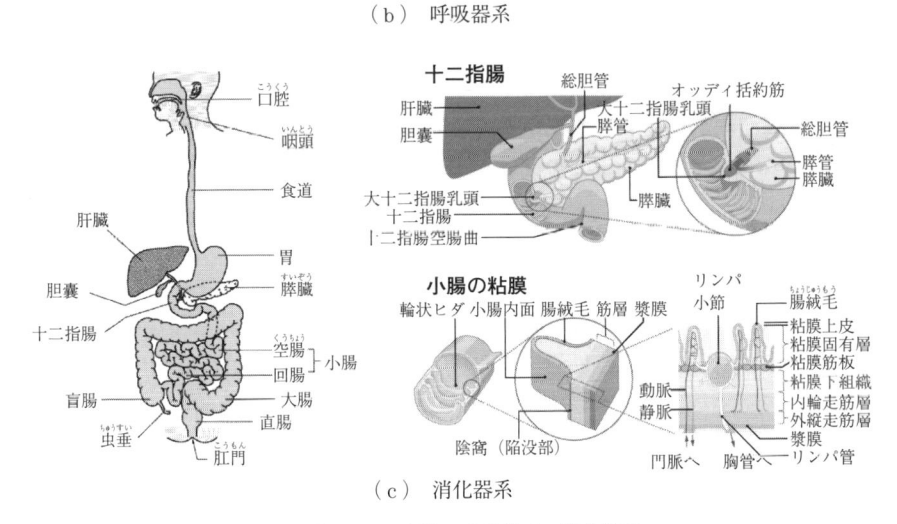

体の前面

上大静脈　咽頭
　　　　　甲状腺
肋骨　　　気管
肺　　　　大動脈弓
肝臓　　　心臓
胆嚢　　　横隔膜
上行結腸　膵臓
盲腸　　　脾臓
虫垂　　　胃
　　　　　横行結腸
　　　　　下行結腸
回腸　　　膀胱

体の後面

鎖骨　　　咽頭
肩甲骨　　甲状腺
肋骨　　　食道
　　　　　脊柱
下行結腸　副腎
　　　　　膵臓
　　　　　腎臓
　　　　　上行結腸
　　　　　尿管
　　　　　尾骨
　　　　　直腸
　　　　　肛門

(a) 内　臓

鼻腔
口蓋　　　鼻部
　　　　　口部　　咽頭
喉頭蓋　　喉頭部
気管　　　喉頭
右気管支　　　　左気管支
　　　右肺　左肺
　　　　縦隔　　　胸膜腔
胸膜洞
　　　　横隔膜

(b) 呼吸器系

口腔
咽頭
食道
肝臓　　　　　　　　　十二指腸
胆嚢　　　　　　　　　　総胆管　　　　オッディ括約筋
　　　　　胃　　　　肝臓　　大十二指腸乳頭
　　　　　膵臓　　　胆嚢　　膵管　　　　　　　総胆管
十二指腸　　　　　　　　　　　　　　　　　　　膵管
　　　　　空腸　　　　　　　　　　　　　　　　膵臓
　　　　　回腸　小腸　大十二指腸乳頭
　　　　　　　　　　　十二指腸
　　　　　　　　　　　十二指腸空腸曲
盲腸　　　大腸　　小腸の粘膜
　　　　　直腸　　輪状ヒダ　小腸内面　腸絨毛　筋層　漿膜　　　リンパ小節　　腸絨毛
虫垂　　　　　　　　　　　　　　　　　　　　　　　　　　　　　粘膜上皮
　　　　　肛門　　　　　　　　　　　　　　　　　　　　　　　　粘膜固有層
　　　　　　　　　　　　　　　　　　　　　　　　　　　　　　　粘膜筋板
　　　　　　　　　　　　　　　　　　　　　　　動脈　　　　　　粘膜下組織
　　　　　　　　　　　　　　　　　　　　　　　静脈　　　　　　内輪走筋層
　　　　　　　　　　　　　　　　　　　　　　　　　　　　　　　外縦走筋層
　　　　　　　　　　　　　　　　　　　　　　　　　　　　　　　漿膜
　　　　　　　　　　　陰窩(陥没部)　　　　　門脈へ　胸管　　リンパ管

(c) 消化器系

図 3.1.4　内臓, 呼吸器系, 消化器系

であり，約3億個の小室（肺胞）に分かれている。肺胞の総表面積は約 6 m² である。肺活量は男性が3 000～4 000 ml，女性が2 000～3 000 ml であり，平均1回換気量は約 500 ml である。

消化器系は，口腔から食道，胃，十二指腸，小腸（6～7 m），大腸（1.5～2 m），直腸，肛門へとつながる管である。大まかにいうと，口腔（歯）で食物を咀嚼し，胃でさらに細かく分解し，小腸で栄養分を吸収し，残渣を大腸，直腸を通って肛門から排泄する。つまり，人間（他の動物も）のからだには，消化器系という管が貫通しているということもできる（ナマコと大差ない！）。さらにいうと，"消化管の中はからだの外"である。なお，消化管の表面には角質層がない（角膜層を持たないからだの表層を粘膜という）。

なお，小腸と大腸との間の盲腸から虫垂が出ているが，これは人間が草食動物であったときの名残であるといわれる（ウサギなどでは虫垂が非常に長く，消化物をここに貯める）。消化管自体が消化液を分泌するとともに消化液を分泌する各種器官からの管が開口している。例えば，口腔ではデンプンを分解する酵素（アミラーゼなど）が，胃ではタンパク質の変性に寄与する胃酸が分泌される。また，肝臓からは胆汁酸（脂質の吸収を促進する）が胆嚢を経由して，膵臓からは膵液（糖，タンパク質，脂質，核酸を分解する種々の分解酵素（消化酵素）が含まれる）が十二指腸に分泌される。

小腸の内壁は輪状のひだになっており，その表面には数百万もの絨毛（指状の突起）がある。絨毛の表面には数千の微絨毛があり，小腸の表面積はテニスコート2面分に相当する。このように広大な面積で吸収された栄養分は血管に移行して，体内に配送される。

3.1.4 泌尿器系・生殖器系

泌尿器系は腎臓から尿管を経て膀胱につながり，尿は膀胱から外部泌尿器を経て排泄される（図3.1.5）。腎臓は約120万個のネフロンを持つ。ネフロンはボーマン腔と腎細管とで構成されており，血液から尿を濾し出す働きをする。通常，1日の排尿量は男性で1 500～2 000 ml，女性で1 000～1 500 ml である。

生殖系は内性器と外性器とに分けられる。外性器は男性では陰茎（ペニス）と陰嚢（睾丸）であり，女性では膣（バギナ）である。ペニスとバギナは外泌尿器でもある。男性内性器は精巣であり，精巣で作られる精子は輸精管を経て睾丸に蓄えられる。女性内性器は卵巣であり，卵巣で作られる卵子は輸卵管を経て子宮に放出される（子宮は膣につながっている）。精子が常時作られるのに対して，卵子はほぼ28日周期（排卵周期）でおおむね1個放出される。

なお，排卵が年間を通して行われるのは人間の特徴である（他の動物では年間の特定の時期（発情期という）にだけ排卵する（他の動物の場合，雄の発情は雌の発情によって誘発さ

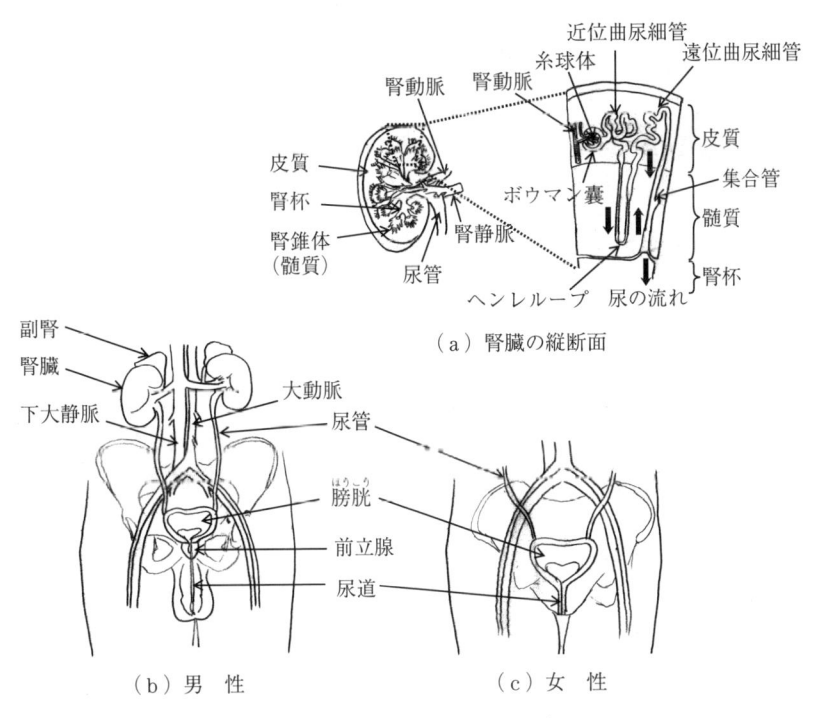

図 3.1.5 泌尿器系・生殖器系

れる)。また，からだ全体に対する人間の生殖器の大きさは，哺乳動物の中でも群を抜いている。

3.1.5 循環器系（血管・リンパ管）

血液を体内で循環させるのに働く器官と血液の成分である血球を産生，成熟，分解する器官をまとめて循環器系（**図 3.1.6**）という。血液循環の中心になるのは心臓である。成人の心拍数は通常 60～70 で，1 日に約 7.2 t の血液を送出する。血液の量が体重の 1/12～1/13（体重 60 kg で約 5 000 ml）であり，その 1/3 を失うと生命の危機をきたす。

血液は液体部分（血漿）と固体部分（各種血液細胞）とからなる。液体部分は可溶性の栄養素やタンパク質（アルブミン，タンパク質性ホルモン，抗体など）を運搬する。また，炭酸ガスは血漿に溶けた状態（$H_2O + CO_2$ と $HCO_3^- + H^+$ との平衡状態）で運搬される。なお，この平衡は体液の酸性度の調節に重要な働きをする。血液細胞の中で，赤血球は酸素（O_2）の運搬の役割（酸素はヘモグロビンに結合して運ばれる）を，白血球は免疫機能の役割を，血小板は血液凝固の役割を担う。各種血液細胞は成人では骨髄だけで作られるが，胎児期には骨髄だけでなく肝臓や脾臓でも作られる。なお，胸腺では免疫細胞（特に，T 細胞）の分化・成熟が行われ，盲腸も胎児期から幼児期には各種免疫細胞を産生する。

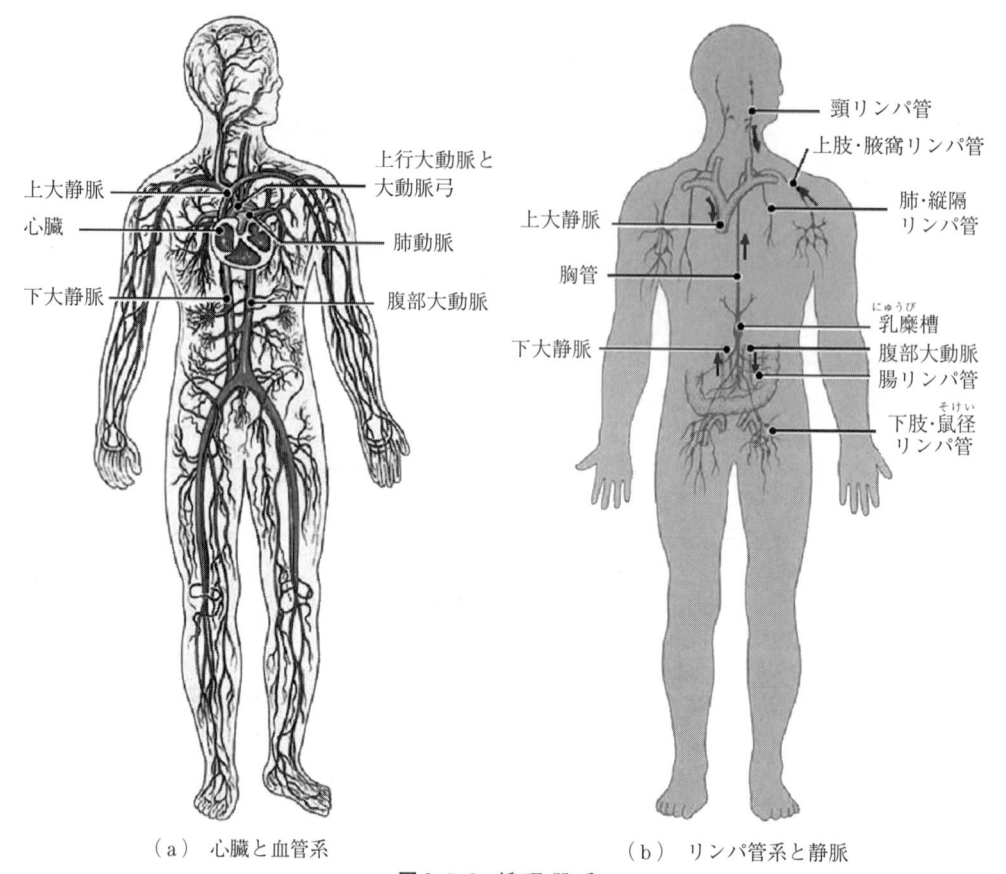

(a) 心臓と血管系　　　　　(b) リンパ管系と静脈

図 3.1.6　循環器系

　成人では血管の全長が約9万km（地球2周半）ある。心臓から出る血管を動脈（酸素が多い），心臓に戻る血管を静脈（炭酸ガスが多い）という。血管の抹消部分からは，液体部分の一部が染み出て，組織液（組織間液ともいう）となる。組織液は細胞膜を介して細胞内の液（原形質）につながっている。

　こうして，血管中の可溶性成分は血管から各細胞に運搬される（脳にだけは，血液脳関門のために限られた物質しか運搬されない）。

　リンパ液はリンパ管の中を流れるが，血液のようなポンプ（心臓）があるわけではなく，骨格筋の収縮が原動力になっている。リンパ管には三つの相互に関連した機能がある。一つ目は組織から組織液を取り除く働き，二つ目は消化器系で吸収された脂肪酸と脂質を循環系に運ぶ働き，三つ目は，免疫細胞を産生する働きである。

3.1.6　制御系（神経系・感覚器系・内分泌系）

　人間にはおもに二つの制御系がある。一つ目は，脳を中心とする神経系（**図 3.1.7**）であり，動物は，全体として，脳を中心とする制御系を発展させている。人間の脳は約 1.3 kg

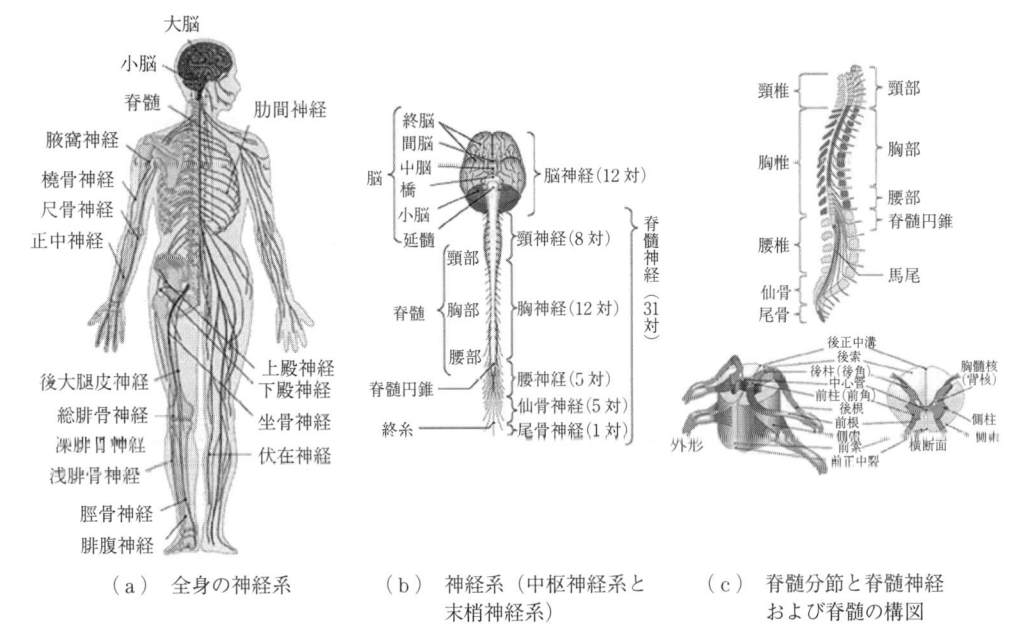

(a) 全身の神経系　　(b) 神経系（中枢神経系と末梢神経系）　　(c) 脊髄分節と脊髄神経および脊髄の構図

図 3.1.7　制　御　系

あり，体重との比較では他の動物よりも格段に大きい（**表 3.1.2**）。脳の働きは現在活発に研究されており，その一部は 3.7 節にも触れているので参照されたい。ここでは，神経系の全体的な構造を紹介する。

表 3.1.2　脳の重さの比較

動　物	脳の重さ〔g〕	体重〔kg〕	体重に対する脳の割合〔%〕
ヒト（男性）	1 300	65	2.000
ゴリラ	570	170	0.335
ライオン	260	200	0.130
アフリカゾウ	5 700	6 000	0.095
ダチョウ	90	100	0.090
海ガメ	9	115	0.008
ワニ	14	200	0.007

脳の中心部（脳幹）から神経の束が脊椎骨の中心部を通って下方に延びている。これが脊髄神経であり（脳と脊髄神経とを合わせて中枢神経という），脊髄神経から各所で枝分かれしてさまざまな臓器・組織に延びるのが末梢神経である。

外界の様子ならびに様子の変化を感知する器官にも神経がつながっている。いわゆる"五感（五覚ともいう）"は，視覚（目）・聴覚（耳）・嗅覚（鼻）・聴覚（耳）・味覚（舌）・触覚（皮膚）の五つであり，感覚器系ともいう。感覚器のうち，皮膚を除く器官は頭部にある（脳に近い位置）。目はまさにカメラと同じ構造をしており，網膜に映った画像信号を神経を

通して脳に伝える。耳は外耳で音を集め，中耳・内耳を経由して，その信号を神経を通して脳に伝える。

なお，内耳の一部（三半規管）は平衡器官としての働きも持つ。鼻と舌は粘膜にある感覚細胞の信号を能に伝える。皮膚には受容細胞があり，触覚だけでなく痛覚と温度覚を脳に伝える。

末梢神経系は体性神経系と自律神経系に分けられる。体性神経（知覚神経）はからだ各所の感覚を脳に伝える（求心性）働きを持つのに対して，自律神経系は中枢神経系からの情報を末端に伝える（遠心性）働きを持つ。例えば，痒みを感じるのは知覚神経であるが，痒いところを掻くという動作は自律神経によって制御されている。なお，内臓感覚（求心性神経）だけは自律神経で伝えられる。

自律神経は意思（脳の働き）とは独立して内臓や血管の活動ならびに呼吸などを制御しており，交感神経，副交感神経，非アドレナリン非コリン作動性神経（NANC）の3種に分けられる。

交感神経と副交感神経はまったく逆の働きをしている。日中の活動期には交感神経が亢進しており，夜間の休止期には副交感神経が亢進して胃腸や内臓の運動が活発になる。NANCは交感神経・副交感神経の両方を抑制しても気道平滑筋の収縮が収まらなかったことから発見された第三の自律神経であり，興奮性のNANC（e-NANC）と抑制性NANC（i-NANC）の2種に分類されている。

もう一つの制御系は内分泌系であり，ホルモンを分泌する。ホルモンは，『動物の体内において，特定の器官で合成・分泌され，体液を通して体内を循環し，別の決まった器官でその効果を発揮する生理活性物質』のことである。非常に微量で効果を示すのが特徴でもある。

例えば，典型的なペプチドホルモンの血液中の濃度は 10^{-12} mol/ml 程度である。ホルモンのように体内（血液中）に分泌されることを内分泌といい（体外（消化管の内腔を含む）に分泌されることを外分泌という），ホルモンを分泌する器官が内分泌器官である。

ホルモンによる調節を，体液循環を介していることから，液性調節という。液性調節は，神経伝達物質を介した神経性調節に比べて，時空間的には厳密なコントロールができないが，遠く離れた器官に大きな影響を与えることができるコストのかからない調節である。なお，アドレナリンのように，ホルモンには神経伝達物質と共通しているものが多く，また神経伝達物質も必ずしもシナプス内だけで働くものではないため，両者の分類は便宜的なものでしかないというのが現在の考えである（神経内分泌学という新しい学問領域が成立している）。

ここで，"ホメオスタシス"について言及しておく。ホメオスタシスとは，『生物体または

生物システムが間断なく外的および内的環境の変化を受けながらも，個体またはシステムとしての秩序を安定した状態に保つ働き』のことであり，恒常性ともいう。ホメオスタシスの維持に有効に働くのは，神経系，内分泌系，免疫系であるが，自律神経系が中心的役割を担う。例えば，自律神経の働きにより体温は無意識のうちに調節される。ホメオスタシスは，元来は，生理的な働きを指したが，近年は，この概念を拡大して使われることがある。生態学的ホメオスタシスは生物群の社会的・生態的関係が安定していることを指し，動物の行動様式が一定であることを行動学的あるいは心理学的ホメオスタシスという。さらに，生物の一生は動的な変化の過程であるが，質的変化を伴いながらもそれぞれの発生段階でホメオスタシスを維持していることを発生学的ホメオスタシスという。

3.1.7 防御機構

人間にはさまざまな危険に対応する機能が備わっている。これらの機能はすでに述べた系・器官によって担われている。例えば，物理的な危険に対しては，感覚器官で感知し，脳の働きで筋肉を動かし退避行動をとる（痛覚の場合には，脳を使わずに脊髄で知覚を処理する脊髄反射もある）。化学物質に対しては触覚・味覚を脳が処理して筋肉を動かす場合があるが，体内に入ってしまった場合には主として肝臓が解毒処理を行い，細胞に入ってしまうとリソソームが解毒の役割を担う（解毒には酵素が中心的な働きをする）。なお，化学物質に対応する防御機構にはいくつかあるが，最も守備範囲の広いのが免疫である。以下，免疫について解説する。

病原体（抗原）
タンパク質，ウイルス，細菌，カビ，その他

刺激

B細胞 → 成熟 → 形質細胞 → 抗体の産生・放出 【体液性免疫】

T細胞 → 成熟 → キラーT細胞 → ウイルスが感染した細胞の攻撃・破壊

ヘルパーT細胞 → リンフォカインの産生・放出

【細胞性免疫】

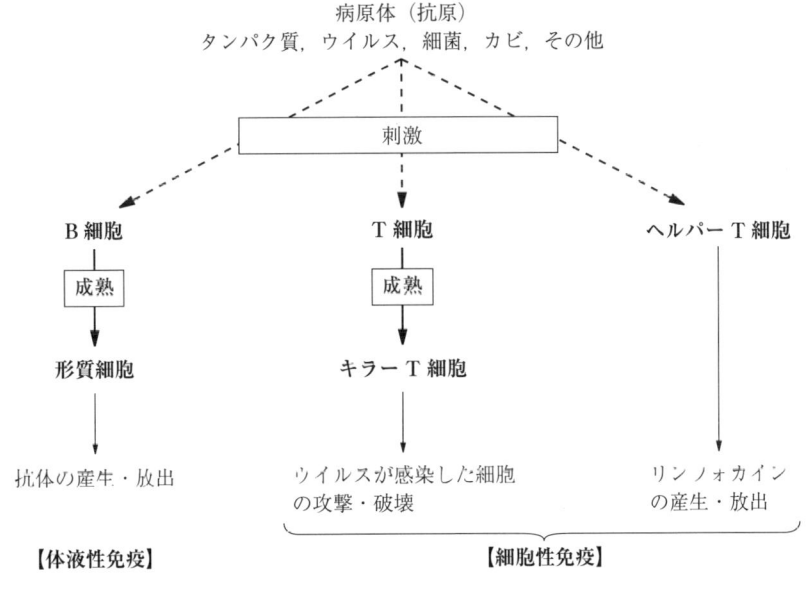

図3.1.8　リンパ球の多様性

免疫は化学物質だけでなく生物に対しても応答することから，自己と他者を区別する機構ともいわれる。免疫は細胞性免疫と液性免疫とに分けられ，どちらも血液中の白血球（複数種ある）とリンパ液中のリンパ球（これにも複数種がある）が関わっている（**図 3.1.8**）。なお，白血球は造血組織細胞により，リンパ球はリンパ系幹細胞によって産生される。

　細胞性免疫というのは，免疫系細胞が異物を捕食したり付着することによって異物を除去したり活動を抑えたりする機能である。からだに侵入した異物はまずその一部がマクロファージ（アメーバ様の細胞で，貪食細胞ともいう）に捕食され，分解される（**図 3.1.9**）。

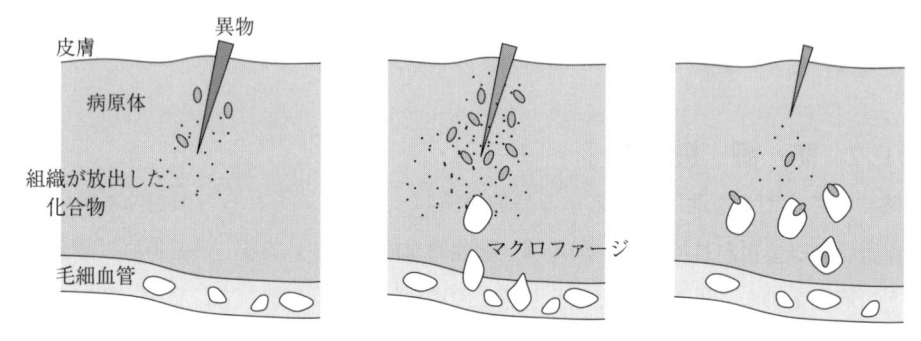

図 3.1.9 細胞性免疫

そして，タンパク質成分の分解産物（オリゴペプチド）がマクロファージの細胞表面にある MHC というタンパク質分子に付着する。これをマクロファージによる抗原提示という。抗原提示をしているマクロファージにヘルパー T 細胞およびキラー T 細胞が接触することによって，これらの T 細胞が活性化され，分裂増殖するとともにインターロイキンを放出す

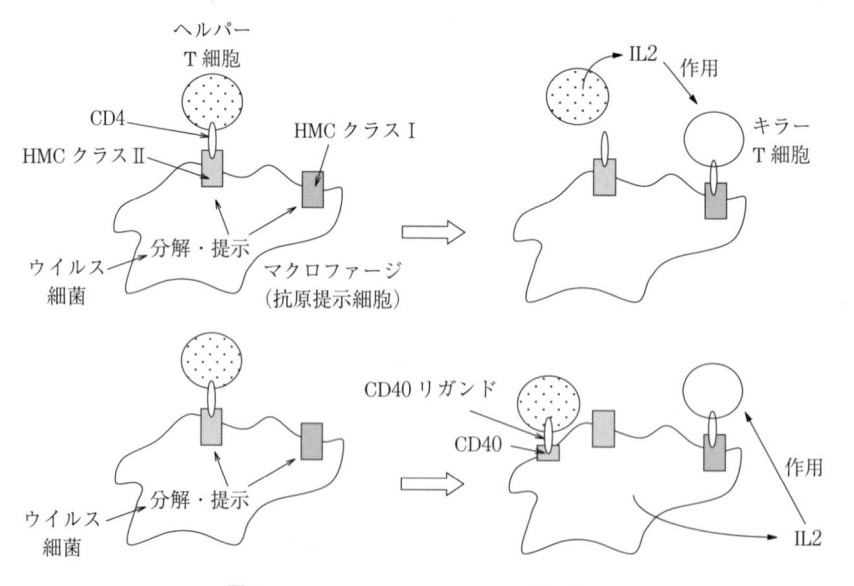

図 3.1.10 マクロファージによる抗原提示

る(**図3.1.10**)。インターロイキンは各種免疫細胞の分裂増殖を促進するタンパク質である。キラーT細胞が異物(病原体など)に取り付いて分解除去する。また,別のT細胞(メモリーT細胞)も抗原提示細胞から抗原情報を受け取り,長期間体内を循環して次回の抗原侵入に対して免疫反応を迅速に起こす役割を担う。細胞性免疫の概要を**図3.1.11**に示す。

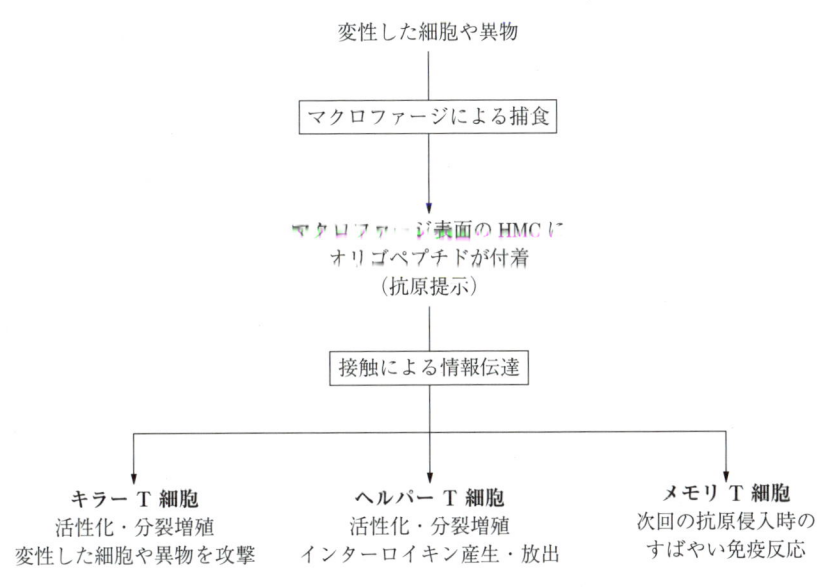

```
           変性した細胞や異物
                 ↓
       ┌─────────────────┐
       │ マクロファージによる捕食 │
       └─────────────────┘
                 ↓
       マクロファージ表面のHMCに
        オリゴペプチドが付着
           (抗原提示)
                 ↓
       ┌─────────────────┐
       │  接触による情報伝達   │
       └─────────────────┘
          ↙       ↓       ↘
    キラーT細胞   ヘルパーT細胞    メモリT細胞
   活性化・分裂増殖 活性化・分裂増殖  次回の抗原侵入時の
   変性した細胞や異物を攻撃 インターロイキン産生・放出 すばやい免疫反応
```

図3.1.11 細胞性免疫の概要

　体液性免疫は抗体(免疫グロブリン)による免疫である。Bリンパ球が抗原提示細胞表面の抗原-HMC複合体に結合すると,ヘルパーT細胞が産生するインターロイキン2によって活性化され,IgM抗体を産生しながら形質細胞に分化する。形質細胞はIgGを産生し,このIgGが抗体として働く。なお,Bリンパ球の一部はメモリーB細胞となり,次回の抗原侵入に備える。リンパ系幹細胞は100万種以上の異なったTリンパ球,Bリンパ球を産生する能力を持ち,形質細胞は毎秒2000個のIgGを産生することができる。こうして免疫系は無数の病原体に対処している。体液性免疫の概要を**図3.1.12**に示す。

　なお,免疫系が特定の抗原に対して過剰に反応することをアレルギーという。アレルギーが起こる原因としては生活環境,抗原への過剰な曝露,遺伝などが考えられている。アレルギーを引き起こす環境由来抗原を特にアレルゲンと呼び,花粉(花粉症),卵・そば・小麦粉など(食品アレルギー),塗料などに含まれる化学成分(シックハウス症候群),大気汚染物質(喘息),家庭のほこり〈本体はダニの屍骸〉(喘息)などさまざまな物質があり,それぞれに応じて症状も異なる。また,リウマチについては,はっきりした原因はまだわかっていないが,免疫の異常が関わっていることが明らかになってきている。

3. 人間と医療

```
                抗原を提示しているマクロファージ
                         │
                    ┌────────────┐
                    │接触による情報伝達│
                    └────────────┘
                    ↙              ↘
                                   ヘルパー T 細胞細胞
                                    活性化・分裂増殖
                                    インターロイキン 2 産生・放出
          B 細胞  ←──────────── インターロイキン 2
          IgM 抗体を産生しながら
          形質細胞に分化
          一部はメモリー B 細胞
          になる
          ↓         ↘
       形質細胞      メモリー B 細胞
       IgG 抗体産生    次回の抗原侵入時の
          ↓          すばやい免疫反応
       IgG 抗体
       免疫反応
```

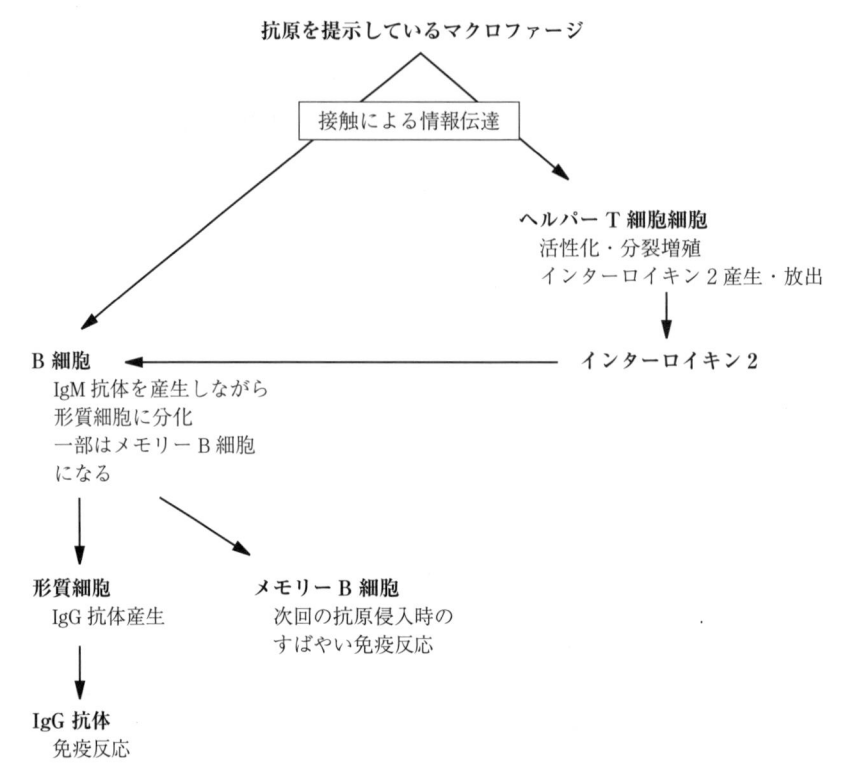

図 3.1.12 体液性免疫の概要

おわりに 「はたして読者は自分のからだのことをどこまで知っているだろうか？」本節を通して，自分自身が生物学（医学も）の最も身近な試料（教材）であることを認識してほしいものである。改めて自分自身のからだを観察することによって（そして，思考することによって），新しい発見が生まれるかもしれない。

3.2 感 染 症

はじめに 人間は古くから体について"通常の状態（健康）"と"通常でない（健康でない）状態"があることを認識していた。"通常でない（健康でない）状態"はさらに"病気（疾患とか疾病ともいう）"と"けが"に分けられる。"けが"は外因性であるのに対して，"病気"には外因性と内因性とがある（**図 3.2.1**）。なお，年齢進行に伴う体構造や機能の変化は病気とは別に考えるべきである。また，"遺伝病"という言葉が使われるが，遺伝的要因によるものを他の病気と同列に扱うことには疑問もある。というのは，外的要因は容易に排除できるし，生活習慣も改善が可能である。ところが，遺伝的要因はその人の"個性"ともいえるものであり，排除・改善が基本的に不可能である。

外因性疾患には，毒物（毒素）に起因する"中毒症"と生物に起因する"感染症"がある。毒素には化学毒素と生物が産生する毒度（生物毒素）がある。

感染症には回虫（数～十数 cm）やサナダムシ（1 m ほどに達するものもある）などの

3.2 感　染　症

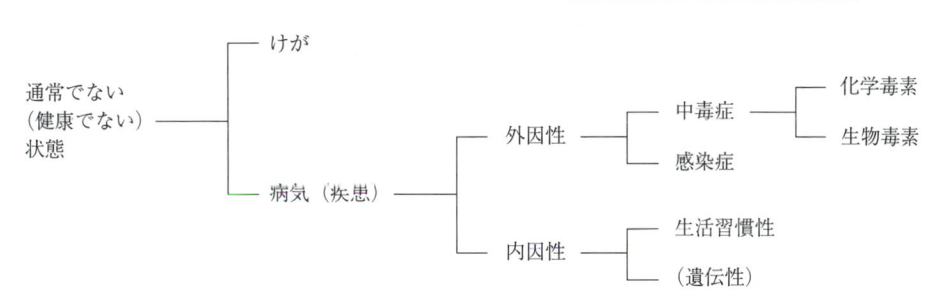

```
通常でない        ┬─ けが
(健康でない)─┤
状態              └─ 病気（疾患）┬─ 外因性 ┬─ 中毒症 ┬─ 化学毒素
                                 │         │         └─ 生物毒素
                                 │         └─ 感染症
                                 └─ 内因性 ┬─ 生活習慣性
                                           └─（遺伝性）
```

図 3.2.1 からだの状態と原因

肉眼で見える生物に起因するものもあるが，多くは肉眼では見ることができないほど微小な生物（微生物）に起因する。微生物には，ウイルス（20～300 nm：1 nm は 1 mm の100万分の1）から原虫や藻類（20～90 μm：1 μm は 1 mm の1000分の1）を含む多種の生物が含まれる。本節では，これらの微生物に起因する感染症について解説する（一部，微生物毒素による中毒症も含む）。

3.2.1 感染症の歴史

近年「古代ミイラの調査により，感染症による死亡の可能性が疑われる」というようなニュースに接することもあるが，大規模な流行（パンデミィ）が文献記録として残っている代表的な感染症はペストである。近年では，表3.2.1 に示すように，エイズ，SIRS，新型ヤコブ病，流行性インフルエンザなどのパンデミィがある。特に，A型インフルエンザウイルスが原因の流行性インフルエンザ（トリインフルエンザとブタインフルエンザ）は流行というよりは年中行事となっている感がある。なお，動物インフルエンザウイルスに関しては，近い将来のヒトへの感染が危惧されている。

これ以外に，現時点ではほぼ日本に限られているが，夏場の大腸菌 O-157 による食中毒

表 3.2.1 パンデミィ

疾　患	原因生物	流行年	流行国・地域
ペスト	ペスト菌	542～543	東ローマ帝国
		1347	ヨーロッパ諸国
		1665	イギリス
		1720	イタリア
		1899	日本（外国から伝播）
		1994	インド
エイズ	HIV ウイルス	1981	アメリカ（世界中へ）
SIRS	セフナア菌	1992	
新型ヤコブ病	プリオン	1996	イギリス（世界中へ）
トリインフルエンザ	A型インフルエンザウイルス	1997 2003～2004 2005	
ブタインフルエンザ	A型インフルエンザウイルス	2009	

(正しくは，大腸菌 O-157 が作る毒素が原因であり，感染症ではない）もほぼ毎年流行している（**表 3.2.2**）。また，2010 年に宮崎県で広がった口蹄疫も，2000 年に同じ宮崎県で小規模の感染があったし，それ以外にも数回の感染があった。

表 3.2.2　O-157 食中毒と口蹄疫

疾患	原因生物	流行年
O-157 食中毒	大腸菌（ベロ毒素）	1984, 1990, 1996（大規模），2005, 2009
口蹄疫	口蹄疫ウイルス	1899, 1908, 2000, 2010（大規模）

3.2.2　感染症とコッホの四原則

　疾病の原因になる生物を病原体という。病源体の多くが微生物であることから病原微生物がほぼ同じ意味に使われる（本節では，以下，病原微生物を中心に話を進める）。感染症の場合，微生物が皮膚または粘膜上で増殖可能な状態になることを定着という（例外的に，血流または内臓に直接微生物が侵入することによって始まる疾患もある）。微生物が定着したあと，定着部位で増殖し，宿主に対して免疫反応やその他の炎症性反応を起こす状態に進行することが感染である。組織の障害や生体機能の障害が生じることによって感染症が成立する（宿主に影響を及ぼす前に微生物が排除されることもある）。

　ところで，患者ないしは病変組織から特定の微生物が分離されたとしても，その微生物がその病気の原因であるとは限らない。たまたまその組織にいた無害な微生物かもしれないし，患部に二次的に感染した（日和見感染という）微生物かもしれないからである。ドイツのコッホ（Koch, 1843-1910）はこの点に気づき，1884 年に，感染症の原因微生物を特定するための指針（コッホの四原則）を提唱した。

　コッホは
　① 患部に必ずその微生物が見いだされること
　② その微生物が患部から分離できること
　③ その微生物を未感染動物に接種すれば，元と同じ症状が引き起こされること
　④ 実験的に感染させた動物から同一の微生物が分離できること
を四原則としたのである。このうち①〜③は，1840 年にヘンレ（Henle, 1809-1885）がすでに提唱していたものである。

　コッホの時代には，病原微生物は病原細菌のことであった。しかし，その後，ウイルスが発見されたが，病原ウイルスもコッホの四原則を満たすことから，病源体として扱われる。さらに，近年，コッホの四原則に基づいて，プリオン病（ヤコブ病やウシ海綿状脳症など）の病源体（プリオン）が特定された。ところが，プリオンはタンパク質であることが明らか

になった。それまでの病原体（ウイルスを含めて）が遺伝物質として核酸を持つ（つまり，セントラルドグマを生命原理としている）のに対して，プリオンは"核酸を持たない病原体"として注目を浴びた。

コッホの四原則は，その病原体が"患者ないしは感染動物の体内で増殖する（つまり，生物である）"ことの証明である。したがって，当初は，「プリオンはセントラルドグマに従わない生命体ではないか？」と考えられた。しかし，その後，宿主細胞がプリオンタンパク質のアミノ酸配列を決める遺伝子を持っていること，また，この遺伝子によって作られるタンパク質の立体構造が正常型からプリオン型に移行することが発症の原因であることが明らかになった。さらに，正常型からプリオン型への移行の頻度は低いが，プリオン型は正常型のプリオン型への移行を促進することも明らかになり，プリオン型が凝集した繊維状の塊が感染を引き起こす（つまり，病原体である）ことが解明された。つまり，プリオンもセントラルドグマに従っていることが明らかになった。

3.2.3 病原体

病原体には以下のものがある。

① **細菌** 細菌は原核生物である。真正細菌と古細菌に分けられるが，医学的に重要な疾患を引き起こすのは真正細菌である。マイコプラズマを除くほとんどすべての細菌は細胞壁を持ち，細胞壁の構成成分の違いによりグラム陽性菌とグラム陰性菌とに分けられる。グラム陽性菌の細胞壁はペプチドグリカン層が厚く脂質が少なく，グラム陰性菌の細胞壁はペプチドグリカン層が薄く脂質が多い。また，グラム陽性菌は外層にリポ多糖類を持たないのに対して，グラム陰性菌は外層にリポ多糖類を持つ。細胞壁の周囲に鞭毛ないしは繊毛（線毛）を持つものもある。また，細胞壁のさらに外側に莢膜を持つものもある。

② **真菌** 真菌は真核生物である。光合成を行わず，一般的に腐生性である。繊維状の菌糸を持つものを糸状菌といい（一般に，カビと呼ぶ），単細胞のものを酵母菌という。真菌は無性生殖と有性生殖のどちらかあるいはその両方で増殖する。真菌はいずれも胞子を産生する。

③ **原虫** 原虫は単細胞真核生物である。光合成を行わない。多くは自由生活をするが，寄生性のものもある（その一部が人間の寄生虫である）。原虫は細胞内寄生をするが，血液，泌尿・生殖器や腸管内では細胞外寄生もする。通常，感染期にある原虫を飲み込んだり原虫を保有する昆虫（キャリアー）に咬まれたりすることにより感染する。

④ **蠕虫** 蠕虫は多細胞真核生物である。寄生性であり，宿主動物の腸管内容物や体液や組織細胞を摂取・吸収することにより栄養分とする。人間のすべての臓器に対して

寄生性を示し，条虫類，吸虫類，鉤虫類，線虫類に分けられる。

⑤ **ウイルス** ウイルスはそれ自身が単独では増殖できず，別の生物の細胞内でのみ増殖可能な寄生体（偏性細胞内寄生体）である。遺伝物質として DNA（DNA ウイルス）か RNA（RNA ウイルス）のどちらかを持ち，タンパク質の構造体（カプシド）に包まれる。

⑥ **タンパク質** プリオンは宿主細胞の遺伝子によって作られるタンパク質である。正常型とプリオン型の立体構造があり，プリオン型は重合体を形成して病原性を持つ。旧来の病原体がからだの内部にセントラルドグマを持っているのに対して，プリオンはセントラルドグマの内部に住み込んでいるという見方ができる。

3.2.4 感染症の現状と対策

〔1〕 感染症の現状

世界人口 68 億 7 720 万人のうち年間約 5 880 万人が死亡している（世界保健機関（WHO）による 2004 年の世界死因統計）。このうち，肺炎などの気道感染症，下痢性疾患，ヒト免疫不全ウイルス／後天性免疫不全症候群（HIV／エイズ），結核を始めとする感染症による死亡者数は年間約 1 380 万人（総死亡の約 23.4%）に及ぶ（**表 3.2.3**）。

表 3.2.3 2004 年度原因別死亡数・率（推計）

順位	死因	死亡数〔千人〕	死因に占める割合〔%〕
1	虚血性心疾患	7 198	12.2
2	脳血管障害	5 712	9.7
3	下気道感染症*	4 177	7.1
4	慢性閉塞性肺疾患	3 025	5.1
5	下痢性疾患*	2 163	3.7
6	HIV/AIDS *	2 040	3.5
7	結核*	1 464	2.5
8	気管，気管支，肺の悪性腫瘍	1 323	2.3
9	交通事故	1 275	2.2
10	未熟児，低出生体重児	1 179	2.0

＊：感染症
〔出典 WHO による The global burden of disease：2004 update から改変〕

〔2〕 新興・再興感染症と人獣共通感染症

過去 20 年間に新規に出現した感染症を新興感染症（**表 3.2.4**）という。また，過去において公衆衛生学上ほとんど問題にならなくなっていたものの，近年再び増加してきている感染症ならびに将来再び問題になる可能性がある感染症を再興感染症（**表 3.2.5**）という。

表 3.2.4　おもな新興感染症

発見年	疾病名	病原体	分類
1969	ラッサ熱	ラッサウイルス	ウイルス
1973	小児下痢症	ロタウイルス	ウイルス
1976	在郷軍人病（レジオネラ肺炎）	レジオネラ菌	細菌
1977	エボラ出血熱	エボラウイルス	ウイルス
1980	成人T細胞白血病	ヒトT細胞白血病ウイルス	ウイルス
1982	出血性大腸炎	腸管出血性大腸菌 O157	細菌
1983	AIDS	ヒト免疫不全ウイルス	ウイルス
1983	胃炎，胃・十二指腸潰瘍	ヘリコバクター・ピロリ	細菌
1989	C型肝炎	C型肝炎ウイルス	ウイルス
1992	新型コレラ	ビブリオ・コレラ O139	細菌
1993	ハンタウイルス肺症候群	ハンタウイルス	ウイルス
1995	カポジ肉腫	ヒトヘルペスウイルス 8 型	ウイルス
1997	トリインフルエンザ（ヒト感染）	インフルエンザAウイルス（H5N1）	ウイルス
1998	脳炎	ニパウイルス	ウイルス
2003	SARS（重症急性呼吸器症候群）	SARS コロナウイルス	ウイルス
2009	新型インフルエンザ	新型インフルエンザAウイルス（H1N1）	ウイルス

表 3.2.5　おもな再興感染症

分類	病原体	疾病名
ウイルス	デングウイルス ウエストナイルウイルス 狂犬病ウイルス	デング熱，デング出血熱 ウエストナイル熱・脳炎 狂犬病
細菌	結核菌 多剤耐性結核菌 コレラ菌 ジフテリア菌 百日咳菌 各種薬剤耐性菌 メチシリン耐性黄色ブドウ球菌 バンコマイシン耐性腸球菌 多剤耐性緑膿菌 基質拡張性 β-ラクタマーゼ産生グラム陰性桿菌	結核 結核 コレラ ジフテリア 百日咳 下痢など 肺炎，敗血症など 肺炎，敗血症など 肺炎，敗血症など 肺炎，敗血症など
原虫	マラリア原虫 トキソプラズマ原虫	マラリア トキソプラズマ症

新興・再興感染症には，

① 新規の病原微生物であることが判明したもの（例：ロタウイルス，SARS コロナウイルス，ピロリ菌など）

② 既知の病原微生物に新規の変異が出現したと考えられるもの（例：新型インフルエンザウイルスなど）

③ 人間の居住域の変化（都市化，自然環境の破壊）などにより，野生動物が保持している微生物が人間社会に侵入してきたもの（例：ラッサウイルス，エボラウイルス，HIV/エイズ，腸管出血性大腸菌など）

④ 交通の発達により，局地的にしか存在していなかった微生物が世界的に広まったもの
（例：SARS　コロナウイルスなど）

がある。新興感染症の多くは動物由来であり，人獣共通感染症でもある。

〔3〕 現在問題となっている感染症の現状と対策

近年，さまざまな感染症が国内外で問題になっているが，以下，そのいくつかについて概説する。

（1） 結核　エジプトのミイラから典型的な結核の痕跡が見つかるなど，人間と結核の付き合いは古いが，近代の公衆衛生意識の向上に伴って結核は過去の病気となりつつある。しかし，開発途上国では依然として大きな問題であり，さらに交通の高速化，大量化，効率化によって，開発途上国から他の地域への拡散が懸念される。加えて，HIV の世界的蔓延により，HIV と結核菌との重複感染が心配される事態が生じている。世界保健機関（WHO）の推計によると，世界人口の約 1/3 にあたる 20 億人が結核に感染しており，毎年 150 万人が結核で死亡している。また，毎年 800 万人が新たに結核に感染しており，その 99％ は開発途上国に集中している。単独の病原体による死亡としては，HIV/エイズに次ぐ第 2 位である。

日本では，明治以降の工業化による都市への人口集中に伴って感染が広がり，結核は国民病といわれた。しかし，1990 年代（1951 年の『結核予防法』制定後約 40 年）には，結核の死亡率順位は 20 位以下になり，なかば忘れ去られようとしていた。ところが，近年，高齢者（表 3.2.6）と都市部（表 3.2.7）を中心に患者が増加して世界的にも結核罹患率が高い国となっている（表 3.2.8）。これは，高齢者（若年期に結核が流行していたために，すでに結核に感染している人が多い）は体力・抵抗力の低下に伴って潜在していた菌が活性化して発病しやすく，一方，若い世代（感染歴がない人が多い）は抗体を持っていないために感染しやすいためである。そこで，1999 年に，厚生省（現厚生労働省）は『結核緊急事態宣言』を発した。

結核の原因菌は結核菌（*Mycobacterium tuberculosis*）である。結核菌は長さ 2～10 μm，幅 0.3～0.6 μm の細長い桿菌であり，重症の結核患者が咳やくしゃみをしたときに飛び散る飛沫を周りの人が直接吸い込むことによって感染する（空気感染）。一般に，ごく少数の結核菌が気道深く侵入して肺胞内に到達する。肺胞に到達した結核菌は肺胞マクロファージに貪食されるが，マクロファージは結核菌を完全に分解しきれず，残った結核菌がマクロファージの中で増殖する。その結果，そのマクロファージは死滅し，他のマクロファージによって貪食される。この繰り返しにより結核菌は増殖を続け，肺に定着して初感染病巣を形成するとともに，菌の一部はリンパ節に運ばれてリンパ節病巣をつくる。なお，マクロファージは結核菌抗原をヘルパー T 細胞に提示し，抗原提示を受けたヘルパー T 細

3.2 感染症

表 3.2.6 年次別, 年齢階級別の新規登録結核患者数　(( ) 内は構成比)

年　次	2004	2005	2006	2007	2008
総　数	29 736 (100.0)	28 319 (100.0)	26 384 (100.0)	25 311 (100.0)	24 760 (100.0)
0〜 4歳	62 (0.2)	56 (0.1)	35 (0.1)	47 (0.2)	41 (0.2)
5〜 9歳	19 (0.1)	22 (0.1)	18 (0.1)	19 (0.1)	23 (0.1)
10〜14歳	36 (0.1)	39 (0.1)	32 (0.1)	26 (0.1)	31 (0.1)
15〜19歳	302 (1.0)	284 (1.0)	214 (0.8)	201 (0.8)	191 (0.8)
20〜29歳	2 528 (8.5)	2 303 (8.1)	2 069 (7.8)	1 924 (7.6)	1 823 (7.4)
30〜39歳	2 738 (9.2)	2 677 (9.5)	2 417 (9.2)	2 308 (9.1)	2 152 (8.7)
40〜49歳	2 346 (7.9)	2 220 (7.8)	2 037 (7.7)	1 935 (7.6)	1 917 (7.7)
50〜59歳	3 991 (13.4)	3 676 (13.0)	3 336 (12.6)	3 035 (12.0)	2 784 (11.2)
60〜69歳	4 656 (15.7)	4 328 (15.3)	3 837 (14.5)	3 694 (14.6)	3 689 (14.9)
70〜79歳	6 833 (23.0)	6 332 (22.4)	6 109 (23.2)	5 659 (22.4)	5 524 (22.3)
80歳以上	6 225 (20.9)	6 382 (22.5)	6 280 (23.8)	6 463 (25.5)	6 585 (26.6)

〔注〕 70歳以上の高齢結核患者は新登録結核患者の半数に近づきつつあり，その割合は増加傾向にある。2008年度において，70歳以上の新登録結核患者の占める割合は48.9％であった (2007年47.9％, 2006年47.0％, 2005年44.9％)

〔出典　厚生労働省：2008年度結核登録者情報調査年報集計結果（概況）〕

表 3.2.7　結核罹患率の都道府県別順位

	都道府県名	罹患率
罹患率の低い5県	長野県	10.2
	山梨県	11.3
	秋田県	11.6
	山形県	11.9
	新潟県	12.1
罹患率の高い5県	大阪府	32.8
	東京都	25.1
	長崎県	24.6
	和歌山県	24.5
	大分県	23.8

〔注〕 都道府県別に罹患率をみると，罹患率の最も高い大阪府は，罹患率の最も低い長野県の3.2倍，大阪府の中でも大阪市は長野県の5.0倍であり，地域差は大きい。また，大都市に集中する傾向を示しており，大阪市 (50.6), 名古屋市 (31.5), 堺市 (28.9), 東京都特別区 (28.6) の罹患率は，それぞれ長野県 (10.2) の5倍，3.1倍，2.8倍，2.8倍である。

〔出典　厚生労働省：2008年度結核登録者情報調査年報集計結果（概況）〕

表 3.2.8　諸外国と日本の結核罹患率

国　名	罹患率	年　次
米　国	4.3	2007
カナダ	4.7	
スウェーデン	5.4	
オーストラリア	5.5	
オランダ	5.8	
ドイツ	6.1	
デンマーク	7.2	
イタリア	7.7	
フランス	9.1	
英　国	13.9	
日　本	19.4	2008

〔注〕（表に示す諸外国のデータは, Global Tuberculosis Control WHO Report 2009 より）
日本の罹患率 (19.4) は，米国 (4.3) の4.5倍，カナダ (4.7) の4.1倍，スウェーデン (5.4) の3.6倍，オーストラリア (5.5) の3.5倍にのぼる。

〔出典　厚生労働省：2008年度結核登録者情報調査年報集計結果（概況）〕

胞が感作されて免疫が成立する。感作ヘルパーT細胞は抗原刺激によって多種類のインターロイキンを産生する（図3.1.10，図3.1.12参照）。その結果，結核菌が局在する病巣部分に活性化したマクロファージが集積し，類上皮細胞肉芽腫組織となって病巣は被包され，やがて乾酪化に陥る。臨床的には，感染の成立は必ずしも発病を意味するものではなく，胸部X線撮影像の異常，排菌などによって結核と診断され，治療の対象となる。治療は抗結核剤による化学療法が基本である。なお，慢性膿胸，骨関節結核，多剤耐性結核などの難治性結核は外科治療の対象となる。

（2） 後天性免疫不全症候群（エイズ） エイズは，1981年に，米国で，「男性同性愛者にカリニ肺炎やカポジ肉腫など通常まれな日和見感染や腫瘍をもたらすきわめて致死性の高い疾患」として最初に報告された。その後，1983年に，レトロウイルスに属するヒト免疫不全ウイルス（HIV）が病原体として分離・同定された。HIVは免疫機構を破壊するウイルスであり，HIV感染により免疫機能が著しく低下し，全身性の免疫不全状態が引き起こされる。なお，HIVによるエイズの発症は下記の段階を経る（免疫機構については3.1節参照）。

① HIVが身体に進入する。
② マクロファージがウイルスを貪食する（→HIVが増殖する）。
③ HIVがCD4を介してヘルパーT細胞に侵入する（→遺伝子を乗っ取り，潜伏・増殖する）。感染していないT細胞がB細胞に抗体産生を指令するとともに，他のT細胞にウイルス撃退指令を出す。
④ 6～8週間後にはB細胞が抗体を産生するが，ウイルスが抗原性をどんどんと変えるので抗体をいくら作っても効果が上がらない。
⑤ ヘルパーT細胞からの指令が弱くなって十分量の抗体が産生できなくなるとともに，抗体がウイルスに適合しなくなる（抗体がウイルスに付着しなくなる）。
⑥ 抗体がウイルスに付着していないために，キラーT細胞がウイルスを攻撃対できなくなる。
⑦ さらに，記憶T細胞がウイルスを記憶できなくなる。
⑧ その結果，HIVが増殖する（→白血球が減少する→免疫機能が全般的に低下する→さまざまな日和見感染症や日和見腫瘍，中枢神経障害など多彩で重篤な全身症状が起こる＝エイズの発症症状）。

適切な治療が行われない場合の予後は2～3年である。ただし，近年の治療薬の進歩は顕著で，先進国におけるHIV患者の死亡率や日和見感染の発生率は低下し，HIV患者の予後は大きく改善している。しかしながら，国連エイズ合同計画（UNAIDS）によれば，2007年末の時点で，HIV生存感染者の総数は3300万人（うち15歳以下が200万人），年間感染者

発生数は270万人と推定されている。つまり，世界の総人口（68億7千万人）の約195人に1人が感染しており，1日当たり7400人（12秒当り1人）の新たな感染者が発生している。HIV生存感染者のほぼ50%が女性，新規の感染者の45%が15～24歳の若年層と推定されている。地域別にみると，サハラ以南のアフリカ地域（感染者2200万人）と南・東南アジア（感染者500万人）が最も深刻で，両地域で世界全体の感染者の82%を占める（図3.2.2）。また，2007年1年間のエイズ死亡者は200万人，流行開始以来の累積エイズ死亡数は約2500万人と推定されている。アフリカのいくつかの国では，エイズによって平均余命が60歳から40歳に短縮し，国の存亡を左右するほどの深刻な社会問題になっている。

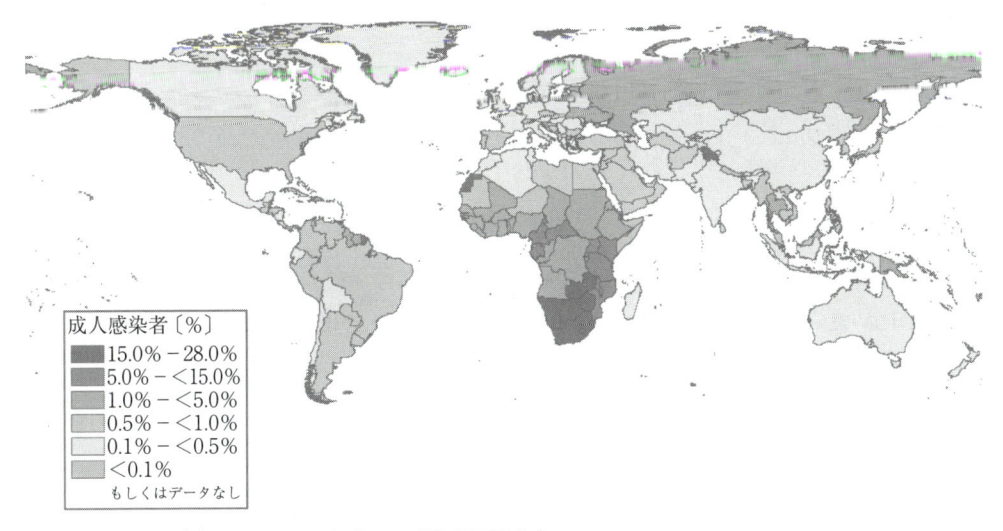

図3.2.2 2007年度HIV感染者国別分布
〔出典 国連エイズ合同計画2008 Report on the global AIDS epidemic〕

厚生労働省エイズ動向委員会報告によると，日本の2008年末のHIV感染報告数は1126件であり，過去最高となった（図3.2.3）。なお，最近5年間のHIV感染報告数は4772件で累計の45.2%を占めており，最近5年間のエイズ患者報告数は2007件で累計の41.0%を占めている。2008年のエイズ患者報告数は日本国籍・外国国籍合わせて431件で，前年より13件増加した。

2008年のHIV感染者報告例のうち，異性間の性的接触が220件（19.5%），同性間の性的接触が779件（69.2%）あり，性的接触による感染があわせて999件（88.7%）であった。これに対して，2010年のエイズ患者報告例では，異性間の性的接触による感染が147件（34.1%），同性間の性的接触による感染が189件（43.9%）あり，性的接触による感染は合わせて336件（78.0%）であった。なお，日本人男性については，同性間性的接触は181件（前年152件）で29件増加し，異性間性的接触は107件で前年と同数であった。年齢に関しては，日本人エイズ患者は30歳代・40歳代の中高年齢層が中心であるが，この年齢層の最

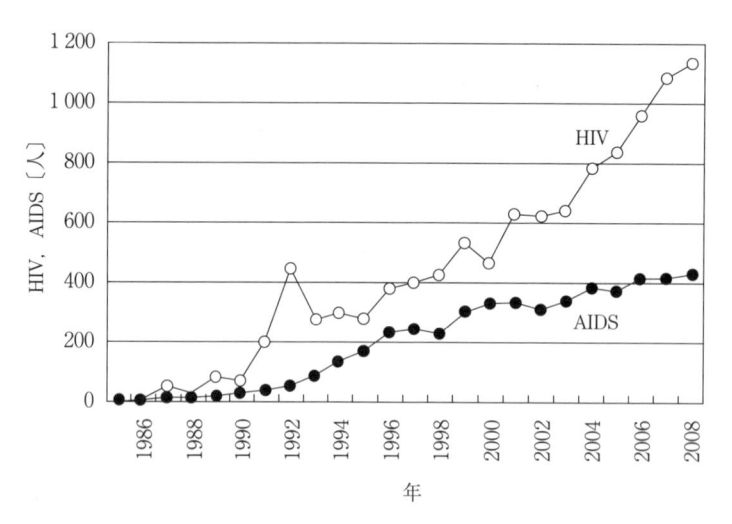

図3.2.3 HIV感染者およびAIDS患者報告数の年次推移
〔出典 厚生労働省：2008年エイズ発生動向（概要）〕

近の報告数は横ばい傾向である．ところが，15〜24歳および50歳以上の年齢層は増加傾向にある．静注薬物使用や母子感染による報告例はHIV感染者・エイズ患者ともに2%以下である．HIV感染者の推定感染地域は，国内感染が全体の87.3%（983件）で，日本人感染例（1033件）の大半（944件，91.4%）を占めている．エイズ患者の推定感染地域も，国内感染が全体の69.1%（298件）で，日本人感染例では75.9%を占めている．HIV感染者は東京都を含む関東・甲信越ブロックからの報告例が多く，累計で64.6%を占める．同ブロックの報告例は1996年以降増加傾向にあり，特に東京の増加が著しい．近畿ブロックの報告数は1998年以降増加が続き，特に大阪府の増加が顕著であり，2010年は187件に上った．HIV感染者・エイズ患者ともに，わが国における最近5年間の報告例が累計の40%以上を占め，10代後半から20代前半の感染者の増加傾向が指摘される．近い将来若年層を中心にHIV感染が急増する可能性がある一方で，保健所における抗体検査依頼件数はむしろ減少しており，わが国のHIV感染に対する意識の低さは危機的である．

エイズの病因となる病原体はレトロウイルス科のレンチウイルスに属するヒト免疫不全ウイルス（HIV）である．このウイルスは，1983年に，フランスのパスツール研究所のモンタニエ（Montanier, 1932- ）らによって発見された．直径110 nmのRNA型エンベロープウイルスで，約9500塩基のRNAゲノムを2コピー持ち，逆転写酵素などを含むカプシド（殻）とそれを取り囲む球状エンベロープによって構成される（図3.2.4）．エンベロープには，外側に突き出している糖タンパク質gp120と脂質二重膜を貫通する糖タンパク質gp41からなるスパイクがある．エンベロープタンパク質はヘルパーT細胞やマクロファージ表面膜に存在するCD4分子に対する特異的な結合活性を持ち，ウイルスが標的細胞に感染・

侵入する過程で重要な役割を果たす．HIV の感染には，CD4 のほかに，CD4 と協同してウイルスの細胞内侵入を促進する補助因子（コレセプター）が必要である．HIV 感染のコレセプターは長い間不明であったが，1996 年になって，ケ

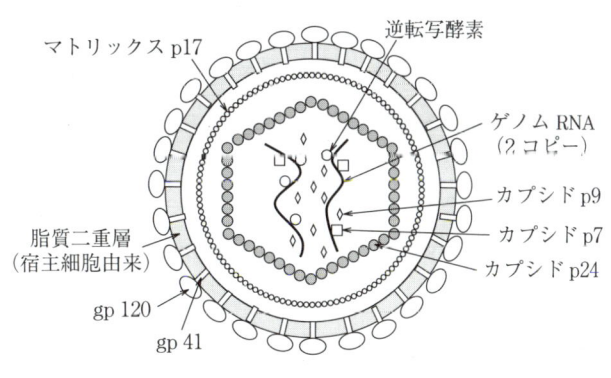

図 3.2.4 HIV の構造

モカイン（炎症性サイトカイン）受容体の CXCR4 と CCR5 であることが判明した．

HIV 感染はつぎに示す経過を辿る．

① **急性初期感染期** HIV 感染成立の 2〜3 週間後に，血中 HIV 粒子数は急速に増加してピークに達する．この時期には発熱，咽頭痛，筋肉痛，皮疹，リンパ節腫脹，頭痛などのインフルエンザあるいは伝染性単核症様の症状が現れる．症状はまったく無自覚の程度から，無菌性髄膜炎に至るほどの強い程度までさまざまである．初期症状は数日から 10 週間程度続き，多くの場合自然に軽快する．

② **無症候期〜中期** 感染後 6〜8 週で血中に抗体が産生されると，ピークに達していたウイルス量は 6〜8 か月後にはある一定のレベルまで減少して定常状態となり，その後，数年から 10 年間ほどの無症候期に入る．無症候期を過ぎエイズ発症前駆期（中期）になると，発熱，倦怠感，リンパ節腫脹などの症状が現れ，帯状疱疹などを発症しやすくなる．

③ **エイズ発症** さらに進行すると，HIV の増殖が抑制できなくなり，CD4 陽性 T 細胞の破壊が進む．CD4 陽性 T 細胞の数が $200/\text{mm}^3$ 以下になるとカリニ肺炎などの日和見感染症が発症しやすくなり，さらに CD4 陽性 T 細胞数が $50/\text{mm}^3$ を切るとサイトメガロウイルス感染症，非定型抗酸菌症，中枢神経系の悪性リンパ腫などを発症する頻度が高くなり，食欲低下，下痢，低栄養状態，衰弱などが著明となる．エイズ発症後，未治療の場合の予後は 2〜3 年である．

エイズ治療はこれまでの 10 年間で急速な進歩をとげている．AZT を代表とする逆転写酵素阻害剤に加え，近年，優れたプロテアーゼ阻害剤が開発され，逆転写酵素阻害剤 2 種とプロテアーゼ阻害剤（あるいは非ヌクレオシド系逆転写酵素阻害剤）1 種との組合せによる併用療法が奏効している．この治療法の導入により，先進国における日和見感染症の頻度やエイズによる死亡者数が 1995 年以降 40% も減少してきている．

HIV 感染予防の鉄則は，他の感染症と同様に，感染経路を断つことである．HIV の主要な

感染経路は，①性的接触，②経血液，③母子感染である（ほかに，臓器・角膜移植などによるまれな感染例がある）。蚊の刺咬，握手，抱擁，軽いキスなどの日常的な接触では感染しない。したがって，感染予防の基本は主要3経路を遮断することにある。個々の経路による感染予防の方法をつぎに示す。

① **性的接触経路の遮断（セーフセックスの実行）**　コンドームを使用すること。不特定多数のパートナーとの性交渉を避けること。感染のリスクの高い肛門性交をさけることなど。

② **経血液経路の遮断**　汚染血液・血液製剤による輸血の危険を回避するための血液スクリーニングを実施すること。薬物乱用者との薬物の回し打ちを行わないこと。さらに，わが国では，検査目的の献血が行われることのないような体制作りと啓蒙活動が必要である。

③ **母子感染経路の遮断**　感染した母体から出生児への感染は約 30% である。しかし，感染母体および出生児への抗ウイルス薬の投与によって感染の危険は低下する。

エイズは，依然として，その拡がりを制御することが困難な病気であるが，少なくとも母子感染に関しては，化学療法によって十分に予防可能な状況になっている。なお，感染予防の究極の方法はワクチンであるが，HIV 抗原が多様性と著しい変異性を示すこと，HIV が免疫応答の要であるヘルパー T 細胞そのものに感染することなどに加えて，ワクチン開発研究のための優れた動物モデルがないことなどさまざまな要因から，ワクチンの実用化の目途はまだたっていない。新たな感染の 90% が高価な薬物療法の恩恵を享受できない開発途上国に発生していることを考えると，安価で有効なワクチンの 1 日も早い開発が望まれる。

（3）**インフルエンザ**　毎年，世界各地で大なり小なりインフルエンザの流行がみられる（季節性インフルエンザ）。概略，温帯地域より緯度の高い国々での流行は冬季，北半球では 1～2 月頃，南半球では 7～8 月頃が流行のピークである。熱帯・亜熱帯地域では，雨季を中心としてインフルエンザが発生する。わが国のインフルエンザは毎年 11 月下旬から 12 月上旬頃に始まり，翌年の 1～3 月頃に患者数が増加し，4～5 月にかけて減少するが，時には夏季に患者が出ることもある。インフルエンザはウイルスに起因する感染症であり，原因ウイルスはタンパク質成分の抗原性の違いから，A 型，B 型，C 型の 3 種に分けられる。1918 年のスペインかぜ，1957 年のアジアかぜ，1968 年の香港かぜ，1977 年のソ連かぜのような世界的大流行の原因は A 型ウイルスであった。また，温帯地方で毎年冬期に流行するインフルエンザ（東南アジアなど熱帯地方では夏でもインフルエンザの流行がみられる）は A 型および B 型ウイルスに起因する。一方，かぜ症候群（普通感冒）の原因となる C 型ウイルスは広く世界に分布し，季節を問わず小さな流行を起こす。

A 型ウイルスは哺乳動物と鳥類にも感染する人獣共通感染ウイルスである。既存の A 型

ウイルスとはまったく抗原性の異なるウイルスが動物（特に，鳥類）の世界から人間の世界に侵入すると，人間がこれまでに持っていた免疫がまったく役に立たないウイルス（新型ウイルス）が出現する可能性がある．この場合，人間が免疫を持っていないために，重症でかつ大きな流行になる．1977年のソ連かぜ以降新型ウイルスの発生は途絶えていたが，2009年2月メキシコでブタ由来の新型ウイルスが出現し，米国，カナダを経て各国に感染が拡大した．この新型インフルエンザは，2009年4月27日に，WHOより，米国40例，メキシコ26例，カナダ6例，スペイン1例の検査確定症例が報告されたが，その後瞬く間に全世界にまん延し，同年8月13日には177の国および地域に及び，累積症例数は182 166例以上，累積死亡数は1 799例となった（図3.2.5）．しかしながら，日本を含め多数の国で，特に軽症例について，全数報告を中止したため，報告数は実際に発生した患者数を反映していない．なお，その後，原因ウイルスはA型の変種であることが判明した．

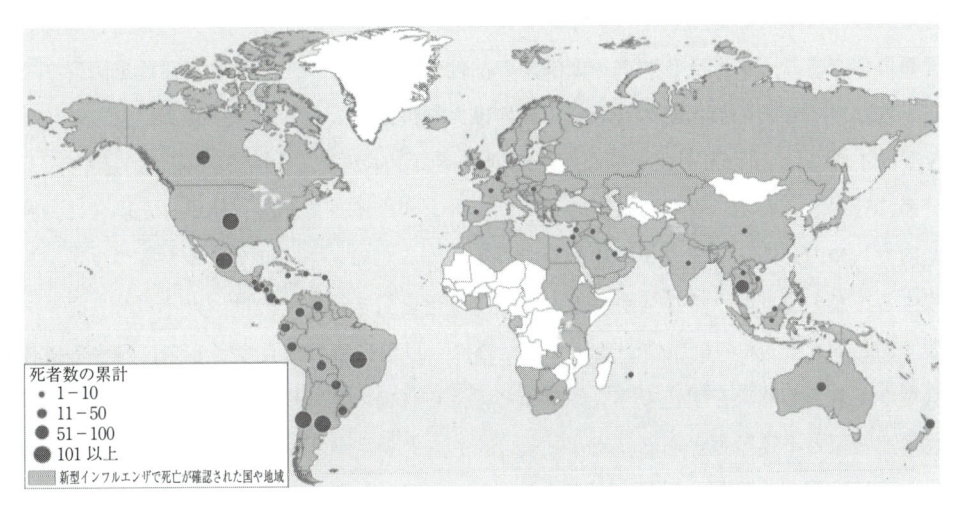

図3.2.5 WHOによる2009年の新型インフルエンザ検査確定症例と死亡者数の国別分布（2009年8月13日現在）
〔出典 http://www.who.int/csr/don/GlobalSubnationalMasterGradcolour_20090813_20090819.png より改変〕

A型ウイルスはオルソミクソウイルス科に属し，宿主細胞の細胞膜に由来する脂質二重層からなるエンベロープに包まれている．エンベロープの表面に赤血球凝集素（HA）とノイラミニダーゼ（NA）の2種のスパイク（糖タンパク質）構造物を持ち（図3.2.6），これらが感染防御免疫の標的抗原となる．抗原性により，HAはH1-H16に，NAはN1-N9の亜型に分けられ，これらのさまざまな組合せを持つ多様なウイルスが存在し，人間だけでなく，ブタやトリ，その他の宿主に広く分布している．HAスパイクはA型ウイルスが細胞表面のシアル酸レセプターに結合する際に機能する．NAは，細胞表面のシアル酸を除去することにより，増殖した子ウイルスが宿主細胞から遊離する（放出）にあたって，レセプターと結

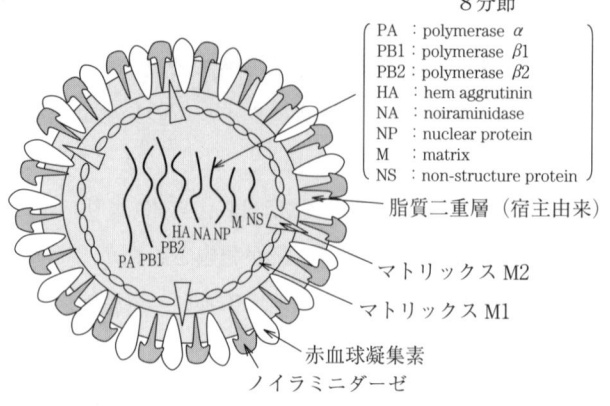

```
1本鎖（マイナス鎖）RNAゲノム
        8分節
⎧ PA  : polymerase α    ⎫
⎪ PB1 : polymerase β1   ⎪
⎪ PB2 : polymerase β2   ⎪
⎨ HA  : hem aggrutinin  ⎬
⎪ NA  : noiraminidase   ⎪
⎪ NP  : nuclear protein ⎪
⎪ M   : matrix          ⎪
⎩ NS  : non-structure protein ⎭
```

脂質二重層（宿主由来）
マトリックスM2
マトリックスM1
赤血球凝集素
ノイラミニダーゼ

図3.2.6　A型ウイルスの構造

合し離れなくなることを阻止する。インフルエンザ治療薬のノイラミニダーゼ阻害剤はシアル酸類似体であり，ノイラミニダーゼ酵素の活性中心に結合し，その酵素活性を阻害することにより，ウイルスの放出を阻害して感染の拡大を抑える。

　A型ウイルスはmRNAと相補的な塩基配列を持つ1本鎖RNAをゲノムとして持ち，八つの分節に分かれている。異なる2種のインフルエンザウイルスが混合感染した場合に，感染細胞内で八つの分節がさまざまな組合せで再集合するため，キメラゲノムを持つウイルスが出現する。なお，A型ウイルスが毎年のように流行を引き起こすのは，ウイルス表面タンパク質であるHAやNAの抗原性が変化するために，以前に流行したウイルスに対する抗体が変異型ウイルスの感染を阻止できないためと考えられている。ウイルスの変異には，つぎに述べる連続型と不連続型がある。

　① **連続変異（小変異；抗原ドリフト）**　HA，NAのアミノ酸の置換により抗原性が少しずつ変化すること。A型ウイルスのHA分子には五つの抗原領域が存在し，各領域には多数の抗原決定基（エピトープ）が密集している。このエピトープをコードする領域に点突然変異が起こることによってアミノ酸置換が生じ，抗原性の異なるウイルス（抗原変異株）が出現する。この抗原変異株は新しい流行起因株となる。これが，同じ亜型のウイルスによりインフルエンザが毎年流行し続けるメカニズムである。すなわち，②で述べる不連続変異によって人間の世界に出現した新しい抗原亜型のA型ウイルスは，連続変異により，HAやNAの抗原性をつぎつぎに変えることで人間に感染し，種を存続してきたといえる。

　② **不連続変異（大変異；抗原シフト）**　それまでに流行していたウイルスとは異なるHA亜型またはNA亜型を持つウイルスが出現すること。水鳥の世界には多様なHAとNA亜型のウイルスが存在しており，新型ウイルス出現の供給源となっている。既存の

亜型に対する抗体は新たな亜型には反応しないためにパンデミィが引き起こされる。過去のパンデミィはそれぞれ新型（正確には新亜型）ウイルスによるものである。1957年のアジア型（H2N2亜型），1968年のホンコン型（H3N2亜型）のゲノムの塩基配列を他の動物から分離されたウイルスのゲノムの塩基配列と比較した結果，前者はHA，NA，PB1遺伝子分節をトリウイルスから，残りの五つの分節を1957年以前にヒトの世界に定着していたH1N1ウイルスから獲得した遺伝子再集合体であると結論された。また，1968年のホンコン型は，HAとPB1遺伝子分節をトリウイルスから，残りの六分節を1968年以前に流行していたヒトH2N2ウイルスから獲得した遺伝子再集合体であった。2009年のブタ由来の新（亜）型ウイルス（H1N1亜型）も，HA，NP，NS，NA，M遺伝子分節をブタウイルスから，PA，PB2遺伝子分節をトリウイルスから，PB1遺伝子分節を2009年以前に流行していたヒトH3N2ウイルスから獲得した遺伝子再集合体である（**図3.2.7**）。

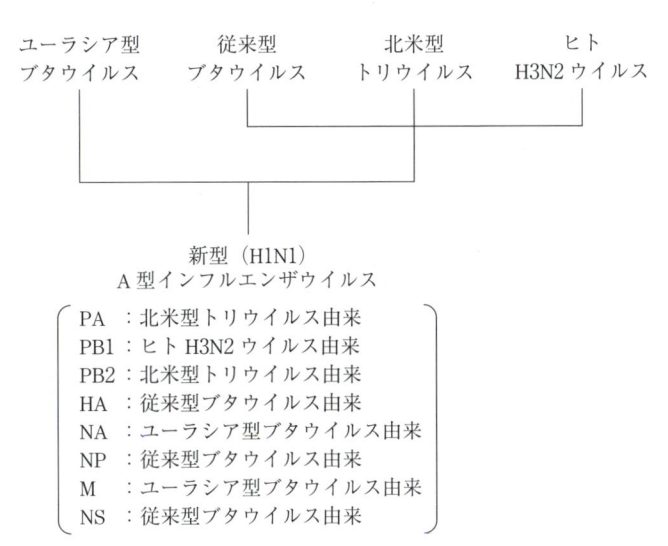

```
ユーラシア型      従来型        北米型         ヒト
ブタウイルス    ブタウイルス   トリウイルス   H3N2ウイルス
     │              │              │              │
     └──────────────┴──────┬───────┴──────────────┘
                           │
                   新型（H1N1）
                 A型インフルエンザウイルス

        ⎧ PA  ：北米型トリウイルス由来
        ⎪ PB1 ：ヒトH3N2ウイルス由来
        ⎪ PB2 ：北米型トリウイルス由来
        ⎨ HA  ：従来型ブタウイルス由来
        ⎪ NA  ：ユーラシア型ブタウイルス由来
        ⎪ NP  ：従来型ブタウイルス由来
        ⎪ M   ：ユーラシア型ブタウイルス由来
        ⎩ NS  ：従来型ブタウイルス由来
```

図3.2.7 新型インフルエンザウイルス遺伝子構成

A型またはB型ウイルスの感染を受けてから1～3日間ほどの潜伏期間のあとに，発熱（通常38℃以上の高熱），頭痛，全身倦怠感，筋肉痛・関節痛などが突然現われ，咳，鼻汁などの上気道炎症状がこれに続き，約1週間で軽快するのが典型的なインフルエンザであり，いわゆる「かぜ」に比べて全身症状が強い。高齢者の発症が多いが，年齢を問わず呼吸器，循環器，腎臓に慢性疾患を持つ患者，糖尿病などの代謝疾患，免疫機能が低下している患者では，原疾患の増悪とともに，呼吸器に二次的な細菌感染症を起こしやすくなることが知られており，入院や死亡の危険が増加する。なお，小児では中耳炎の合併，熱性痙攣や気管支喘息を誘発することもある。

一方，2009年流行の新型インフルエンザに関しては，特有な初期症状は少なく，上記の季節性インフルエンザと同様に，急性の発熱（通常38℃以上）に始まり，気道症状（鼻汁もしくは鼻閉，咽頭痛，咳嗽など）を示す。しかし，季節性インフルエンザには少ない下痢や嘔吐を認める症例もある。最近の動物実験の結果から，新型ウイルスは季節性ウイルスと比べて高い病原性を示すという報告もある。また，年齢別患者報告者数を見ると，新型インフルエンザは10歳代後半に最も多くの患者が発生しており，季節性インフルエンザとは大きく異なるが，その理由は不明である。

インフルエンザウイルスは，急性期の患者の咽頭ぬぐい液やうがい液などを検体とし，孵化鶏卵羊膜腔や培養細胞（MDCK細胞など）に接種してウイルス分離を行う。ほかに血清学的診断法として，従来からの補体結合法（CF），赤血球凝集阻止反応（HI）などがあるが，回復期の抗体価が急性期の抗体価の4倍以上に上昇することで診断するので，確定診断には2～3週間を要する。CF抗体はウイルスの内部抗原を認識する抗体で，インフルエンザウイルスのA，B，Cの型別は判定できるが，A亜型の判別は不可能である。この抗体は感染後比較的速やかに消失することが多いので，最近の感染の推定に利用することができる。HI抗体は感染後も長期にわたって検出される。また，型別，亜型別の判定や抗原変異の程度を簡単に測定することが可能であり，血清疫学調査やワクチンの効果を調べるのに有用である。

最近は，外来あるいはベッドサイドなどで10～15分以内に病原診断が可能なインフルエンザ迅速抗原検査が広く利用されるようになり，臨床現場におけるインフルエンザの検査診断が容易になった。この検査では，季節性インフルエンザの場合，ウイルス抗原の検出感度は80～90%とされるが，新型インフルエンザでは半数近くの症例で偽陰性を示すとする報告もあり，症状を勘案して総合的に診断を下す必要がある。従来，対症療法が中心であったが，1998年にわが国でも抗A型インフルエンザ薬としてアマンタジンを使用することが認可された。アマンタジンはB型ウイルスには無効である。神経系の副作用を生じやすく，また患者に使用すると比較的早期に薬剤耐性ウイルスが出現するため，注意して使用する必要がある。ノイラミニダーゼ阻害薬（ザナミビル，オセルタミビル）は，わが国では2001年に医療保険に収載された。ノイラミニダーゼ阻害薬はA型にもB型にも有効で，耐性も比較的できにくく，副作用も少ないとされており，発病後2日以内に服用すれば症状を軽くし，罹病期間の短縮も期待できる。アマンタジンは新型インフルエンザには無効であることがすでに報告されているが，現在のところノイラミニダーゼ阻害薬は有効である。

インフルエンザウイルスはおもに飛沫感染で伝播する病原体であり，特に近接した場所で一定期間接触する場合に伝播することが多く，家庭内や学校などで感染することが知られる。したがって，季節性・新型を問わず，流行期には人込みを避けること，避けられない場

合にはマスクを着用すること，外出後のうがいや手洗いを励行することなどが予防法として肝要である．現在わが国で用いられているインフルエンザワクチンは，ウイルス粒子をエーテルで処理して発熱物質などとなる脂質成分を除き，免疫に必要な粒子表面の赤血球凝集素（HA）を含む画分を密度勾配遠沈法により回収して主成分とした不活化 HA ワクチンである．感染や発症そのものを完全には防御できないが，重症化や合併症の発生を予防する効果は証明されており，高齢者に対してワクチンを接種すると，接種しなかった場合に比べて，死亡の危険を 1/5 に，入院の危険を約 1/3 ～ 1/2 にまで減少させることが期待できる．

3.2.5 ワクチン

感染症の予防ならびに治療にはワクチンが有効であり，今後のさらなる開発が期待される．そこで，以下に，ワクチンについて概説する．

免疫は獲得の仕方によって**図 3.2.8** のように分けられる．人間が生まれつき持っている免疫を"自然免疫"といい，補体系や NK 細胞，マクロファージや顆粒球などが関与している．通常の生活で人間が接触する異物はほとんどがこの免疫で処理される．また，感染に際しても，T 細胞や B 細胞が関与する"獲得免疫"に先だって発動される初期生体防御システムである．

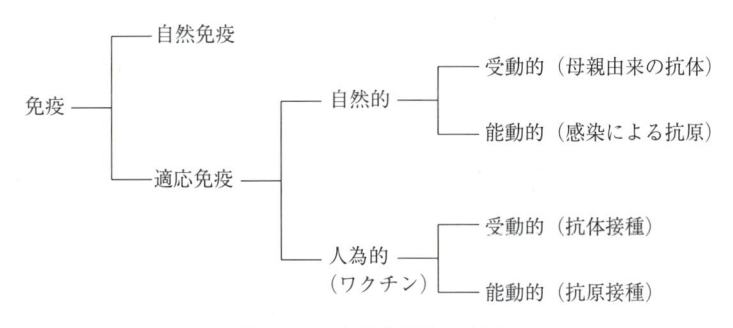

```
               ┌─ 自然免疫
               │                   ┌─ 自然的 ─┬─ 受動的（母親由来の抗体）
免疫 ─┤                                        │                    └─ 能動的（感染による抗原）
               └─ 適応免疫 ─┤
                                                  └─ 人為的 ─┬─ 受動的（抗体接種）
                                                        （ワクチン）  └─ 能動的（抗原接種）
```

図 3.2.8　免疫獲得法の分類

これに対して，適応免疫（獲得免疫，後天性免疫ともいわれる）は 3.1.7 項で述べた免疫機構によるもので，自然免疫による防御を越えて進入した異物（おもに，病原体）に対して発動される．適応免疫はさらに自然的と人為的に分けられる．

自然適応免疫は，母体から抗体を受け取る場合（受動的）と，感染による抗原との接触によって誘発される場合（能動的）に分けられる．母体から抗体を受け取る場合は，胎児ないしは幼少期までは有効であるが，抗体の消失とともに失われる．これに対して，抗原によって誘発される場合は，長期（時には，一生）にわたって抗体が産生され続ける．

自然的適応免疫に対して，人為的適応免疫がある．これがいわゆる"ワクチン療法"であ

る。ワクチンを開発したのはイギリスの医学者ジェンナー（Jenner, 1749-1823）である。牛痘にかかった人間は天然痘にかからなくなる（または，かかっても症状が軽い）ことに気付き，これによって天然痘ワクチンを作ったのである。その後，パスツールは培養によって弱毒化した病原体の接種によって免疫が作られると理論的裏付けを与え，応用の道を開いた。

ワクチンはヒトなどの動物に接種して感染症の予防や治療に用いる医薬品のことであり，受動的ワクチンと能動的ワクチンに大別される。

受動的ワクチンは，別の動物に抗原を接種して人為的に作らせた抗体を利用する。よく使われるのはニワトリの卵であるが，マウスなどの動物を使うこともある。また，場合によっては，献血などで集めた人血清から抗体（γグロブリン）を濃縮・精製して使用することもある。なお，近年は，遺伝子工学技術によって，大腸菌や出芽酵母に抗体を作らせる研究が活発に行われ，すでに一部は商品化されている。

一方，能動的ワクチンは異物（病原体）そのものを接種するものである。ただし，毒性の高い病原体を接種するのは論外であり，毒性をなくしたり，弱めたりした病原体が使用される（生ワクチンという）。ただし，弱いとはいえ病原体を接種するのであるから，まれに体調が崩れることがある。そこで，開発されたのが不活化ワクチン（死ワクチンとも呼ばれる）である。狭義の不活化ワクチンは化学薬品などで処理したウイルス，細菌，リケッチアを使用するが，広義には，抗原部分のみを取り出したものも含められる。生ワクチンより副反応が少ないが，液性免疫しか獲得できずその分免疫の続く期間が短い（このため複数回接種が必要なものが多い）。

おわりに　20世紀の抗生物質の登場により制圧されたかに見えた感染症が，21世紀を迎えた今日，再び国際的な問題となっている。日本でも，1999年には厚生労働大臣による結核の緊急事態宣言が出され，100年間続いた「伝染病予防法」が時代の要請からいわゆる『感染症新法』に改訂されるなど大きな変化が見られた。これら行政の感染症に対する対応の変化は，近年問題になっている"新興感染症・再興感染症"を念頭においたものにほかならない。感染症は限られた対象者（例えば幼，小児や高齢者，基礎疾患保有者など）だけがかかる病気ではなく，われわれの日常生活の中に感染の機会があるきわめてありふれた病気であることを認識する必要がある。本節は，感染症全般を知ることを目的とする初学者の一助となることを念頭において構成したが，紙幅の制限から簡単にしか触れていなかったり，あるいは省略せざるを得なかったりした項目が多数ある。これらに関しては，本節で得た知識を基にした学生，読者諸氏の自学自習に期待する。

3.3 生活習慣病

はじめに 古来日々を健康に過ごし天寿を全うするということは人々の変わらぬ理想であったし，そのことは現代に生きる私たちにおいても変わるものではないであろう。日本のような現代の文明社会では，進歩した社会であるがゆえに長寿が可能になったという側面があり，高齢化が進む中で健やかに老いるということが重要な課題になっている。他方で，生活習慣病，過労・睡眠障害などの健康問題が増大しており，その予防医学的な対策が求められている。このような状況は，人類の歴史の中で新たな健康に関わる問題と課題が生じていることを示している。現代社会においてできるだけ健康な状態で長寿を全うするためには，人間のからだと生活のありように目を向ける必要がある。このような視点から，本節では，人間の内因性疾患である"生活習慣病"について概説する。

3.3.1 食物の消化・吸収

人間は炭水化物，タンパク質，脂肪，無機塩類（ミネラル），ビタミン，水などの栄養素を食物から摂取する。つまり，人間の食物はこれらの栄養素そのものないしはその複合体である。食物は口から取り込まれ，消化器系の中で物理的・化学的に分解されて低分子化合物になる（消化という）。消化によって生じた低分子化合物のほとんどは小腸粘膜を透過して血液あるいはリンパに移行する（吸収という）。炭水化物とタンパク質はそれぞれグルコースとアミノ酸にまで分解され，小腸から血液に移行する。一方，脂肪（中性脂肪）は脂肪酸とグリセロールに分解されて小腸上皮細胞に吸収されたあと，小腸上皮細胞内で再び中性脂肪に合成され，さらにカイロミクロンと呼ばれる複合体を形成してリンパ移行する（リンパに取り込まれたカイロミクロンは左鎖骨静脈角から血管に入り，結局は血液に移行する）。

3.3.2 血糖値の調節

血液に吸収されたグルコースは各種器官・組織において物質代謝ならびにエネルギー代謝の基幹物質として使われる。特に，脳・神経組織の細胞にとってはグルコースが唯一のエネルギー源であるため，血液中のグルコースの濃度（血糖値）をつねにあるレベル以上に維持する必要がある。ところが，血糖値がある範囲の上限を超える状態が持続すると血管障害が起こる（糖尿病などにより高血糖がある期間持続すると，細い血管が病変し，網膜症や腎症など糖尿病細小血管症と呼ばれる合併症が生じる）ため，血糖値をあるレベル以下に維持する必要がある。つまり，血糖値を適正な狭い範囲（正常範囲）に維持（調節）する必要がある。

血糖値の調節には肝臓が重要な働きをする。肝臓の細胞は血糖値が上昇するとグルコースを吸収して，グリコーゲン（グルコースの重合体）を合成して貯蔵する一方，血糖値が低下

するとグリコーゲンを分解し，生じるグルコースを血液中に放出する。また，肝臓はある種のアミノ酸や乳酸などからグルコースを合成して（糖新生）血液中に放出することもできる。

　肝臓以外で血糖値の調節に大きな役割を果たすのが筋肉である。ただし，筋肉の細胞（筋細胞）はグルコースを取り込んでグリコーゲンとして貯蔵はするが，グリコーゲンをグルコースまで分解することはできない（したがって，血液中にグルコースを放出できない）。肝臓細胞がグルコースの取込みと放出によって血糖値を調節するのに対して，筋細胞はグルコースの取込みによってのみ血糖値の調節に関与するのである。

　肝臓細胞によるグルコースの取込みと放出ならびに筋細胞によるグルコースの取込みは内分泌系・神経系によって制御されている。門脈（小腸から肝臓に向かう血管）の血糖値が上昇すると，それに応答して膵臓のランゲルハンス島のβ細胞からインスリン（ホルモンの一種）が血液中に分泌される。門脈内のインスリン濃度が上昇すると，肝臓におけるグルコースの取込みが促進される。したがって，肝臓を通過したあとに心臓の右心房に向かう静脈中ではグルコースおよびインスリンの濃度が肝臓に向かう門脈内よりは低くなる。しかし，この状態では，グルコースとインスリンの血液中の濃度は通常時よりも高いレベル（食後レベル）にあり，この血液が全身を循環してグルコースを供給する。なお，この状態で，グルコースはインスリンの作用で筋細胞や脂肪細胞に取り込まれる。筋細胞の役割は前述したが，脂肪組織（脂肪細胞）はグルコースを取り込んで中性脂肪の合成を行う（グルコースを中性脂肪として蓄える）。

　一方，長時間にわたる空腹により血糖値が低下すると，インスリンの分泌が抑えられ，グルカゴン（血糖値を上昇させるホルモンでインスリン拮抗ホルモンとも呼ばれる）が膵臓のランゲルハンス島のα細胞から分泌される。また，自律神経系の交感神経の作用で副腎髄質から血液にカテコールアミンなどが分泌され，肝臓細胞でのグリコーゲンのグルコースへの分解や糖新生を促進する。その結果，肝臓細胞から血液中へのグルコースの放出が増大し，血糖値の低下が抑えられる。

3.3.3　中性脂肪の代謝

　先に述べたように，食事で摂取された脂肪（中性脂肪）も，最終的に，カイロミクロンとして血液中に吸収される。そして，カイロミクロン中の中性脂肪は脂肪組織の血管で脂肪酸とグリセロールに再度分解され，脂肪酸が脂肪細胞に取り込まれる。脂肪細胞では，脂肪酸とグルコースとから，中性脂肪が合成される。つまり，食事で摂取された脂肪（中性脂肪）と糖質の一部は脂肪細胞中に中性脂肪として貯蔵されるのである。

　さらに，グルコースが肝臓において脂肪（中性脂肪）に転化し，その脂肪（中性脂肪）が

タンパク質と結合して超低密度リポタンパク質（VLDL）を形成し，VLDLが肝臓から血液中に放出される．このVLDL中の脂肪が，カイロミクロン中の脂肪の場合と同様に，脂肪組織の血管内で脂肪酸とグリセロールに分解され，脂肪酸が脂肪細胞に取り込まれ，グルコースとによって，最終的には中性脂肪が合成されるというルートが存在する．

脂肪細胞中の脂肪（中性脂肪）は，血糖値が低下するとグルカゴンとカテコールアミンの作用により，脂肪酸とグリセロールに分解されて血液中に放出され，脳を除く各器官・組織に供給される（脳には血液脳関門があるため，限られた物質しか取り込まれない）．

3.3.4 生活習慣病

近年，生活習慣病ということばをよく耳にするが，これは1996年に厚生省（現厚生労働省）が定めた行政用語である．生活習慣が発症・進行に関与する一群の疾患の総称であり，糖尿病（2型糖尿病），高血圧症，脂質異常症（高脂血症），脳卒中（脳出血，脳梗塞），虚血性心疾患（狭心症，心筋梗塞）などが含まれる．これらの疾患はかつて成人病と呼ばれていたが，若年齢層であっても生活習慣しだいでは発症すること，ならびに良好な生活習慣を保つことによって予防が十分に可能であることから，生活習慣病という名称が用いられるようになった．

生活習慣病に該当する英語表現はlifestyle related disease（直訳すれば「生活様式が関係する疾患」）であり，ドイツ語ではZivilisationskrankheit（直訳すれば「文明病」）である．つまり，生活習慣病は，「現代の文明社会で陥りやすい上に好ましくない生活習慣に起因する疾患の総称」と認識されている．なお，生活習慣病をもう少し広くとらえる場合には，上記の疾患群以外に，喫煙習慣の影響が考えられる肺がん（肺扁平上皮がん）や歯周病，さらには飲酒習慣の影響が考えられるアルコール性肝炎などが含まれる．

現在，わが国では，がん・脳卒中・心臓病が死因の上位を占めている．心臓病の中でも虚血性心疾患が増加傾向にあり，死因としての心臓病の約5割が虚血性心疾患である．脳卒中と虚血性心疾患はいずれも脳および心臓の血管の動脈硬化が要因になっており，健康な長寿のためには脳と心臓の血管の動脈硬化の予防が重要な課題となっている．

3.3.5 生活習慣病とメタボリックシンドローム

1988年に"シンドロームX"として最初に記載されたが，現在では，国際的にも国内的にも"メタボリックシンドローム"という用語が一般的に使われる．わが国では2005年に日本内科学会など8学会が共同でメタボリックシンドロームという用語を提唱し，その診断基準（図3.3.1）を策定して以来メタボリックシンドロームという用語が急速に国民の間に浸透した．生活習慣病とほぼ同意語として用いられるが，メタボリックシンドロームは"内

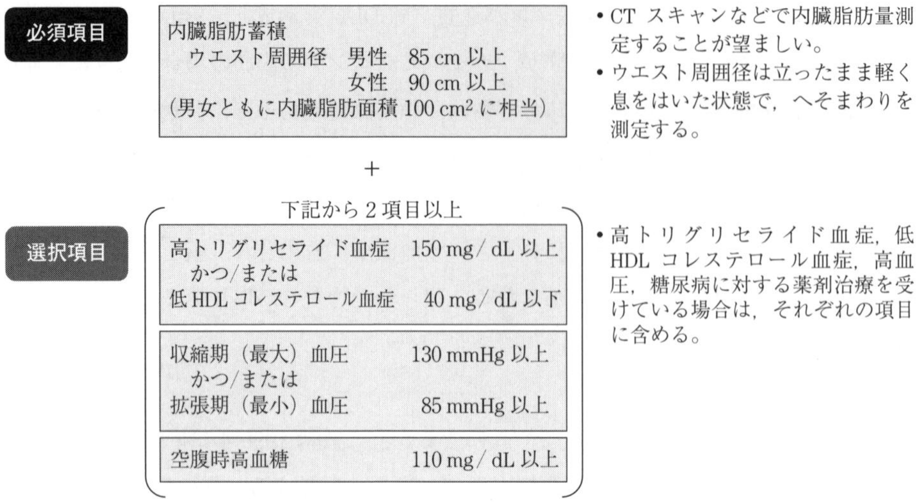

必須項目	内臓脂肪蓄積 　ウエスト周囲径　男性　85 cm 以上 　　　　　　　　　女性　90 cm 以上 （男女ともに内臓脂肪面積 100 cm² に相当）	・CT スキャンなどで内臓脂肪量測定することが望ましい。 ・ウエスト周囲径は立ったまま軽く息をはいた状態で、へそまわりを測定する。

＋

下記から2項目以上

選択項目	高トリグリセライド血症　　150 mg/dL 以上 かつ/または 低 HDL コレステロール血症　40 mg/dL 以下 収縮期（最大）血圧　　　　130 mmHg 以上 かつ/または 拡張期（最小）血圧　　　　 85 mmHg 以上 空腹時高血糖　　　　　　　110 mg/dL 以上	・高トリグリセライド血症、低 HDL コレステロール血症、高血圧、糖尿病に対する薬剤治療を受けている場合は、それぞれの項目に含める。

図 3.3.1　メタボリックシンドロームの診断基準
〔出典　メタボリックシンドローム診断基準検討委員会：日本内科学会雑誌，**94**，4，pp.188～203（2005）より改変〕

臓脂肪肥満"と"インスリン抵抗性"をキーワードにして，生活習慣によって生じる代謝異常という意味合いが強い。ちなみに，厚生労働省では，「メタボリックシンドローム（内臓脂肪症候群）」と表記している。

3.3.6　生活習慣病の原因

生活習慣病は1950年頃から認識され（呼称はなかった），研究が行われた。1970年代になると，生活習慣病増加の原因として下記に示す4点が指摘され，生活習慣病の予防の要点としてこれらの原因の是正・解消が挙げられた。

① 誤った過剰な栄養摂取状態の広がり
② 運動不足状態の広がり
③ 嗜好品（タバコやアルコールなど）の好ましくないたしなみ方の広がり
④ 好ましくない労働・生活条件による過剰ストレス状態の増大

この4点はまさしく「現代の文明社会において陥りやすい上に好ましくない生活習慣」を示しているといえる。なお，現在は，1950年代後半以降に発展した分子生物学の知見と研究技法を適用して，生活習慣病の発症メカニズムが分子レベルで解明されつつある。

3.3.7　動脈硬化と動脈硬化のリスクファクター

動脈の血管壁が硬化することを動脈硬化という。動脈の血管壁は，血管内皮細胞から成る内膜，血管平滑筋細胞から成る中膜，および外膜の3層の膜によって構成されている。血管

3.3 生活習慣病

の最も内側にあり，血管内を流れる血液と直接的に接している内膜を構成している血管内皮細胞は，血液成分が不必要に血管壁内に侵入したり，血管外に漏出するのを防ぐ役割を果たしたりしている。動脈硬化の病的な進行は，血管内皮細胞の一部に障害を起こすことから始まる。内皮細胞の障害を起こした部分から低密度リポタンパク質（LDL コレステロール）が血管壁内に入り込むと，マクロファージなどが集まりプラークと呼ばれる動脈硬化病変が形成される。プラーク内部はドロドロとした粥状であり，血管壁が血管内部に向けて膨らむことにより血管の内径が狭くなり，血液が流れにくくなる。このプラークが破れると，その部分に血栓が形成され血管をふさぐ。血栓ができた先の血管には血液が流れなくなり，組織に酸素や栄養素を供給できなくなる。その結果，組織は壊死を起こし機能を失う（**図 3.3.2**）。心臓の筋肉（心筋）に血液を供給する冠動脈に血栓が詰まれば心筋梗塞を，脳に血液を供給する脳動脈に血栓が詰まれば脳梗塞を発症する。

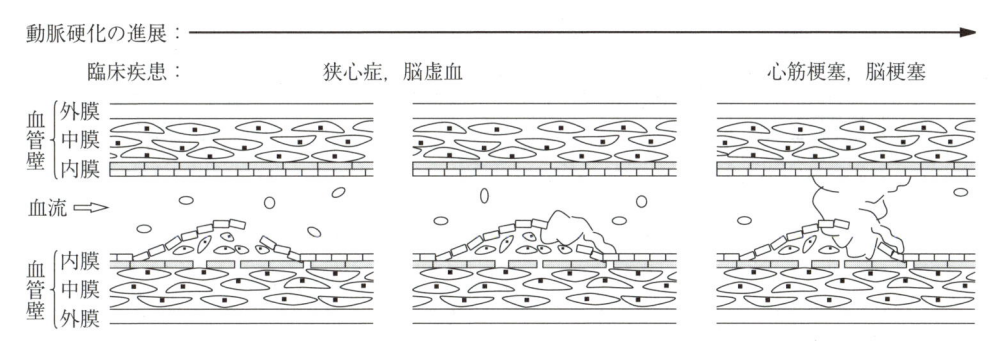

図 3.3.2 動脈硬化の進展と臨床疾患

動脈硬化の真の原因についてまだよくわかっていない点があるが，動脈硬化を誘引あるいは進行させる因子（リスクファクター）としては，① 高血圧症，② 高脂血症，③ 過度の喫煙，④ 糖尿病，⑤ 肥満，⑥ 遺伝的背景，⑦ 痛風，⑧ ストレス，⑨ 運動不足などが挙げられる。これらのリスクファクターが多い人ほど，若い頃から動脈硬化が進行し，脳や心臓の病気が起こりやすい。なお，高血圧症，糖尿病，高脂血症は生活習慣病の疾患群に含まれており，動脈硬化と生活習慣病との密接な関わりが明らかである。

また，動脈硬化のリスクファクターは，「生活習慣に関するファクター」，「血液検査項目の異常や高血圧」および「肥満」の三つに大別することができる。そして，好ましくない生活習慣が「血液検査項目の異常や高血圧」および「肥満」を引き起こし，「血液検査項目の異常や高血圧」および「肥満」が動脈硬化を進行させ脳卒中や虚血性心疾患を発症させる関係にあるといえる。なお，脂肪細胞から分泌されるレプチンの発見（1994 年）をきっかけに，肥満が生活習慣病の発症や動脈硬化の病的な進行にどのように関わっているのかが分子レベルで明らかにされてきている。レプチンは脳にある視床下部のレプチン受容体に作用

し，摂食抑制とエネルギー消費の増大をもたらす物質である。

　従来は，脂肪細胞によって構成される脂肪組織は中性脂肪の貯蔵が主要な機能と考えられていたが，レプチン以外にもさまざまな作用を有する生理活性物質（アディポサイトカイン）を分泌する内分泌組織であることが明らかになった（図3.3.3）。

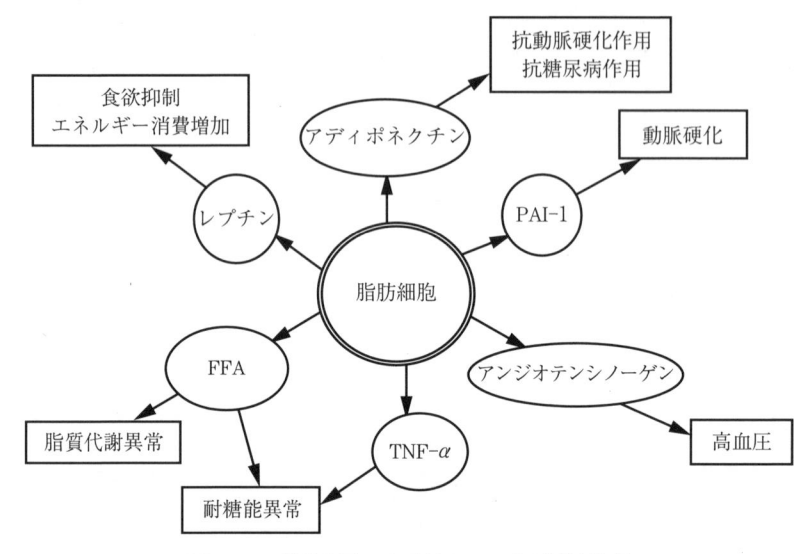

図3.3.3　脂肪細胞から分泌される生理活性物質

　脂肪細胞から分泌される生理活性物質の多くには動脈硬化の進行に関与する作用があり，それらは悪玉アディポサイトカインと呼ばれる。他方，脂肪細胞から分泌される生理活性物質の中で唯一アディポネクチンだけが動脈硬化の進行を抑制する作用があり，善玉アディポサイトカインと呼ばれる。

　最初に述べたように，食事で摂取した炭水化物や脂肪は消化・吸収を経て，その一部が脂肪細胞に中性脂肪として貯蔵される。炭水化物や脂肪の過剰摂取によりより多くの中性脂肪が脂肪細胞内に貯蔵されると，脂肪細胞は巨大化し，脂肪組織が増大することになる。

　内臓脂肪組織と皮下脂肪組織では，アディポサイトカインの合成・分泌や中性脂肪の合成・分解の特性が異なる。特に，内臓脂肪の蓄積が増大した内臓脂肪肥満の状態では，悪玉アディポサイトカインの合成・分泌が増大する。他方で，唯一の善玉アディポサイトカインであるアディポネクチンの分泌は内臓脂肪の蓄積の増大に伴い減少する。

　これらの知見が，内臓脂肪肥満のリスクを重視するメタボリックシンドロームという概念の背景となっている（図3.3.4）。

3.3 生活習慣病   159

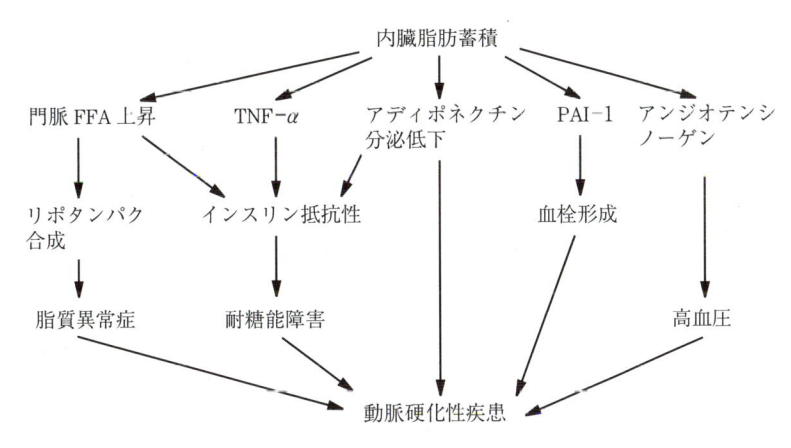

```
                        内臓脂肪蓄積
        ┌──────┬────────┼────────┬──────┐
    門脈FFA上昇  TNF-α  アディポネクチン  PAI-1  アンジオテンシ
                        分泌低下              ノーゲン
        ↓        ↓        ↓         ↓         ↓
    リポタンパク      インスリン抵抗性     血栓形成
    合成
        ↓            ↓                         ↓
    脂質異常症    耐糖能障害                  高血圧
        └────────────┴──────┬──────┴────────────┘
                        動脈硬化性疾患
```

図 3.3.4　内臓脂肪型肥満と生活習慣病

3.3.8　生活習慣病の予防

　生活習慣病の予防というと大げさなようであるが，生活習慣病（特に，メタボリックシンドローム）の改善には大げさなことはいらない．基本は，『生活習慣病の原因』の項で述べた四つの原因を排除することである．"食事"に関しては，栄養バランスを取り，しっかりと噛んで食べ，そして食べる時間を規則正しくすることである．"運動"に関しては，過激な運動は不要である（むしろ有害であることも少なくない）．「運動不足は万病の元」ともいわれるとおり，適度の運動は健康促進ならびに生活習慣病の予防にもつながる．

　特に，有酸素運動は生活習慣病対策として効果があるといわれている．1時間くらいの歩行や水泳は脂肪の燃焼効果があり，メタボリックシンドロームの解消にもなり生活習慣病の予防にもつながる．なお，最近の研究では，小間切れの運動であっても有効であることが明らかにされており，日常生活の中でこまめにからだを動かすこと（例えば，家事はもちろん，階段の利用や歩くことを心がけるなど）も大切である．そして，全体として，生活習慣病の予防は「自分で自分の生活習慣（働き方，睡眠，休養なども含めて）を全般的に見直す」ことにつきる．

　　　おわりに　　「健康に生きる」というのはどういうことであろうか？　日本は世界でも有数の長寿国とされている．その要因は第二次世界大戦後の"衛生条件（社会の）・栄養条件（個人の）"の改善によるところが大きい．それに加えて，医療知識ならびに技術の日進月歩の進歩によるところも大きい．しかし，現在の日本人の生活が健康といえるであろうか？　"健康"は寿命の長さだけで計れるのであろうか？　寿命についても，医療技術に支えられた寿命でよいのであろうか？　医療技術の進歩が，"自分で自分の健康を管理する"という意識の低下を招いているとすれば，皮肉というしかない．病気を治す医療から病気を予防する医療の転換が求められて久しいが進展はない．個人個人が「健康とは？」と考え，それぞれのやり方で健康を追求することが望まれる．

3.4 がん

はじめに 2006年の厚生労働省の統計によれば，がんで死亡した人は約33万人で，疾患別死因の一位であり，約3分の1の人ががんで死んだことになる．人口の高齢化とともにがんの頻度は今後も増加し続けると予想される．わが国のがんへの社会的関心はまだ十分高いとはいえないが，すでにがんはありふれた病気であり，ほとんどの人が身近に感じているであろう．一般的な認識は，「がんは悪性の"できもの"で，治療が遅れると全身に病巣が広がって死に至る恐ろしい病気である」というところである．このようながんについての認識は日常的な言葉でがんの特徴をよくとらえているといえる．

研究者たちは，20世紀初め頃から，その"できもの"がどうして生じ，無制限に大きくなり，"全身に広がる"のかを探ってきた．1950年代に始まった分子生物学ががんの研究を飛躍的に発展させ，発がんの分子機構に関して多くの重要な発見が相次いだ．そして，がんは多様かつ複雑でしかも生命現象の根幹に関わる深い問題をはらんでいることがわかってきた．現在，多くの研究者はがんの全容解明にはまだ長い道のりが残されていると感じている．残念ながら，医学の進歩にもかかわらず，がんが恐ろしい病気であるということに変わりがないのである．それでも，最近になってようやく，ある程度個別のがんの原因と発症のプロセスが分子レベルで理解されるようになってきた．そして，それらの知見に基づいて，一部のがんでは，がんに特異的で正常組織への副作用の少ない新しい治療法が開発されつつある．本節では，がんに関する最近の知識を紹介する．

3.4.1 がんとはどういう病気か

がんは，「1個の異常細胞に由来する細胞集団が周囲の細胞を排除して組織に進入して増大を続け，生体機能を著しく障害するに至る病気」と定義される．病理学（おもに病気の臓器の組織を顕微鏡で観察して病態を究明する医学の一分野）では，がんが由来する組織の違いによって上皮性のがん（狭義のがん［癌］のことで，肺癌，胃癌など）と非上皮性のがん（肉腫，白血病など）に分類されるが，ここでは両者をまとめて「がん」と呼ぶことにする．

日本におけるがんの部位別発症頻度は，男性では，肺，胃，肝臓，大腸（結腸と直腸）の

表3.4.1 部位別がん死亡数

	食道	胃	結腸	直腸	肝臓	胆嚢・胆管	膵臓	肺	前立腺	乳房	子宮	卵巣	悪性リンパ腫	白血病	その他
2008年															
男性	9 997	32 973	14 482	9 110	22 332	8 307	13 703	48 610	9 989	—	—	—	5 363	4 554	26 934
女性	1 749	17 187	14 322	5 440	11 333	9 004	12 273	18 239	—	11 797	5 709	4 599	3 121	3 047	17 755
2009年															
男性	9 908	32 776	14 166	8 799	21 637	8 598	14 094	49 035	10 036	—	—	—	5 615	3 121	26 923
女性	1 805	17 241	14 526	5 309	11 088	9 001	12 697	18 548	—	11 918	5 524	4 603	3 131	3 131	18 068

順であり，女性では，大腸，胃，肺，乳の順となっている（表3.4.1）。

どの臓器に発症するか，また，どこに転移するかによって多様な病像を取りうるが，上に述べた異常細胞の調節を逸脱した増殖という性質は共通している．1個の異常細胞に由来するということは，別の表現をすれば，がんはクローン細胞の集合体であるということである．ヒトの身体がそもそも受精卵という1個の細胞に由来するクローン細胞の集合体であるが，その中に全身の調和を乱すがん細胞のクローンが新たに出現することを意味する．がんを"悪性新生物"と呼ぶのはこのためである．

がんが1個の細胞に由来することは，1970年代に，女性のXX染色体のうちの一方のX染色体の不活化とグルコース6リン酸脱水素酵素（G6PD）の異なった二つの対立遺伝子を利用して証明された（図3.4.1）．

その後，それぞれのがんに特異的な染色体異常や遺伝子変異を目印として，ほとんどすべてのがんのクローン性が確認された．1個の細胞に由来するということは，見方を変えると，調節を逸脱して増え続けるという遺伝的な性質が1個の細胞から分裂して生じたすべてのがん細胞に受け継がれているということである．つまり，がんは後天的な遺伝子の病気であり，がん細胞の表現型は体細胞に生じた異常な遺伝子型の結果である．それでは，その遺伝的に受け継がれるがんの表現型は，分子のレベルではどのようなものなのだろうか．過去数十年間のがん研究はこの困難な問題との格闘であった．

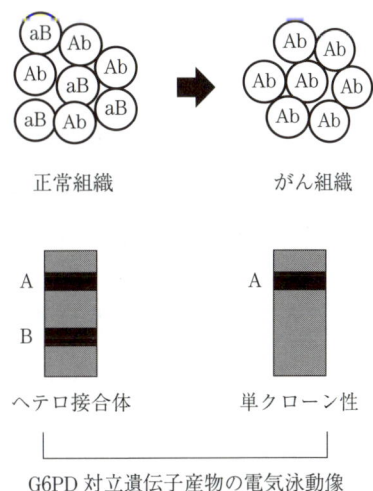

図3.4.1 正常組織とがん組織の比較

3.4.2 がんの起源

がんは多細胞生物にのみに認められる．効率よく増えることは，細菌や酵母のような単細胞生物では，一般的にその生物にとって有利な性質である．もっとも，そのクローンが環境に適応できなければ，結局淘汰され，絶滅することになる．いずれにしても，これらの単細胞生物では，効率よく増えるということのために病気になるということはない．一方，多細胞生物は，からだを構成する細胞が，それぞれの場所で，立体的な組織を構成し，各組織が複合的に組み合わされて機能単位としての臓器となり，すべての臓器が協調的に働くことによって個体の生存と種の存続が計られている．したがって，ある特定の細胞だけが周囲の細胞や組織との協調なしに増え続けると，その臓器の機能が低下する．さらに，その害が他の臓器に及ぶと，個体の生命を脅かすことになる．しかし，それならば多細胞生物にとって細

胞増殖は悪なのであるかというと決してそうではない。胚発生では細胞の増殖は必須であり，成体においても細胞の増殖は恒常性の維持に不可欠である。また，傷口の修復は細胞の増殖によって行われる。

われわれのもとになった受精卵は両親の生殖細胞の融合によって生じたが，それらの生殖細胞も分裂増殖した両親の細胞であり，元をたどれば祖父母の細胞に由来する。このように先祖をさかのぼっていくと，38億年前に誕生したとされる原始生命体に行き着く。生命体の基本は細胞であり，多細胞生物であっても，生活環には単細胞の時期がある。すなわち，配偶子（精子と卵）の時期と受精卵の時期である。初期胚（細胞分化がない）だけをみれば，多細胞生物も分裂を繰り返す単細胞の系列と見ることもできる。細胞分裂は，生命誕生以来の生物の最も根源的な性質なのである。6億5千万年前に多細胞生物が誕生して，体全体の調和を保つために細胞の増殖を厳密にコントロールする必要が生じ，そのための安全装置が発達することによって，多細胞からなる生物として進化したと考えられる。しかし，その機構の一部が何らかの原因で破綻すれば，無制限に増えようとする細胞本来の性質が露呈することはある意味で必然の成り行きである。なぜがんが生じるかといえば，単細胞生物以来の最も基本的な細胞のあり方に戻ったと考えるのが自然であろう。

3.4.3　発がんウイルスからがん遺伝子へ

1911年にアメリカのラウス（Rouse, 1879-1970）がトリに感染すると数日で肉腫を発症させるウイルスに関する研究結果を報告した。このウイルスは後にレトロウイルスに分類され，彼の名を冠してRouse sarcoma virus（RSV）と呼ばれるようになった。少し遅れて日本の藤波鑑（1870-1934）も独立に別の発がんウイルスFujinami sarcoma virus（FSV）を報告している。しかし，その当時，これらの研究をさらに発展させる手段がなく，それ以上の進展はなかった。発がんウイルスの意義が真に理解され，その後のがん研究の基礎となったのは分子生物学ががん研究に導入されてからである。とりわけ，RSVのゲノムの中にがんを起こす原因遺伝子としてsrcが同定された。src遺伝子だけを細胞に導入ことで細胞が形質転換し，形質転換した細胞をニワトリに接種すると腫瘍を形成するという発見は多くのがんの研究者たちに衝撃を与えた。このような遺伝子ががんの原因であるという意味で"がん遺伝子"と呼ばれるようになった。srcに続いてさまざまな発がんウイルスからつぎつぎに新しいがん遺伝子が見つかった（**表3.4.2**）。

そして，1974年に，RSVに感染していないニワトリの細胞中にsrc遺伝子と非常によく似た塩基配列を持つ遺伝子が見いだされた。外から侵入すると考えられていたがん遺伝子が実は元から細胞に内在していたのである。ただし，正常細胞の遺伝子は，src遺伝子とはわずかに塩基配列が異なり，細胞を形質転換させる活性もRSVのsrcのように強くなかった。

表 3.4.2 代表的な発がんウイルスとそのがん遺伝子

ウイルス	がん遺伝子	宿主	がんの種類	がん遺伝子産物
ラウス肉腫ウイルス	src	トリ	肉腫	チロシンリン酸化酵素
藤波肉腫ウイルス	fps	トリ	肉腫	チロシンリン酸化酵素
骨髄球腫症ウイルス	myc	トリ	白血病	転写因子
トリ赤芽球症ウイルス	erbB	トリ	赤白血病	チロシンリン酸化酵素
3611 マウス肉腫ウイルス	raf	マウス	肉腫	セリンスレオニンリン酸化酵素
Abelson マウス白血病ウイルス	abl	マウス	白血病	チロシンリン酸化酵素
Harvey マウス肉腫ウイルス	H-ras	マウス	肉腫	低分子量 GTP 結合タンパク
Kirsten マウス肉腫ウイルス	K-ras	マウス	肉腫	低分子量 GTP 結合タンパク
AKT8 ウイルス	akt	マウス	リンパ腫	セリンスレオニンリン酸化酵素

両者を区別するために，ウイルスの src 遺伝子を v-src，正常細胞の src 遺伝子を c-src と名づけた。そして，後者をがん原遺伝子と呼ぶようになった。現在では，c-src の突然変異（塩基置換）によって v-src 前駆体が生じ，それがレトロウイルスによって細胞から持ち出されたのちに，さらに突然変異が加わって強い発がん性を持つようになったと考えられている。

1980 年代から今日まで，がん研究の中心テーマは「src やその後に同定された多くのがん遺伝子によってコードされるタンパクがどのような機能を持つのか？」であった。今日ではこれらのタンパク質の多くはシグナル伝達分子として機能するということが判明している。この点について以下に述べる。

3.4.4 細胞の増殖シグナルとその制御機構

マウスやヒトの線維芽細胞を培養する場合，血清を加えなければ増殖しない。また，血清を加えると細胞はまばらな環境では増殖するが，細胞密度が高くなり隣の細胞と接するようになると，接触阻害という現象によって増殖が停止する。これは血清中の成分によって細胞の増殖が制御されている（プログラムされている）ことを意味する。このように，多細胞生物の臓器や組織を構成するほとんどの細胞は有限回しか分裂しないようにプログラムされている。また，増殖する場合でも，周囲の細胞や細胞外マトリックスからのいろいろなシグナルを受け取って，そのシグナルに従って必要以上に増えないように厳格に調節されているのである。これは，多細胞生物の細胞が必ず備えていなければならない性質である。

細胞外シグナルを感受するための装置は，多くの場合，増殖因子やサイトカインの受容体および接着分子などの細胞膜分子である。そして，驚くべきことに，発がんウイルスから単離されたがん遺伝子のいくつかは細胞の増殖因子受容体の遺伝子に由来するということが見つかった。例えば，トリ赤芽球症ウイルスの erbB 遺伝子は上皮細胞増殖因子（EGF）受容体に由来する。正常の EGF 受容体は EGF が結合したときにだけその細胞内ドメインにあるチロシンリン酸化酵素活性を介して細胞増殖シグナルを細胞内に伝達するが，erbB は細胞

外ドメインを欠損しており，EGF の結合なしにシグナルが伝達される。そのために，ウイルス感染によって erbB を数多く持つようになった細胞（erbB を過剰産生している状態の細胞）は EGF がなくても増殖し続けることになる（図 3.4.2）。

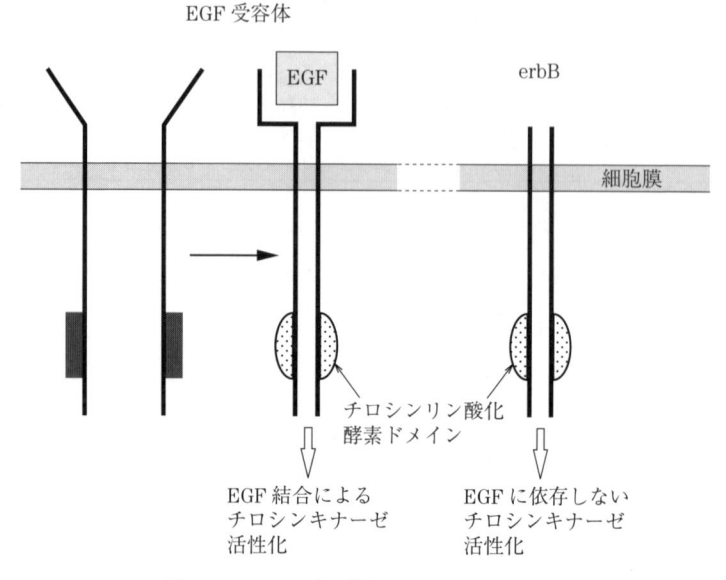

図 3.4.2 EGF 受容体と erbB の構造と機能

　src 遺伝子産物もチロシンリン酸化酵素活性を持ち，それ自体は受容体ではないが，細胞膜直下でシグナル伝達連鎖に関わる。発がんウイルスから見つかった ras 遺伝子は GTP 結合タンパクをコードしていて，増殖因子受容体分子の細胞内ドメインに会合してシグナルを伝達する。その他の多数のがん遺伝子産物も，細胞膜から細胞内に，さらに核に，増殖シグナルを伝達する経路を構成する分子である。そして，これらは，正常の遺伝子に突然変異が加わって機能が変化しているか，あるいは遺伝子増幅などのために発現が亢進していた。

　このように，がんは細胞外からの増殖を調節するシグナル伝達系に関わる分子の異常で起こることが明らかとなった。細胞の増殖という生命現象はきわめて複雑な連鎖事象から成り立っており，その個々のステップに異常があると，細胞は異常増殖を起こしたり生存がおぼつかなくなったりする。多細胞生物であっても，細胞増殖の仕組みは基本的に単細胞生物と同じであり，細胞外情報を細胞膜から核へと伝えるシグナル伝達系によって管理するというシステムを有している。そのために，比較的少数のシグナル伝達に関わる分子の異常によって発がんに至ると考えられる。

3.4.5 発がんを防ぐ分子

　発がんウイルスの感染あるいはそれから単離されたがん遺伝子の導入はそれだけで比較的短期間にがんを引き起こす。つまり，がん遺伝子は，遺伝学的にいえば優性である。そして，「がんは優性遺伝子だけですべて説明できるのであろうか？」というのがつぎの課題になった。これに対しては，1970年代に，反証となるいくつかの事実がすでに知られていた。例えば，がん細胞と正常細胞との細胞融合実験などから，がん化に関連した遺伝子の中には劣性のものもあることが示唆された。また，実験動物で見られるようながん遺伝子を持った典型的な発がんウイルスはヒトでは見つからず，ヒトのがんの多くは内在的な遺伝子の異常に起因し，むしろ劣性のものが多いのではないかと考えられた。そして，小児の網膜のがんである網膜芽腫を発症する家系では，両方の対立遺伝子に欠損または変異があるとき（劣性ホモ接合）にがんを発症することが明らかになり，ヒトゲノムにはがんを抑制する遺伝子（がん抑制遺伝子）があると考えられるようになった。そしてついに，1986年に，Rb遺伝子が単離され，網膜芽腫の細胞ではRbの両方の対立遺伝子が欠損しているか変異していることが明らかとなった。Rbは片方の対立遺伝子が変異し機能していなくても，もう一方の正常な対立遺伝子からRbタンパク質を作ることができる。しかし，体細胞でまれに起こる染色体組換えなどによって正常の染色体の当該部分が異常な対立遺伝子で置き換えられると（これをヘテロ接合性の消失と呼ぶ），Rbタンパク質の機能が完全に失われ，網膜芽腫の発生につながると考えられる。

　正常の状態では，Rbタンパク質は細胞増殖に必要な遺伝子の転写を誘導するE2Fという転写因子に結合してその働きを抑制している。細胞外から増殖促進シグナルが伝達されてくると，そのシグナルは集約されて最終的にサイクリンD-CDK4/5（セリン・スレオニンリン酸化酵素）を活性化し，それによって誘導されるサイクリンE-CDK2（セリン・スレオニンリン酸化酵素）が最終的にRbタンパク質を過リン酸化する。リン酸化されたRbタンパク質はE2Fと結合できなくなって転写が亢進し，細胞分裂が進行する。すなわち，Rbタンパク質は細胞の増殖を停止させる最も重要な抑制因子である。

　Rb遺伝子のような劣性遺伝子による発がんメカニズムの発見は，それまで謎が多かったヒトのがんについて新しい原因探索の方向を示した。Rb遺伝子以降，ヘテロ接合性の消失による発がんを手がかりにしていくつかのがん抑制遺伝子が同定された（**表3.4.3**）。この中で，Rbと並んで重要ながん抑制遺伝子がp53である。p53は，最初，SV40というDNA腫瘍ウイルスで形質転換した細胞（がん細胞のような性質を持つようになった細胞）から，このウイルスの形質転換能に関わるラージT抗原と結合する53kDの大きさのタンパクとして同定された。その後，SV40以外のDNA腫瘍ウイルスのタンパクにはp53を標的としてその機能を失活させるものが少なくないことが明らかになった。p53はDNA傷害やその他

表3.4.3 代表的なヒトのがん抑制遺伝子

遺伝子	染色体座	関連疾患	がんの種類	機能
Rb	13q14	網膜芽腫	網膜芽腫など	E2Fの抑制
p53	17p13.1	リ・フラウメニ症候群	多くのがん	転写因子
APC	5p21	家族性大腸腺腫症	大腸がん	βカテニンの分解
p16	9q21	家族性メラノーマ	多くのがん	CDK阻害
VHL	3p25	von Hippel-Lindau症候群	腎細胞がん	HIFのユビキチン化
MEN1	11p13	多発性内分泌腫瘍	内分泌腫瘍	ヒストン修飾
TSC1	9q34	結節性硬化症	腎がん	mTOR阻害

のストレスに反応して細胞のアポトーシス（自発的死）を誘導したり，細胞周期を停止させたりする。したがって，その働きにより細胞のがん化の進展を防止する。逆に，p53が機能不全になるか産生されなくなるとがん化が始まると考えられる。ヒトのがんの約半数で欠損または変異していること，またそれが失活しているがんは保持されているものより明らかに予後が悪いことなどの事実は，発がんとがんの進行におけるp53の重要性を示している。

3.4.6 環 境 要 因

ヒトでは実験動物に見られるようながん遺伝子を持ったがんウイルスが見つからなかったことは先に述べたが，がんを起こすウイルスがないわけではない。現在までに，ヒトのがんに関連したウイルスとして，子宮頸がんのパピローマウイルス，成人T細胞白血病のHTLV-I，肝癌のHBVやHCV，リンパ腫のEBV，カポジ肉腫のHHV-8などが知られている。これらのウイルスのゲノムにコードされるタンパク質のいくつかについては，がん抑制遺伝子産物と結合してその活性を抑制するか，がん原遺伝子の発現を誘導することが明らかにされている。しかし，それ以外の大部分のがんはウイルス感染以外の原因で起こると考えられる。

「では，その一次的な原因は何であろうか？」 実際のところ，現在でも，個々のがん症例について具体的な原因を特定することはできず，いくつかの要因ががんを起こしやすくするといえるだけである。がんが環境要因によって起こることを世界で最初に示したのは日本の山極勝三郎（1863-1930）である。彼は，1915年に，ウサギの耳にタールを数か月間塗布し続けることによって人工的に皮膚がんが起こることを報告した。この発見はある特定の化学物質ががんの原因になりうることを実証した画期的な業績であるが，欧米の研究者の注目を引かなかった。その後，がん誘発の要因について膨大な情報が集積されてきた。そして，放射線，紫外線，食餌や空気中に含まれる特定の化合物が主要な要因に含まれることが明らかになった。

これらの要因は，TPAなどの腫瘍プロモーター活性を持つものを除いて，いずれも細胞

の核の中にある DNA に変異を起こす活性,すなわち"変異原性"を持つ(詳細はここでは省略する)。放射線は DNA の1本鎖切断ならびに2本鎖切断を起こし,紫外線は隣り合ったピリミジン(チミンまたはシトシン)のダイマーを形成する。食餌や空気中の化合物としては,コールタール中のベンゾピレンや穀物に生えるカビが作るアフラトキシン,焦げた肉に含まれるヘテロ環アミンなどが重要である。例えば,ベンゾピレンは DNA の塩基の一つであるデオキシグアノシンと反応して G を T に変換させる。

　DNA の変異だけを問題にするならば,細胞の中で自然に発生する内因性の要因によっても絶えず DNA は攻撃を受けている。DNA ポリメラーゼによる複製時の低頻度のエラー以外に,自発的な脱プリン化や脱アミノ化,そしてミトコンドリアで産生される種々の活性酸素種による酸化などによって DNA の塩基が修飾される。これらの内因性要因も外因性要因に劣らずがんの原因になりうる。しかし,細胞にはこうして傷つけられた DNA を修復する機構が何通りも備わっており,変異が過剰にならないように監視している。何らかの原因でそれらの修復機構が働かなくなると DNA の変異が蓄積し,ついにはがんを発症するのである。例えば,DNA 修復酵素の一つが遺伝的に欠損した色素性乾皮症の患者は,少し日光に曝露しただけで火傷のようになり数年後に皮膚がんを発症するリスクが大きくなる。

3.4.7　多段階発がん仮説

　以上述べてきたことを要約すると,発がんウイルスによらないがんの一次的な原因は DNA の変異ということになる。おそらくその変異の標的となるのは,p53 などのがん抑制遺伝子や変異によって活性化する ras などのがん原遺伝子であろう。ただし,多くの臨床研究や実験の結果から,ヒトのがんは1個のがん原遺伝子またはがん抑制遺伝子の変異では発症しないということが示されている。そのことを踏まえて,多段階発がん仮説が提唱された。

　まず1個の細胞のがん関連遺伝子(がん原遺伝子またはがん抑制遺伝子)に変異が起こり,その細胞クローンが増大する。その細胞クローンの中にさらに別のがん関連遺伝子の変異が加わって,増殖や不死化や抗アポトーシスなど周りの細胞より生存ないしは増殖に有利な細胞が出現して,そのクローンが多数を占めるようになる。そして,場合によっては,さらにその細胞集団の中に別の(第3,第4の)がん関連遺伝子が変異することによって,さらに悪性度の高いがん細胞が生まれる。このように長い時間経過の間に複数の DNA の変異が蓄積した結果,その中で最も増殖が速く死ににくいクローンが選ばれて最終的にがん病変を形成するに至るという考え方である。この仮説は,がんの臨床統計や個別のがんの発症過程の分子生物学的な解析結果と矛盾しない。

3.4.8 がんの生物学的意義

多段階発がん仮説には，ダーウインの進化論（第2巻参照）にあるランダムな変異と自然選択の原理が色濃く反映されている．しかし，単細胞として有利な性質の選択が個体としての生存には不利な発がんをもたらすというのは皮肉なことである．これを生物学的にはどのように理解したらよいのであろうか．

先に筆者は，「多細胞生物であっても，生活環には単細胞の時期がある．すなわち，配偶子（精子と卵）の時期と受精卵の時期である．初期胚（細胞分化がない）だけをみれば，多細胞生物も分裂を繰り返す単細胞の系列と見ることもできる」と述べた．すなわち，多細胞生物の身体は，配偶子（生殖細胞）を保護するための道具（いわば住居や衣服のようなもの）である．そして，がんという病気は基本的には繁殖期を終え，長い間に多くの遺伝子変異を蓄積した老齢の個体が発症するものである．したがって，生物学的に冷めた見方をすれば，繁殖（次世代の育成）をすませた個体が老いてがんで死んでも，胚細胞の系列つまりヒトという種の存続にとっては大きな問題とはならない．そうはいっても，1回きりの人生を生きるわれわれ一人ひとりにとっては重大な問題である．がんの克服は，患者本人にとって，また家族にとって，そして人間の幸福を目指す医学にとっての悲願である．がん組織は，自身の細胞の塊でありながら，自身を苦しめる分身，まさしく悪性新生物である．それはわれわれの一部である（有効な抗体が開発できない，また使えない）ということのために，完治を拒み続けてきた．次項では，この困難な病気に対する今後の新しい治療の可能性について述べる．

3.4.9 がんの新しい治療法

これまでのがんの治療は，放射線照射に加えて，限局性のがん腫であれば外科的切除術を施行し，広範囲に広がったり全身に転移したりしたもの，あるいは白血病のように最初から播種性のものは，抗がん剤を多剤併用で全身投与するというのが原則であった．ここで使われる抗がん剤は，アルキル化剤や代謝拮抗剤など正常細胞にも強い毒性を持つ薬剤であり，がん細胞を多く死滅させるために患者は強い副作用を甘受するほかはなかった．しかし，最近このような従来の方法とは違ったアプローチによるがんの治療法が開発され一部でよい成績を収めつつある．

例えば，がん細胞の腫瘍性増殖の原因となっているシグナル分子を同定し，その機能を阻害する薬を創薬して治療する分子標的治療はその代表である．最も成功した例は，慢性骨髄性白血病（CML）に対するイマチニブという薬剤の開発である．1970年代にCMLの白血病細胞にはPh染色体という特有の異常染色体が見つかっていた．そして，その染色体異常が

9番染色体と22番染色体の長腕どうしの相互転座によって起こることがわかり，それによって生じる融合遺伝子 bcr-abl に注目が集まった．abl はがん原遺伝子 c-abl のことであり，チロシンリン酸化酵素の遺伝子である．bcr-abl 融合遺伝子が形成されることにより alb がつねにシグナルオンの状態になるために，リン酸化酵素が作り続けられる．その結果，造血細胞はアポトーシスを免れ，増殖を加速してさらに接着依存性をなくし，白血病を発症するに至る．

このように，CML の場合は，bcr-abl 融合遺伝子の産物が細胞のがん化に中心的な役割を果たしていることが明らかであったため，bcr-abl 融合タンパク質の活性を阻害することが試みられた．コンピュータを使って bcr-abl 融合タンパク質の立体構造を推定し，その触媒ドメインに結合して ATP の結合を阻害する分子がデザインされた．多くの試行錯誤を経て，チロシンリン酸化酵素の阻害剤メシル酸イマチニブが合成された（図 3.4.3）．この薬を投与すると，bcr-abl 陽性の細胞は増殖を停止し，アポトーシスを起こして死滅するが，正常の細胞にはあまり大きな副作用は見られない．この薬は 2001 年にわが国でも認可されて広く臨床で使われており，今日では慢性期 CML の第一選択薬の地位を確立している．同様の戦略で作られた EGF 受容体関連分子のチロシンキナーゼを阻害するゲフィチニブやエルロチニブは期待されたほどではなかったが，一部の肺がんには有効である．これら以外に，いくつかのチロシンリン酸化酵素阻害剤が開発され，一部は現在臨床治験が行われている．

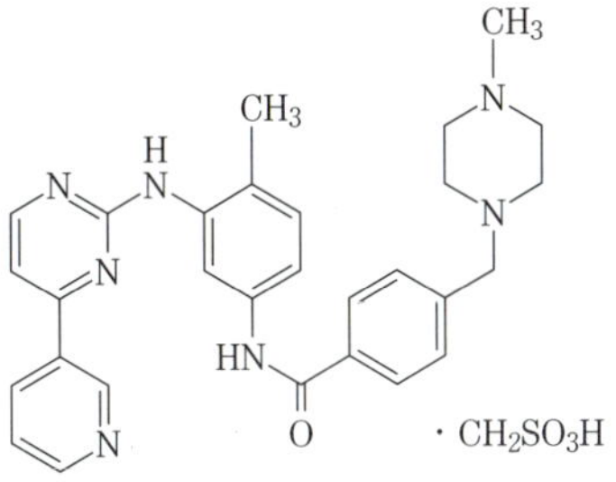

図 3.4.3 メシル酸イマチニブ

その他にもいくつかの発がんに関わるシグナル伝達系の分子を標的とした薬剤の開発も進められているが，それらが真に有効であるかどうかはまだわからない．一般に，ヒトのがんが複数のがん関連分子の変異によって起こっているとすると，イマチニブのように一種類のチロシンリン酸化酵素阻害剤が著効を示した CML のような例はむしろ例外であるということになるかもしれない．しかし，実際のがん細胞の発症機構がどんなに複雑であろうとも，個々のがん細胞の中で何が起こっているのか，とりわけ異常増殖を引き起こしているシグナル分子が何であるのかを徹底的に解明するというこれまでの研究の方向性は間違っていない

と思われる。

　なお，がん細胞の細胞表面抗原に対するモノクローナル抗体製剤も分子標的療法剤に含められる。その代表格であるB細胞抗原のCD20に対するモノクローナル抗体製剤であるリツキシマブはすでに悪性リンパ腫の標準治療薬の一つとなっている。近い将来，すべてのがんについて発がん機構ならびにがん細胞の詳細が解明されて，それぞれのがんに最適な分子を標的とした特異性の高い治療法が開発されることを期待したい。

　　おわりに　　本節では，ヒトの病気としてのがんについて述べるとともに，生物学的ながんの位置づけについても考察した。今や"国民病"ともいえる"がん"であるが，その正体を知るとともに，それに対する人間の挑戦の様子を垣間見る一助になることを願う。

3.5　臓器移植・再生医療

　　はじめに　　けがをしたことのない人はいないであろう。致命的なけがは別にして，小さな切り傷や擦り傷であれば，傷口を消毒して軟膏を塗っておけば自然に治癒する。"自然に"というが，おおむね，かさぶたができ，それがはがれると傷口がふさがっている。かさぶたの下で，いったい何が起こっているのか？　小難しくいうと，"皮膚組織の修復（再生）"である。ヒトにかぎらず，生物にはこのような修復能力が大なり小なり備わっている。では，けがの程度が大きいときはどうするのか？　例えば，皮膚の70〜80%が火傷を負うと死亡の可能性があるといわれているが，通常，応急処置として，皮膚の移植が行われる。これは臓器（組織）移植（皮膚の場合は組織移植）の一つである。現在では，皮膚だけではなく，種々の臓器の移植が行われるようになっている。本節では，臓器移植と再生医療について解説する。

3.5.1　臓器移植の歴史

　世界最初の臓器移植は1902年にオーストリアで行われた動物の腎臓移植実験とされる。日本では，1910年に，京都大学の山内半作（1879-1956）が臓器移植実験を報告した。最初のヒト腎臓移植は1954年にアメリカで行われた。以来，腎臓，肝臓，心臓などの移植実験が行われ，臨床にも広がった（表3.5.1）。臓器移植の歴史は，拒絶反応克服の歴史でもあった。現在では，スイスのサンド・ファーマ社が開発したシクロスポリンAと日本の藤沢薬品が開発したタクロリムスが免疫抑制剤として広く使われている。

3.5 臓器移植・再生医療

表3.5.1 臓器移植の歴史

1902年	オーストリアのウルマン（Ullmann）による腎臓移植の動物実験
1905年	米，カレル（Carrel）による心臓移植・腎臓移植などの動物実験（拒否反応を認識）
1906年	仏，ジャブレイ（Jaboulay）によるヒツジ，ブタからの異種腎臓移植の臨床
1910年	京都大学の山内半作，「臓器移植」実験報告
1936年	ウクライナのボロノイ（Voronoy）による死体腎臓移植の臨床
1940年代	米，メダワー（Medawar）による移植免疫拒絶反応の解明
1954年	米，メリル（Merrill）とマレー（Murray）が一卵性双生児間の腎臓移植に成功
1956年	新潟大学の楠隆光，井上彦八郎による腎臓移植の臨床
1961年	英，カーン（Calne），アザチオプリンが実用的な免疫抑制剤であることを証明
1963年	米，マレー（Murray）がヒトの腎移植でアザチオプリンを使用
	米，3人の医師によってチンパンジー，ヒヒなどからの異種腎臓移植が行われる
	米，スターツル（Starzl）による世界初の肝臓移植
1964年	千葉大学の中山恒明らによる心停止後の肝臓移植日本第1例
1967年	米，スターツルが肝臓移植に初めて成功
	南アフリカのバーナード（Barnard）による世界初の心臓移植
1968年	米，ハーバード大学で脳死基準作成
1968年	札幌医科大学の和田寿郎による日本初の心臓移植
1972年	スイスの製薬会社サンド・ファーマ社のボーレル（Borel）によるCyclosporin Aの強力な免疫抑制作用の発見
1978年	英，カーン，免疫抑制剤シクロスポリンを初めて死体腎臓移植に使用（これ以降，臓器移植の成績が飛躍的に向上）
1982年	フィーター（Feter）とオッサーマン（Osserman）による双生児間の骨髄移植
1983年以降	シクロスポリンが薬剤として普及（現在は，日本の藤沢薬品が開発した免疫抑制剤タクロリムスがシクロスポリンよりも強力な薬として普及している）
1989年	島根医科大学にて日本初の生体部分肝臓移植
1992年	米，ピッツバーグ大学にて初の異種肝臓移植
1993年	九州大学にて心停止後の肝臓移植

3.5.2 輸　　血

通常，輸血は臓器移植とはみなされないことから表3.5.1には含めなかったが，血液は立派な臓器である。そこで，輸血についてここで別途説明する。1667年に，貧血の青年に子羊の血液を注入したのが最初の輸血とされる。ヒトからヒトへの最初の輸血は1818年に行われた。その後，輸血によって黄疸などの障害が生じる場合と生じない場合とがあることに気づき，その研究を行ったのがランドシュタイナー（Landsteiner，1868-1943）である。

ランドスタイナーは，1900年に，血液を液体成分（血清）と細胞成分（血球；主に赤血球）とに分けて異なる人の血清と赤血球とを混ぜ合わせたときに，赤血球が凝集する場合としない場合があることを見いだした。ヒトの血液型（ABO式）の発見である。その後，赤血球の凝集が，赤血球表面の型物質（抗原）と血清中のそグロブリン（抗体）との間の抗原抗体反応（免疫反応）であることが明らかになった（表3.5.2）。

表3.5.2 凝集反応

血球＼血清	AB	B	A	O
O	−	−	−	−
A	−	+	−	+
B	−	−	+	+
AB	−	+	+	+
血液中の抗体	なし	抗A	抗B	抗A 抗B

さらに，現在では，型物質は赤血球表面にある糖タンパク質の糖鎖（特に，糖鎖の末端部分）であること，またその糖鎖を作る酵素（そして，その酵素を作る遺伝子）によって血液型が決まることが明らかになっている．なお，ABO式は非常に単純なメンデル遺伝に従う形質である．

3.5.3 組織適合性

先に臓器移植における"拒絶反応"について述べたが，皮膚片の移植実験（活着と脱落）ならびに白血球の凝集実験により，拒絶反応が組織細胞の表面抗原による免疫反応であることが明らかになった．ただし，抗原（細胞膜に付着あるいは貫通しているタンパク質ないしは糖タンパク質）の種類（抗原型）が非常に多いことが臓器移植（特に，骨髄移植）が困難である理由である．なお，組織細胞表面の抗原の型を決めているのは主要組織適合遺伝子複合体（major histocompatibility complex：MHC）と呼ばれ，ほとんどの脊椎動物が持つ遺伝子領域である．MHCは，ヒトではヒト白血球型抗原（HLA），マウスではhistocompatibility-2（H-2），ニワトリではB遺伝子座（B locus）と呼ばれる．

MHCはほとんどの脊椎動物に見られる遺伝子領域であるが，遺伝子の構成や配置は種によってさまざまである．例えば，ニワトリは最も小さいMHCを持つ種の一つであり，全長92 000塩基（ヒトMHCの約20分の1）で19の遺伝子しか持たない．一方，ほとんどの哺乳類はヒトとよく似た構成のMHCを持つ．ニワトリMHCの19すべての遺伝子に相当する遺伝子がヒトにも存在し，これが必要最低限のMHCであるといえるであろう．なお，MHCの多様性は遺伝子重複によるところが大きく，ヒトMHCには多くの偽遺伝子（塩基置換などにより本来の働きを失った遺伝子；ゲノム解析によって，ヒトゲノムには多数の偽遺伝子があることがわかった）があることが明らかになっている．

3.5.4 臓器移植と脳死

臓器移植には当初は生体から摘出した臓器が用いられた（生体臓器移植）．しかし，その後，脳死者からの臓器移植が行われるようになった（脳死臓器移植）．脳死というのは，ヒトの脳幹を含めた脳すべての機能が不可逆的に回復不可能な段階まで低下した状態のことである．たとえ脳が死んだ状態であっても，他の臓器が代謝機能などを維持している場合がある．このような臓器を移植に用いようというのが脳死臓器移植である．ただし，脳死の定義は国によって異なり，大半の国々は大脳と脳幹の機能低下に注目した"全脳死"を脳死としているが，イギリスでは脳幹のみの機能低下を条件とする"脳幹死"を採用している．

日本では，脳死を個体死とする旨を法律には明記していないが，脳死の定義は「臓器の移植に関する法律」に規定されている．現在の日本においては，臓器提供のために法的脳死判

定を行った場合にのみ法的に脳死と認められる（臨床的に脳死に近い状態であっても，脳死とは見なされない）。したがって，厳密には，日本には，臨床的脳死はない。この点で諸外国とは決定的に基準が異なる。

なお，「臓器の移植に関する法律」は2009年につぎのように改定された。
① 臓器を提供する意思表示に併せて，親族に対し臓器を優先的に提供する意思を書面により表示できる
② 本人の臓器提供の意思が不明な場合にも，家族の承諾があれば臓器提供が可能となった（これによって，15歳未満の者からの脳死下での臓器提供も可能になった）。

3.5.5 再 生 医 療

上に述べたように，脳死者からの臓器移植には社会的・倫理的な問題が伴う。この点を多少とも回避することができる方法として，再生医療が注目を浴びている。以下，再生医療において注目されているES細胞とiPS細胞について解説する。

〔1〕 ES 細 胞

胚性幹細胞（embryonic stem cells：ES細胞）とは，哺乳類の初期胚の一部分から人為的に作り出される幹細胞株で，生体外において体を構成するさまざまな細胞に分化する能力（分化多能性）を保持したまま，半永久的に増殖し続ける能力を備えた細胞である。ES細胞研究の歴史は，1981年にマウス胚盤胞の内部細胞塊からES細胞が樹立されたことに始まる。マウスES細胞は，フィーダー細胞との共培養あるいは白血病阻害因子（leukemia inhibitory factor: LIF）を培地に添加することによって，分化多能性を維持することができる。また，その高い増殖能を利用して，さまざまな遺伝子操作が可能である。例えば，あらかじめ遺伝子操作を施したES細胞を他のマウスの胚盤胞に注入したあと，レシピエントマウスの子宮へ胚移植することによって，遺伝子改変マウスを作製することができる。特定の遺伝子を破壊したノックアウトマウスがこれにあたり，ヒト疾患モデルマウスなどが数多く作製されている。このように，マウスES細胞はさまざまな遺伝子の機能を明らかにすることに大きく貢献した。その後，1998年に，ヒトES細胞の樹立が報告され，再生医療へ利用の期待が高まった。現在，ヒトES細胞の臨床応用への実現化を目指し，動物由来成分を含まない培地や，特定の細胞に分化させる技術の開発が試みられている。

（1） **ES細胞の起源** 哺乳類において，胚体組織（胎児）と胚外組織（胎盤）の形成は，胚発生における最初の分化過程である。8細胞期前期までそれぞれの割球は個体を作り出す全能性（totipotency）を有しているが，それ以降は全能性が失われ，段階的に細胞運命が決定される。8細胞期後期に起こる胚収縮後，割球は異なった細胞系譜に分かれはじめ，胚盤胞において内部細胞塊と栄養外胚葉という顕著に異なった細胞集団を形成する（図

174   3. 人間と医療

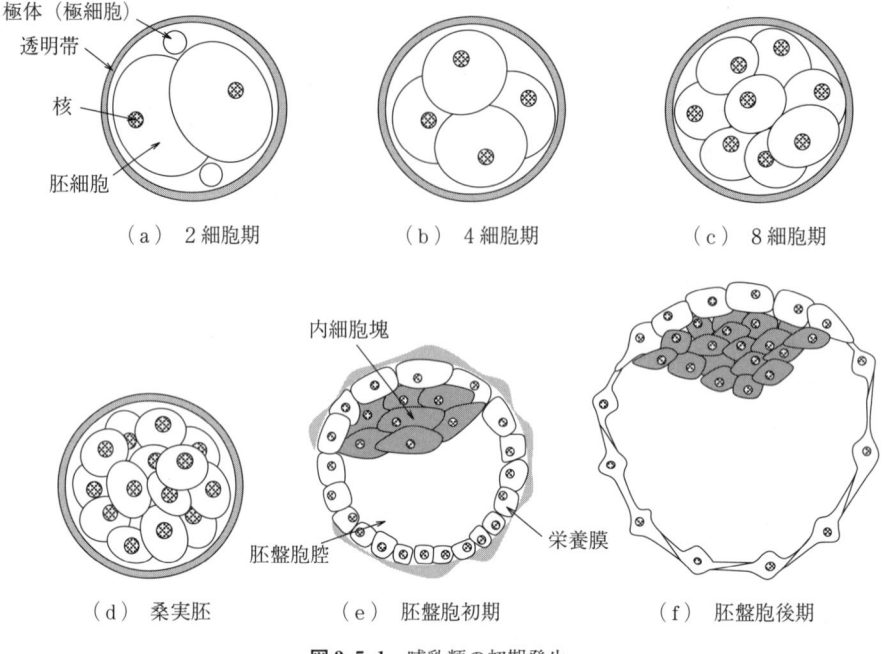

図3.5.1 哺乳類の初期発生

(a) 2細胞期 — 極体（極細胞）、透明帯、核、胚細胞
(b) 4細胞期
(c) 8細胞期
(d) 桑実胚
(e) 胚盤胞初期 — 内細胞塊、胚盤胞腔、栄養膜
(f) 胚盤胞後期

3.5.1)。胚盤胞の内部細胞塊は，着床後エピブラストを構築し，胚体の三胚葉の起源となる原始外胚葉を含む細胞集団へとさらに分化する。

胚盤胞の内部細胞塊は，線維芽細胞のフィーダー上で培養することによってES細胞として培養することができる。マウスES細胞は白血病阻害因子，ヒトES細胞では塩基性線維芽細胞増殖因子（basic fibroblast growth factor：bFGF）を添加した培地を用いることによって効率よく継代培養（増殖）することができる。このES細胞の培養系という人為的な環境では，血清など胚盤胞には存在しない数多くの因子が含まれており，内部細胞塊とは環境が大きく異なっている。また，マウスの内部細胞塊は約40個の不均一な細胞の集まりであり，どの細胞がES細胞となり得るのかはまだ不明である。

（2）**ES細胞とがん細胞の違い**　ES細胞は，私たちの身体を構成する神経や皮膚，筋肉や骨，そして肝臓などのさまざまな細胞に分化する能力（分化多能性）に加え，その能力を維持したまま半永久的に細胞分裂を続けることができる細胞である。通常の組織には，分化した細胞と未分化な細胞（組織肝細胞という）が含まれており，組織肝細胞は細胞分裂で組織細胞に分化しうる細胞と自分自身と同じ肝細胞とを生じる。これに対して，組織細胞が突然変異によって細胞分裂を行う能力を獲得したのががん細胞である。がん細胞とES細胞ならびに組織肝細胞との間には明確な違いがある。

がん細胞は，ヒトであれば本来46本であるはずの染色体の本数に過不足が生じたり，遺伝子（DNA）の塩基配列が改変されたりするなどの原因により，正常な機能を失ってしまっ

た細胞である。体内において異常な速度で分裂・増殖したがん細胞は、健康な細胞を侵し、生体機能に悪影響を及ぼす。一方、ES細胞の場合、高い増殖能は備えているものの、染色体の本数や遺伝子の配列は変化することなく、正常に保たれている点が重要な特徴である。

（3）万能と多能の違い　ES細胞はさまざまな細胞を作り出す能力を備えているため、しばしば「万能細胞」とも呼ばれる。しかし、ES細胞にも作り出せない細胞（組織）があることから、厳密な意味で「万能」という表現は正しいといえない。

受精卵は、胚体（胎児）と胚外組織（胎盤）を含むすべての細胞へと分化し、完全な個体を作り出す分化全能性を有する細胞である。一方、内部細胞塊を起源とするES細胞は、胎児を構成する三胚葉へと分化することはできるが、通常は栄養外胚葉などの胚外組織に分化することはできない。言い換えると、ES細胞だけを子宮に移植したとしても、着床して胎盤を形成することはない。したがって、胎児の発生には至らない。つまり、ES細胞単独では受精卵のような個体発生は起こらないのである。

このような理由から、ES細胞の能力は分化全能性を意味する「万能」ではなく、分化多能性（pluripotency）と表現するほうがより適切である。

（4）ヒトES細胞の課題　ヒトES細胞は、マウスES細胞といくつかの点で性質が異なっている。例えば、未分化状態を維持するために培地に添加する物質として、マウスES細胞ではLIF、ヒトES細胞ではbFGFを使用する。また、ヒトES細胞はマウスES細胞と比べて、さまざまな刺激に対する感受性が高く、死にやすいなどの問題があり、安定した培養が困難である。そのため、再生医療への応用に際し、必要とされる大量培養、遺伝子導入、効率的な分化誘導などを実施するには、大きな障害となっており、ヒトES細胞の培養法を改善するための研究が進められている。

さらに、ヒトES細胞には大きく分けて二つの問題がある。第1は、ヒトES細胞を樹立するためには、ヒト胚（胚盤胞）を利用しなければならず、生命を犠牲にしているという倫理的な問題である。初期胚は生命の源である受精卵より発生しており、「受精の瞬間から生命は誕生する」と考えるキリスト教など、宗教上の理由からヒトES細胞の研究や利用に関して反対する意見も多い。第2は、ヒトES細胞は受精卵提供者に由来する細胞であって、患者自身の細胞に由来しないため、移植後の拒絶反応が問題となる。

第2の拒絶反応の問題を解決する方法として、以下が考えられる。患者の体細胞核を除核した未受精卵に核移植することによって、あるいは患者の体細胞とES細胞を細胞融合することによって、患者と同じ遺伝子を持つES細胞を作製することが可能である。しかしながら、依然として別のヒトの未受精卵やES細胞を利用することに変わりはなく、倫理的な問題は解決されない。

〔2〕 iPS 細 胞

分化した体細胞を未分化状態に戻し，初期化させることを再プログラム化と呼ぶ。再プログラム化は，体細胞の核を除去した未受精卵へ核移植することや，体細胞と ES 細胞を細胞融合することによって誘導される。これらの事実から，未受精卵や ES 細胞の中には体細胞を多能性幹細胞に変化させるような因子が含まれると考えられていた。そこで，このような因子を体細胞に強制的に発現させること（再プログラム化）によって，体細胞から多能性幹細胞を誘導する試みがなされた。まず，データベース解析により，ES 細胞の特徴である分化多能性や高い増殖能をつかさどる遺伝子の同定が行われた。その結果，ES 細胞で特異的に発現する遺伝子とがん関連遺伝子に候補が絞られ，最終的に 4 個（さらには，3 個）の遺伝子を用いることでマウスやヒトの線維芽細胞（皮膚など）から多能性幹細胞（iPS 細胞）の誘導が可能であることが示された（**図 3.5.2**）。この研究は京都大学の山中伸弥らによって行われ，2006 年にマウス iPS 細胞，翌 2007 年にはヒト iPS 細胞の樹立が報告された。

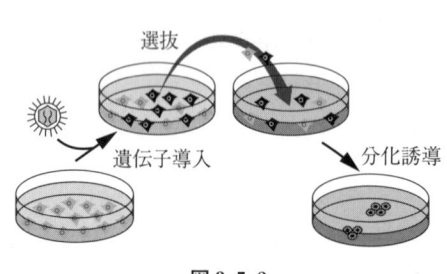

図 3.5.2

（1）**iPS 細胞の問題点と今後の課題**　生命倫理や拒絶反応の問題を解決することが難しい ES 細胞に代わる細胞として，現在 iPS 細胞の有効性が大いに注目を集めている。しかし，実際の疾患治療に iPS 細胞を利用するには，多くの課題が残されている。一つは，移植後のがん化である。マウスの実験において，iPS 細胞を移植した場合のがん発症率が ES 細胞を移植した場合と比べて非常に高いことが判明している。

その原因として，iPS 細胞樹立の際に使用される遺伝子の一つであるがん関連遺伝子（c-myc）の影響が考えられる。現在では，c-myc を用いずに 3 因子で iPS 細胞を誘導することが可能となっている。しかし，iPS 細胞の誘導率はもともと低く，c-myc を使用しない場合，iPS 細胞の誘導はさらに困難になる。そのほかには，遺伝子導入のツールとして使用されるレトロウィルスがあげられる。これは，レトロウィルスを用いた場合，遺伝子導入に際して変異が起こりやすく，内在性の遺伝子を活性化するためと考えられている。

さらに，iPS 細胞の樹立には成功したものの，体細胞がどのように再プログラム化されるのかの詳しい分子機構に関してはまだ解明されておらず，誘導率が非常に低い理由もまだ不明である。現在，iPS 細胞の作製効率を改善する方法や，レトロウィルスを用いないで安全に遺伝子を導入する方法，あるいは一過性の発現やタンパク質導入による iPS 細胞誘導法の開発が盛んに進められている。

（2） iPS 細胞と再生医療　成体由来の体細胞をもとに iPS 細胞が樹立できることから，受精卵の利用や拒絶反応といった問題を回避し，患者個人の細胞から iPS 細胞を作製し，患者に合わせた治療を行うオーダーメイド医療の実現が可能である。実際，マウスを用いた実験系において，iPS 細胞を用いた疾患治療が達成されている。iPS 細胞が拒絶反応のない再生医療に応用し得る可能性を示した画期的な成果である。しかし，前述の問題点をかかえたままでは，iPS 細胞をヒトへの臨床応用に用いることは不可能である。

iPS 細胞を臨床での治療に使用するには，まだ解決しなければならない問題が多いが，新薬の開発（創薬）のための研究ツールとしての期待が大きい。新薬の効果・副作用などの薬剤評価を患者由来の iPS 細胞を用いて行うことが可能であり，新薬を臨床へ供給するまでの時間が大幅に短縮されるものと思われる。また，難病患者由来の iPS 細胞を利用して，病気の原因遺伝子や発症メカニズムを解明し，治療に役立てることも可能である。

おわりに　臓器移植と再生医療は，最先端の医療技術として注目され，期待されている。しかしながら，脳死などは社会的・倫理的な問題が絡んでおり，社会的なコンセンサスを形成しながらの展開が必要である。また，iPS 細胞に関しては，エピジェネテックスの影響がまだ十分に解明できていないので，今後，この点の研究成果を待つ必要もある。

3.6 不 妊 治 療

はじめに　ヒトは哺乳動物の一種であり，有性生殖で子孫を作って代々生命を引きついでいる。人間としての子作りには，社会的，経済的な問題が絡んでいるが，本節では，このような問題はさておき，ヒトが生物として直面する"子作り"について技術的側面に限定して述べる。

3.6.1 不 妊 症 と は

不妊症は，「生殖年齢の男女が妊娠を希望し，ある一定期間，性生活を行っているにもかかわらず，妊娠の成立をみない状態」（日本産科婦人科学会用語委員会）と定義されており，日本では 2 年以上経過しても妊娠の成立をみない場合を不妊症とする傾向にある。また，不妊症の原因が女性にある場合を女性不妊症，男性にある場合を男性不妊症と定義する。

WHO の調査（1996 年）によると，カップル（夫婦）の約 10％に不妊が認められ，不妊症の原因は女性側に 41％，男性側に 24％，男女両者に 24％認められ，残り 11％は原因不明であった。大まかに，① 排卵・卵巣因子，② 男性因子，③ 卵管・子宮因子の三つがそろえば，妊娠は成立するが，逆にどの一つに障害があっても不妊症となる（図 3.6.1）。ちなみに，不妊因子がない場合，卵子と精子が一度の機会でタイミングよく受精し，子宮内に着

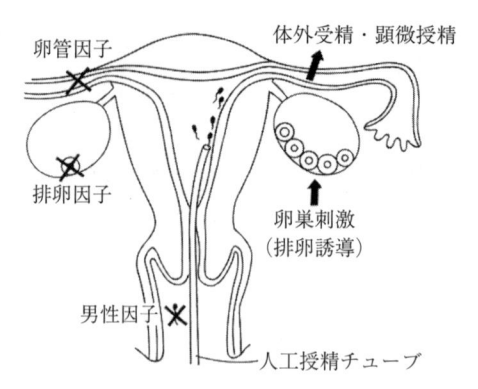

図3.6.1 不妊症の原因と対策
〔出典 堤 治:新版 生殖医療のすべて,丸善(2002年)より改変〕

床し,妊娠が成立する確率は約30％である。

不妊症の原因と検査例を以下に示す。

① **排卵・卵巣因子**　卵巣内の卵胞の発育障害で卵子が育たず,排卵が起こらない場合や,排卵されても,卵子が未熟で受精能力が十分にない場合など。ホルモン検査や超音波による卵胞発育測定などで調べる。

② **男性因子**　男性不妊症の9割が造精機能障害と考えられており,そのほかには精路通過障害や性機能障害などがある。精液検査により,精液の量,精子の数,運動する精子の割合,奇形精子の割合などを調べる。

③ **卵管・子宮因子**　排卵された卵子が卵管に取り込まれない場合や,受精卵が卵管を通過して子宮に輸送されない場合などある。子宮に正常に着床しなかった場合,子宮外妊娠や自然流産を引き起こす。代表的な検査として,子宮卵管造影がある。

3.6.2 不妊治療

排卵・卵巣因子に原因がある場合は,排卵誘発剤を用いた排卵誘発法や,意図的に多発排卵を促す目的による卵巣刺激法が使われる。男性不妊症に対しては,薬物療法や外科的治療などが行われる。ここでは,不妊治療に用いられる人為的な受精の方法について説明する。

① **人工授精**　性行為による膣内への射精に代わり,女性性器内に精子を人工的に注入することを人工授精と呼ぶ。精子を注入する場所としては子宮腔内が最も一般的である。人工授精によって注入された精子は,卵管内で卵子と受精して自然妊娠と同様の過程を経て妊娠が成立する必要がある。そのため,あらかじめ精子には受精能力があり,少なくとも片方の卵管において疎通性があることを確認しておかなければならない。人工授精は排卵直前に行うことが望ましく,基礎体温や超音波検査などにより排卵日を予測するか,施術日の前日

または当日に排卵誘発剤を用いる。

② **体外受精**　人工授精が無効な場合，つぎに選択されるのが体外受精である。卵管に損傷があり，男性不妊が軽度の場合に用いられる。体外受精は，精子を適当な濃度に調整したのち，試験管内（実際には，ペトリ皿）で卵子と受精させる方法で，誕生した子はかつて「試験管ベビー」と称された（**図3.6.2**）。体外受精児の第1号は，1978年にイギリスで帝王切開によって誕生した。以降，体外受精の技術は世界中に広がり，日本では，1983年に，東北大学のグループが最初の体外受精に成功した。

```
┌─────────────────────────────────────┐
│ 排卵誘導（ホルモン投与など）により卵巣において │
│ 複数の卵胞が発育する。                │
└─────────────────────────────────────┘
                 ↓
┌─────────────────────────────────────┐
│ 腹腔鏡を用いて，卵胞から卵子を吸引採取する。 │
└─────────────────────────────────────┘
                 ↓
┌─────────────────────────────────────┐
│ 試験管（通常は，シャーレを使う）内で，採取し │
│ た卵子を事前に準備した精子と混合する。必要に │
│ 応じて，受精の進行を確認する。        │
└─────────────────────────────────────┘
                 ↓
┌─────────────────────────────────────┐
│ 2～3日間培養する。必要に応じて，細胞分裂の │
│ 進行を確認する。                      │
└─────────────────────────────────────┘
                 ↓
┌─────────────────────────────────────┐
│ 腟および子宮頚管を通して挿入したカテーテルに │
│ より，胚を子宮腔に移植する。          │
└─────────────────────────────────────┘
                 ↓
┌─────────────────────────────────────┐
│ その後は自然妊娠と同じ経過をたどり，出産にい │
│ たる。                                │
└─────────────────────────────────────┘
```

図3.6.2　体外受精

　排卵誘発剤を使用することで約5～10個の卵胞が発育する。採卵は卵胞に細い針を刺して行われる。その後，採取した卵子は（排卵された卵子と異なり受精能力がやや未熟であるため）数時間培養して成熟させる。この間に精子の受精能力獲得（キャパシテーション），スイムアップ法を用いた運動性のよい精子の選別，精子濃度（10 000～50 000個/ml）の調整などが行われる。ただし，これには，精液中に受精能力を持つ精子が存在することが前提条件になる。

体外受精の場合，精子濃度が非常に重要である。精子濃度が低いと受精効率が悪く，逆に高過ぎると多精子受精現象が生じやすくなる（自然受精では，1個の卵子に1個の精子が受精するとバリアーが張られ，多精子受精はほとんど起こらない）。受精卵は4細胞期あたりまで（一般的に2〜3日）体外培養し，発生が良好な胚を選別して胚移植を行う。

多胎児妊娠は母児に大きな危険をもたらすため，移植胚数は日本産科婦人科学会の会告では原則3個以下としており，現在は1〜2個移植することが多い。また，過去の病気などが原因で子宮機能に問題がある場合，胚は卵子ドナーとは別人の子宮に移植される。これを代理出産（代理母）と呼ぶ。

③ **顕微授精**　運動精子の濃度が低い場合，精子奇形率が高い場合，精子濃度が著しく低い場合といった精子不良症例に対しては，顕微授精が受精率向上に有効な方法である。顕微授精とは，配偶子どうしの自然な受精過程を人為的に顕微鏡操作で短絡化させる体外受精法で，具体的には次の3種が開発されている。卵子の透明帯に小孔を作り，精子が透明帯を通過しやすくする「透明帯開孔法」，囲卵腔内（透明帯の内側）に精子を注入する「囲卵腔内精子注入法」，極細のピペット（マイクロピペット）を用いて精子1個を直接卵子の中に注入する「卵細胞質内精子注入法」である（図3.6.3）。

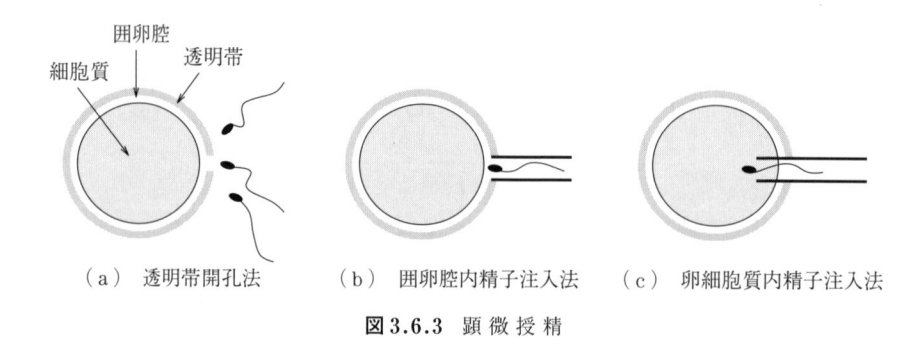

（a）透明帯開孔法　　（b）囲卵腔内精子注入法　　（c）卵細胞質内精子注入法

図3.6.3　顕微授精

顕微授精の中でも卵細胞質内精子注入法による受精率が最も高く，臨床的に現在の主流となっている。この方法を用いれば，精液中に精子がまったくない場合でも，副睾丸や睾丸から外科的に精子を採取し，受精を成立させることが可能である。ただし，精子になる前の円形精子細胞や，Y染色体に異常のある男性の精子などを使用する場合は，慎重に行う必要がある。実際，不妊男性に性染色体異常が多いため，卵細胞質内精子注入法で生まれた子供には性染色体異常が多いと報告されている。

上記のような体外受精や顕微授精など，体外で精子と卵子を受精させる医療技術を生殖補助医療と呼ぶ。受精卵の染色体異常の割合が，自然受精では40%であるのに対し，ARTでは50〜60%と高くなるが，これらのほとんどは妊娠成立前に淘汰されると考えられている。日本のARTによる出生児数は年々増加しており，2006年の時点で年間約2万人（全出生数

の1.8%）である。しかしながら，胚移植に至るまでの臨床成績が80%程度と高いことに比べて，妊娠は20%であり，その後も流産する場合があるため最終的に出産に至る割合は移植患者の15%と低く（日本産科婦人科学会報告），着床における問題が大きいことがわかる。

おわりに　本節では，ヒトの"子作り"の技術的側面について説明した。このような知識を基盤にして，人間としての"子作り"の問題を読者一人ひとりが考えられることを切望する。

3.7　こころと脳

はじめに　「人間は最も進化した生物である」とよくいわれる。「なぜそう思うのか？」と問い返すと，「道具を使い，言葉を話す。要するに脳が発達しているから」という。人間が最も進化した生物であるか否かはさておき，脳が発達していることは間違いない。一方，古くから，「人間が世界の（否，宇宙の）中心である」という人間中心主義が人間の意識の中心を占めてきた。意識というのは心の働きである。そして，現在では意識は脳の働きであるとされる。本節では，人間のこころと脳について医学的・生物科学的な見地から考える。

3.7.1　人間らしさと脳

今日のわれわれにとって"こころ"が"脳"と関連していることはもはや自明のように思える。しかしながら，"こころ"は，本来，多義的・抽象的な言葉である。"こころ"は知覚・思考・情動など人間の精神作用全体を指すこともあれば，これら精神作用の主体（いわゆる自我）という意味を持つ場合もある。さらに，場合によっては，"こころ"は個人の身体のくびきをはなれて社会的紐帯として人間と人間の間をとりもつもの，家族愛や信仰心，共同体への帰属意識などを示す場合もある。

"脳"もまた，後述するように，明確に定義されるものではない。生物は自然の一部でありながら自然に働きかける存在であり，人間は特にその傾向が顕著である。そして，人間行動の統一性を担保するものの一つが末梢・中枢神経系である。一般的には，これらの神経系のうち比較的高次の機能をつかさどり，位置的に（脊椎動物では）頭部の頭蓋内に存在する部位が"脳"として認識されている。しかし，その本来の働きは他の身体器官全体とのつながりのなかでこそ発揮されるものである。したがって，"こころ"と"脳"の関連の根底には，デカルトの心身二元論以来議論されてきた心身関連問題があり，これはまだ解決できていない生物学的・心理学的・哲学的難問である。

しかしながら，一方で，医療や神経科学などの発達により，"人間らしさ"をもたらすと考えられるさまざまな高度の精神作用が脳と深い関連があることもわかってきた。このた

め，神経学者ならずとも，「人間の心の状態は脳の物理的状態とまったくイコールではないにしても，少なくともなんらかの密接な関連がある」と考えられるようになってきた。以下，"こころ"と"脳"の関連について，おもに"人間らしさ"を演出している脳の働きを中心に，いくつかの事象を解説・紹介する。

3.7.2 ヒトの脳の特徴

ヒトの脳は頭蓋骨内部の大部分を占めている臓器である（図 3.7.1）。成人で 1.3 kg 前後の質量があり，体重の約 2% に相当する。脳は大脳・小脳・脳幹に大きく分けることができる。脳幹はさらに中脳・橋・延髄に分けられる。大脳は厳密には終脳と間脳に分けられるが，一般に，大脳は終脳を指す言葉として使われている。一方，延髄は頭蓋骨底部を出て，脊椎内の脊髄へと移行する。したがって，大脳から脊髄までを連続した一つの巨大な中枢神経系臓器と考えることもできる。

大脳は，大脳縦隔と呼ばれる深い溝をはさんで，左右の半球に分かれる。左右の半球は，脳梁など一部の神経線維の束で部分的につながるほかは，ほぼ完全に分離している。各半球の表面には俗に"脳のしわ"といわれる大脳溝という溝が走り，この溝にはさまれた細長い実質部分を大脳回と呼ぶ。

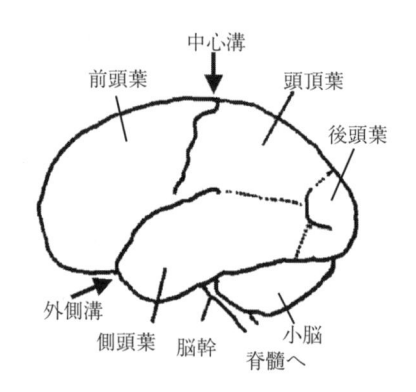

図 3.7.1 ヒトの脳

脳溝の走り方は左右の半球でほぼ同じである。特に目立つ脳溝は，終脳の外側で吻側端から尾側のあたりまで走るシルビウス裂と頭頂部の中ほどで背側端からシルビウス裂まで走る中心溝である。シルビウス裂よりも腹側，したがって，脳全体から見れば最も外側の部分を側頭葉，中心溝よりも前方を前頭葉，中心溝よりも後方でシルビウス裂の終わるあたりまでを頭頂葉，その後方を後頭葉と呼ぶ。機能的には，おおまかに，側頭葉は聴覚，前頭葉は運動，頭頂葉は体性感覚，後頭葉は視覚情報処理に関連している。

左右の大脳半球はそれぞれ側脳室という内腔部分を含んでいる。側脳室はモンロー孔で第三脳室と連絡して脳室系を成しており，脳室系は脳脊髄液という液体で満たされている。脳脊髄液は側脳質の一部でつくられ，脳室内を経て脳の周囲の髄膜下（くも膜下）に流れ出る。つまり，脳は内外に髄液という水分を蓄え，その中に"浮かんでいる"といえる。大脳の断面をみると，ややグレーがかった白い色彩の灰白質と白色の白質の層に分かれている。

いずれも白色がかっているのは脳が脂質（多くは細胞膜に由来する）に富んだ器官であるからである。灰白質は表面近くにあり，面積で 2 000 cm^2 ～ 2 500 cm^2，厚さ 2 ～ 3 mm の層

を成しており，大脳皮質と呼ばれる。大脳皮質は神経細胞の細胞体が密集した部分であり，その大部分は基本的には6層構造を成し，複雑な回路を含んでいる。一方，白質は灰白質に出入りする神経線維のかたまりである。側頭葉の深部には扁桃体がある。扁桃体は情動・恐怖心を構成していることが知られており，今日その働きが注目されている。

間脳は視床と視床下部からなる。視床は大脳皮質や下位の脳・脊髄と信号をやりとりし，感覚の中継，運動の制御など多彩な機能に関わる。視床下部は交感神経・副交感神経など自律神経系を制御するとともに，さまざまなホルモンを分泌してストレスなどに対する身体の恒常性（ホメオスタシス）を保つ働きに関与する。

3.7.3 脳の神経細胞

脳は認知，学習，記憶，思考，言語や運動の制御など複雑な機能をこなす。このような複雑な脳の機能を支える最も基本的な単位はニューロンとも呼ばれる神経細胞である（図3.7.2）。大脳皮質中の神経細胞の数は，測定法により異なるが，おおよそ140億個程度であるとされている。中枢神経（脳と脊髄）全体では，神経細胞の数は1 000～2 000億と推定されている。これは神経細胞(ニューロン)の数であり，この10倍程度の神経膠細胞(グリア細胞)が存在する。グリア細胞は神経細胞に栄養を供給したり，髄鞘（ミエリン鞘）と呼ばれる一種の絶縁体様物質を作って神経線維の伝導速度を上げたり，電気信号が混線するのを防いだりなどさまざまな働きをする。このような神経細胞の補佐的役割に加えて，最近の研究では，グリア細胞はさまざまな神経成長因子や栄養因子などを分泌することが明らかになっている。神経細胞が，後述するように，電気信号中心のいわばデジタル的な脳機能の調節を担うのに対し，グリア細胞はアナログ的な脳機能の調節を担う可能性が示唆されている。

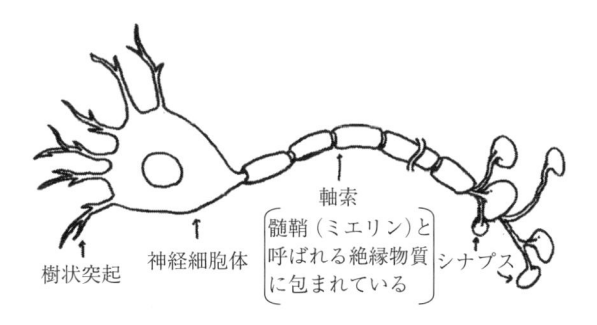

図 3.7.2 神経細胞（ニューロン）

神経細胞の細胞本体（軸索を除く）の大きさは，200分の1 mm程度から10分の1 mm以上と幅広く，大脳では1 mm^{3}に10万個もの神経細胞が詰まっている。神経細胞には情報を受け取る入力のための突起（樹状突起）と情報を送り出す出力専用の突起（軸索）がある。軸索は普通1本で，軸索の先端はいくつにも枝分かれしている。軸索は数mmから数

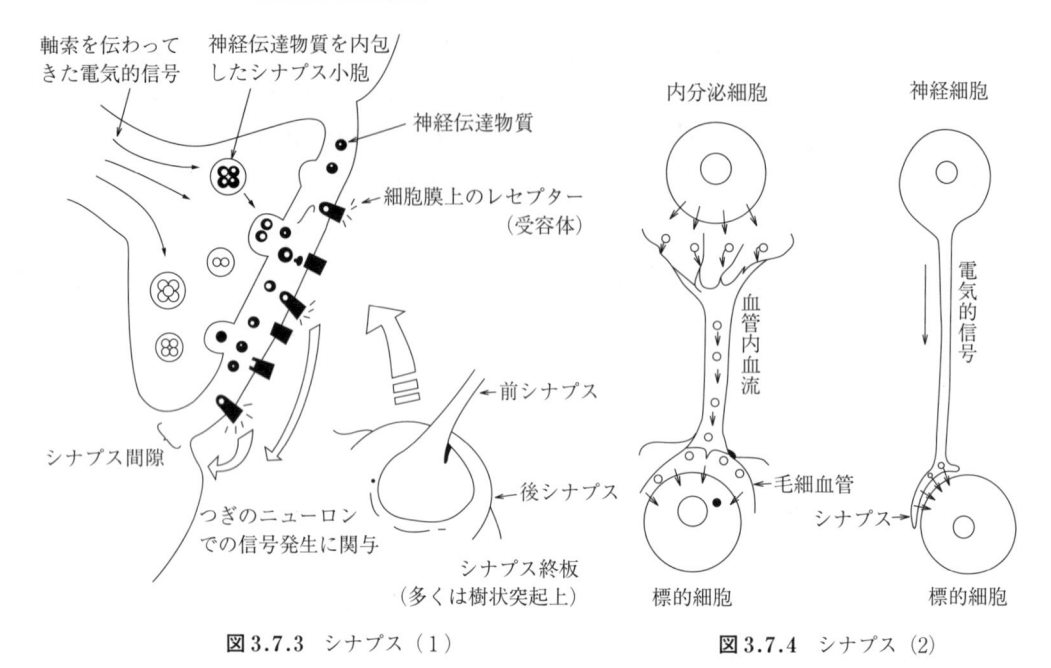

図3.7.3 シナプス（1）　　　　　図3.7.4 シナプス（2）

mに及ぶもの（生物の体の大きさによる）があり，末端は隣接する神経細胞の樹状突起とともにシナプスを形成する（**図3.7.3**，**図3.7.4**）。

一つの神経細胞は15 000個から30 000個ものシナプスを持つ（つまりそれだけの樹状突起を持つ）。脳全体の神経細胞から出ている軸索や樹状突起をすべてつなぐと，100万kmにもなる。この複雑で巨大な神経細胞のネットワークによって脳の高度な機能が生まれてくるのである。

神経細胞は多くの樹状突起で信号を受け取り，入力信号を加算して神経インパルスという電気的信号を生成し，この神経インパルスを軸索を通して運ぶ。なお，軸索を流れるのは神経インパルスであって電流ではない（電流では軸索内を伝わる間に減衰してしまい，信号としての役割をなさない）。

神経細胞内液と外液との間には，膜電位と呼ばれる電位差（イオンの濃度差によって生じる）がある。膜電位は，細胞外液のほうを0Vとしたときの電位で表し，非活動時（安静時）には－70 mV程度を維持している。多数のシナプスからの入力信号によって，多数の局所膜電位が形成されるが，これらが加算されて細胞体全体の膜電位となり，閾値を超えると膜電位は瞬間的に＋50 mV程度に上昇する。この状態を"神経細胞の発火"という。発火は1ミリ秒程度でもとの安静時電位に復帰し，その結果，時間幅1ミリ秒程度のインパルス状の電位変化が発生する。この瞬間的な電位変化が"神経インパルス"であり，これが軸索を通じて高速で伝達されてつぎのシナプスに至るのである。

軸索の先端と樹状突起との間隙は20 nm程度であり，シナプスにおける神経インパルス

の伝達はつぎのとおりである。

① 軸索を神経インパルスが伝わり，末端にあるシナプス小胞に到達する。
② シナプス小胞から神経伝達物質がシナプス間隙に放出される。
③ 放出された神経伝達物質はシナプス間隙を拡散し，相対する神経細胞の樹状突起にある受容体（レセプター）に結合する。
④ 結合によって，局所の細胞膜の電位差が上昇する。
⑤ 局所の電位差の集計によって，つぎの神経細胞の発火の有無が決まる。

つまり，電気信号は一つの細胞内では物理的な電位差として伝わるが，細胞間では化学物質を介して伝わるのである。化学物質による伝達は，シナプスにおいて電気信号の伝達効率の強度調節が可能になるという点で非常に重要である。

前述したように，軸索はグリア細胞からできた髄鞘で覆われている。髄鞘には一つごとに少しのすき間があり，そこでは軸索が露出している。このくびれが"ランビエ絞輪"であり，電気信号はくびれからくびれへとジャンプしながら伝わっていく（髄鞘は絶縁体であり電気信号は伝わらない）。この跳躍伝導によって信号伝達速度は秒速 120 m にもなる。

3.7.4 脳の可塑性

新しい環境に適応するために学習したり，体験から得た情報を記憶したりするとき，信号は脳の神経回路網の中に残される。このときに，脳や神経細胞に何らかの変化が起きていることが考えられる。これを脳の"可塑性（粘土のように押したらそのまま痕跡がのこるような性質；プラスチックと同じ）"という。しかし，学習や記憶にかかわる大脳新皮質については，胎生期の終わり以降，神経細胞はほとんど新生せず，減少しても補充されないことが古くから知られており，最近の研究もこれを支持している。したがって，学習や適応による変化はおもにシナプスレベルで起きていると考えられる。なお，海馬と呼ばれる長期記憶の固定化に関与する一部の部位では，例外的に細胞新生がおこっているらしいが，その意義と役割についてはまだよくわかっていない。

一般的に，精密な情報処理に基づいた認知過程を担う神経回路の神経細胞が入れ替わることは，学習内容や記憶を生涯にわたって保持する大脳新皮質の機能としては不都合と考えられる。しかしながら，脳は成長後でも個々のシナプスにおける結合の強度を変化させることで，経験に対応している。さらに，神経細胞間の接続の空間的パターン（図 3.7.5）では，経験に対応して新しいシナプス（黒く塗りつぶしてある）が構築さ

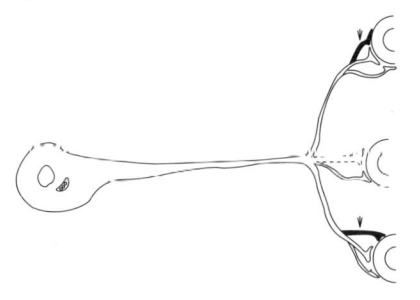

図 3.7.5 シナプス（3）

れ，不要になったシナプス（点線で示してある）は排除される。このような変化には，シナプスの膨張とシナプス後膜の受容面の形状変化，神経伝達物質の量の変化，シナプス間隙の間隔変化，新しいシナプスの形成（シナプス発芽），シナプスの消滅，ニューロンの死滅などがある。

こうして，神経系は長期的な情報をシナプスの量や構造の変化という形で保存する。神経回路網の変化は少しずつ着実に行われ，人間は毎日このような神経回路網の変化を繰り返しながら学習や記憶を行うことで成長しているのである。

3.7.5 脳の異常とこころの病

今日では，脳の異常はさまざまな精神機能の異常をもたらすことが知られている。例えば，アルツハイマー型認知症など神経変性疾患では，脳の病的な細胞死が認知障害を中心に広く精神機能一般の障害をもたらす。脳の異常とこころの病を関連づける考え方の歴史は古く，すでに古代ギリシャの医師ヒポクラテスは，その著書『神聖病について』のなかで，当時超自然的な力によると考えられていたてんかん発作や精神病性疾患について，脳の疾患であるとの見解を示していた。しかしながら，この見解にもとづいて具体的で有効な治療が行われるのは20世紀後半に入ってからである。こころと脳のつながりを示す一例として，従来"心の病"と考えられてきた精神疾患に対する医学的・生物学的なアプローチについて述べる。

統合失調症は思春期から青年期に好発し，幻覚や妄想などの急性期症状の再発・寛解を繰り返しながら慢性に経過し，場合によっては意欲減退や感情の平板化などの慢性期症状（陰性症状と呼ばれる）によって生活障害を残すこともある精神疾患である。世界保健機関（WHO）によると，統合失調症は全世界における能力障害の原因として第9位を占める病気である。人種・地域・性別に関わらず，平均すると人口の約1％に認められ，決してまれな疾患ではない。しかし，その原因解明とそれにもとづく治療は長らく謎に包まれてきた。インシュリンなどによる危険なショック療法や，あとに深刻な副作用をもたらすことになるロボトミー手術なども行われたが，ほとんど効果がなかった。

20世紀後半，神経遮断薬の発見と発展の時代になり，精神病薬物治療が大きく転換する。工業の発展に伴い，染料としてフェノチアジンが合成され，そこから作られた抗ヒスタミン剤の神経安定効果が注目され，最初の抗精神病薬クロルプロマジンが開発される。そして，1952年にフランス人精神科医ドレー（Deley, 1907-1987）らにより，単剤投与で統合失調症や躁病などに有効であることがわかった。化学合成薬物により精神症状が劇的に改善したという事実は非常に画期的な出来事であった。

その後，ヤンセン（Janssen, 1926-2003）により覚せい剤（アンフェタミン）による精神

病症状に対して開発されたハロペリドールも統合失調症で認められる幻覚・妄想などの症状に効果があることが報告された。

この薬の最初の臨床試験が1958年に行われて効果が確認され，その4年後にはほとんどのヨーロッパ諸国で使われるようになり，日本でも1964年から使用されている。時期前後してディアゼパムなどの抗不安薬，イミプラミンなどの抗うつ薬など精神症状に効果を示す薬物が相次いで開発された。これらはいずれも脳内のドーパミンやノルアドレナリン，セロトニンなど神経伝達物質の作用に影響（当時は，遮断と考えられた）することで効果を発揮すると考えられ，その後もこの考えにもとづいてより効果をたかめたり，不快な副作用を軽減するためにこれらの薬剤を化学的にデザインしなおしたりされた。その結果，今日では，クロザピン，リスペリドン，クエチアピン，オランザピンなどが開発され，また新たな薬物治療の時代に至っている。

さらに，従来主に心因性要因により引き起こされると考えられていた強迫性障害，不安障害といった精神疾患にも同様にセロトニンなどの神経伝達物質に影響する薬物（SSRIなど）が非常に効果的であることがわかってきた。

このように脳内の神経伝達物質の異常が精神作用の病理に大きく関与していることがわかってきたが，それが脳内のどの部位の異常なのか，またそのように部位に限定できるものなのかは長らく謎であった。なぜなら，多くの精神疾患において，あきらかな脳の形態の異常が認められず，また最も重大なことには精神疾患の多くはヒト以外ではほとんど観察されず，動物実験で確かめようにも動物に適切な疾患モデルが存在しなかったからである。

3.7.6　こころは脳にあるのか

実際にこころの働きに相当する脳の部位はあるのだろうか？　今日では，一般に，脳の高度な情報処理能力は大脳皮質連合野（大脳皮質の運動野と感覚野の間に位置する）に依拠すると考えられている。これらの大脳皮質では，髄鞘化が感覚野や運動野よりも遅い傾向がある（つまり，神経回路が完成する時間が遅いということを示唆する）。また，感覚野と運動野の間にある大脳皮質は，個体発生的にも系統発生的にも新しく，進化に従って拡大している（高等といわれる動物ほどその領域が大きい）ことからも，高次脳機能を担っていると考えられる。

なお，19世紀の心理学では，高次の脳機能は知覚要素の連合によると考えられていたため，その機能を担うという意味で連合野と呼ばれるようになったのである。連合野には，前頭連合野，後頭連合野，頭頂連合野，側頭葉連合野がある。前頭連合野を除く各連合野の機能を簡潔に記すと，①後頭連合野は視覚情報処理，②頭頂連合野は空間認知，③上部側頭

連合野は聴覚認知，④下部側頭連合野は視覚認知や形態視覚を扱うということになる。前頭連合野の機能は長らく不明であったが，サルなどを用いた動物実験により，前頭連合野近傍の一部位が追跡眼球運動などに関与することもわかった。ただし，前頭連合野のなかでもヒトで特異的に発達している前頭前野（前頭前皮質）は沈黙野とも呼ばれ，その機能は現在でも依然不明な点が多い。しかし，臨床上，この部位の障害で前頭葉症状と呼ばれる特異な症状が出現することがわかっている。前頭葉症状についてのエピソードを紹介する。

(1) 1848年，25歳のアメリカ人鉄道建設作業の現場監督G氏は作業中の爆破事故で鉄の棒が下顎から頭を貫通するという惨事にみまわれたが，事故後も意識があり，支えられて歩くことが可能であった。治療後職場復帰するが，以前のような指導的役割を果たすことができなかった。事故前は有能で精神的にも安定していたが，事故後はきまぐれで無礼で下品になり，彼の仲間に敬意をほとんど示さなくなったためであった。また，辛抱強さを失い，頑固になり，その反面移り気で，優柔不断で，将来の行動のプランもきちんと決めることができなくなった。友人達は「彼は最早G氏ではない」と評した。その後転職するが，長続きせず，てんかん発作がしだいにひどくなり，1860年に死亡した。死後，彼の頭骸骨と事故の原因となった鉄棒はハーバード大学に保管された。そして，近年，精密な機器を用いて事故の再検討が行われ，G氏の脳に，前頭葉の眼窩面（前頭眼窩回）と前頭葉の先端部（前頭極）を中心とする損傷があったと結論された。

(2) カナダの脳外科医ペンフィールド（Penfield, 1891-1976）は，手術中に電気刺激を行うことで，ヒトの脳の機能局在について多くの知見をもたらした。ところで，彼の姉は，脳腫瘍のため，右の前頭連合野を取り除く手術を受けた。術後に彼女は脳外科医の弟を夕食に招待し，家族のために得意料理をふるまおうとしたが，料理の段取りがわからず途方にくれ，弟の助けなしでは料理を準備できなかった。これは料理など同時進行で順序だった行動をプログラミングすることの障害と考えられ，このような機能を担う脳の領域として前頭前野が重要な役割を果たしていると考えられた。

(3) 前頭葉症状の最も悲惨で大規模な事例はロボトミー手術の後遺症状であろう。ロボトミーはローブ（前頭葉の"葉"を指す）とエクトミー（切除術）からの造語で，1935年ポルトガルの神経科医モニス（Moniz, 1874-1955）により開発され，薬物療法以前の時代に難治性の精神疾患患者に対して盛んに施術された。その後，アメリカの精神病治療の現場でおよそ4万〜5万人のロボトミー手術が行われた。さらにその後，日本を含む世界各地でも実施された。当時の標準的な術式は，前頭前野と他の部位（辺縁系や前頭前野以外の皮質）との線維連絡を切断していたと考えられる。これは，精神病の症状が脳の前頭葉と視床下部とのつながりに原因があるという当時の考えを前提にしていたためである。激しい精神運動興奮が収まるという一時的な成功例もあったが，術後に

しばしばてんかん発作のほか，性格の変化，無気力，抑制の欠如，衝動性などの重大かつ不可逆的な副作用が起こった．その後，副作用の大きさと，前述のようにクロルプロマジンが発明されたことともあり，ロボトミーは行われなくなり，現在は精神疾患に対するロボトミーは禁止されている．

このような臨床症状や心理テストなどを用いた研究により，今日では，前頭葉症状は以下のよう説明される．① 性格の変化，② 行動のプログラミングの障害，③ 反応抑制の障害（保続傾向といわれ，テーマが転換した後も以前のテーマからはなれない），④ 視覚的注意の障害（絵を見せてその中に描かれている内容を説明するように求めると，一部分だけが気になり絵を全体的に見ることができない），⑤ 抽象的カテゴリー化の障害（物を使うふりをするなどの抽象的態度が取れない），⑥ 時間的順序の弁別・記憶の障害（出来事の記憶はあっても，その時間的順序がわからない），⑦ 運動性失語（左半球の第三前頭回後方にある運動性言語野（ブローカ野）の損傷では読み聞きによる理解はできるが，発話ができない），⑧ 作業記憶の障害（前頭連合野の損傷では一般的な長期の記憶障害はないが，作業記憶の障害がある：作業記憶とは脳の情報処理の過程で一時的に保持されている情報である）．

前頭葉症状の検討やほかのさまざまな実験・観察から，今日では，前頭前野の機能は，行動計画に必要な情報をほかの連合野から受け取り，複雑な行動計画を組み立て，その実行の判断を行うこととみなされている．これを前頭前野による実行機能と呼ぶ．心理学的にいうと，"自我の働きに近似する"といえるであろう．また，身近な例ではチェスや将棋における大局観に比喩できるかもしれない．いずれも，最新のコンピュータも搭載していない（搭載できない）機能である．この意味で，実行機能はほかの動物にも機械にもない"人間らしさ"の一つに違いない．

もっとも，前頭連合野が注目を浴びるのは，単にそれが人間の脳の最高次の機能を担っている可能性があるからだけではない．この機能の障害が前述の統合失調症（特に，その慢性期に顕著な認知障害や 注意欠陥多動障害（ADHD））やアスペルガー障害などの発達障害の症状に強く関連していることが疑われているからである．

近年，ポジトロン断層法（PET）や機能 MRI などの脳機能イメージング（脳の働きを画像上に可視化する諸手技）法が急速に進展し，脳の働きを非侵襲的にかつ連続的に観察することが可能になっている．そして，前頭前野の役割を理解するための研究に現在さかんに使われている．これらの新しい知見に基づく上記疾患の新しい治療法開発の可能性が期待されている．ただし，ロボトミーの教訓からも，"こころ"につながる問題であるだけに，その医学上の応用には十分な熟慮と医療倫理上の配慮が必須である．

おわりに　学生をはじめ若者にはさまざまな悩みがあるだろう。もちろん，成人・老人にもそれぞれに悩みはあるが，先の人生が長いだけに（また，人生経験が少ないだけに），若者の悩みは大きい。しかし，「悩むことが若者の特権である」ということもできる。本節が若者の悩みの解決になるとは思わないが，悩むことの生物学的な意義の理解に役立てば幸いである。

3.8　医療・福祉制度

はじめに　生命科学で培った新しい医療技術（医薬品，医療機器，ケアの技術など）が実際の個人や社会に役立つためには，人々が安心かつ納得して利用することができるよう保証する医療技術評価（health technology assessment：HTA）のシステムと全世界あるいはわが国の限られた医療資源を適切に配分するためのしくみ（制度）が必要である。本節では，医薬品を中心としたHTAのシステムとわが国の医療・福祉制度の現状と課題について概説する。

3.8.1　医薬品の技術評価システム

〔1〕　"医薬品"と"健康食品・サプリメント"との違い

医薬品の技術評価システムが一般の人々にはほとんど知られていないために，"医薬品"と"健康食品・サプリメント"とが誤解されやすい。そのため，有害無益かもしれない健康食品やサプリメントの宣伝に少なからざる人々が無用の出費を強いられたり，健康被害に苦しんだりする事態が起きている。

医薬品は，『薬事法』と『Good Clinical Practice: GCP』いう厳しいルールに基づいて，"人"に対する効果と安全性を保証するシステム（後述）を経て国あるいはその関連機関から認可される。

一方，健康食品・サプリメントについては，単にメカニズムとして効くかもしれないとか，細胞や動物実験しか行っていないとか，たとえ人を対象とする研究をやっていたとしても効果も毒性も判明しないというような杜撰な計画で行われていたりすることが多く，医薬品とは根本的に質が異なる。本節で概説する医薬品の技術評価システムは，専門家以外の人達の日常生活でもたいへん役立つ情報であると思われる。

〔2〕　医薬品の技術評価システム——基礎研究

医薬品の技術評価システムの基本的な枠組みを図3.8.1に示す。まず，基礎研究の段階がある。歴史的には植物や鉱物や細菌などから気の遠くなるような作業で丹念に医薬品の候補物質を選択・抽出してきたが，近年は遺伝子組換えやコンピュータシミュレーションを利用した新薬開発が急速に進んでいる。いずれにしても，通常は，候補物質について，まず培

養細胞あるいは飼育動物を用いた実験により効果と毒性の見当をつけることになる。ここまでの段階がいわゆる基礎研究である。日々新しい候補物質が発見されており、マスコミは学会の季節になると「有望な新薬」などと早合点して書くが、この段階では人に有用な医薬品になるかどうかは不明である。

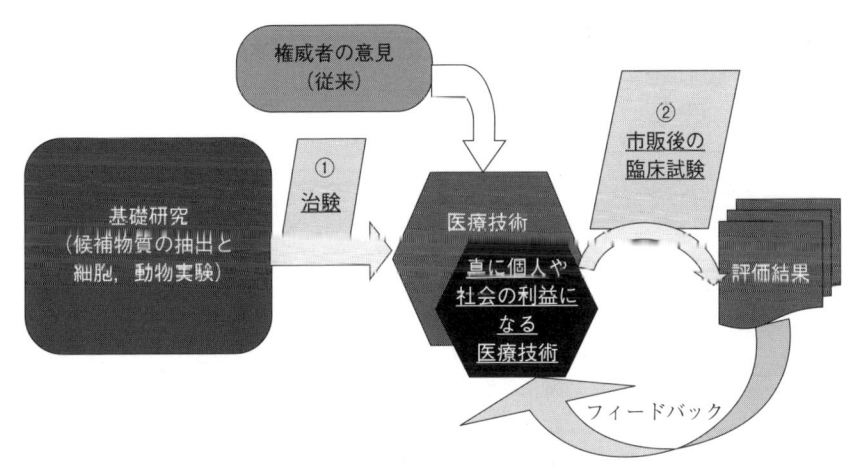

図3.8.1　医薬品の技術評価システムの基本的な枠組み

〔3〕　**医薬品の技術評価システム——治験**

つぎの段階は治験と呼ばれる人を対象とした臨床研究（臨床試験）である。なお、前述の基礎研究から治験に橋渡しをする過程を"橋渡し研究"と呼ぶ。従来、わが国では両方に精通した専門家が少なかったため、この段階が新薬開発の律速段階の一つとなっていた。

治験は、わが国では厚生労働省所管の医薬品医療機器総合機構（Pharmaceuticals and Medical Devices Agency：PMDA）、米国ではFood and Drug Administration（FDA）、欧州ではEuropean Medicines Agency（EMEA）と呼ばれる医薬品の効果と安全性にお墨付きを与える機関（規制当局）に提出するデータをそろえるための臨床研究である。これら日米欧の三極では共通のシステムに近づけるべく努力が行われているが、依然として若干の相違がある。以下、ここでは、わが国のシステムを概説する。

治験にはおもに三つの段階がある（**図3.8.2**）。"第I相試験"では、健康な少数の成人を対象として安全性と体内の薬物動態を確認する。通常、徐々に投与量を増やして安全に投与できる上限量を確定するとともに、体内に入った薬物の吸収・排泄時間を測定する。この段階が終了するとつぎの段階に進む。

"第II相試験"では、比較的少数（数十人から多くても数百人）の患者を対象として、第I相で確定された安全な用量の範囲内で効果が得られる適切な用法・用量を調べる。また、より詳細に安全性や有害事象や副作用を調べる。第II相試験は探索的臨床試験とも呼ばれる。

192   3. 人間と医療

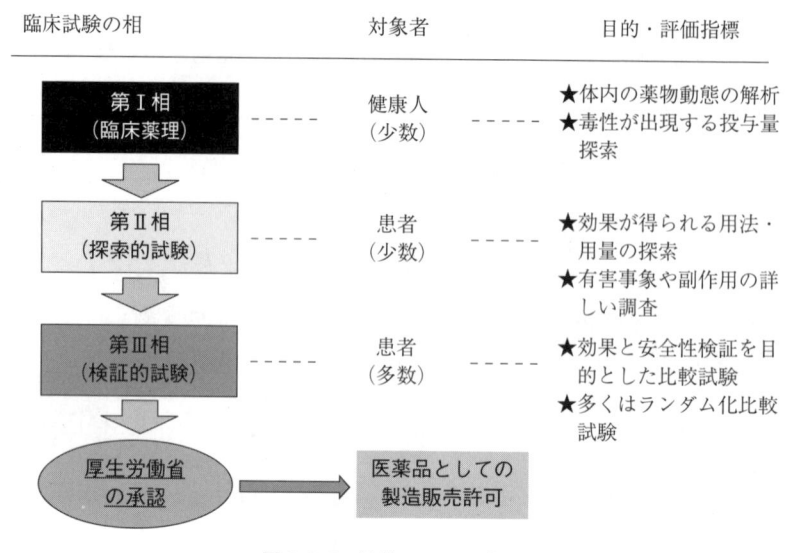

臨床試験の相	対象者	目的・評価指標
第Ⅰ相（臨床薬理）	健康人（少数）	★体内の薬物動態の解析 ★毒性が出現する投与量探索
第Ⅱ相（探索的試験）	患者（少数）	★効果が得られる用法・用量の探索 ★有害事象や副作用の詳しい調査
第Ⅲ相（検証的試験）	患者（多数）	★効果と安全性検証を目的とした比較試験 ★多くはランダム化比較試験
厚生労働省の承認	→	医薬品としての製造販売許可

図 3.8.2　治験の三つの段階

"第Ⅲ相試験"では，合併症を持つなどのより数多くの患者（数百人以上）を対象に，すでにその疾病の治療に使われている医薬品（それがない場合は，無治療状態）と比較してどこがどのように優れているかを明らかにする。その際，偽薬効果などのバイアスが入りにくいように，患者をランダムに各薬剤群（試験薬と偽薬）に振り分けた上で治療を開始する方法（ランダム化比較試験という）が用いられる。さらにより一層バイアスを排除する目的で二重盲検ランダム化比較試験という方法が用いられることもある。この場合，患者が試験薬と偽薬の別を知らされないだけでなく，実施する医師も治療群（患者と健常人）の別を知らされない。

なお，第Ⅲ相試験では，異なる用法間（例えば，週1回大量投与と連日少量投与）の効果と安全性を比較したり，長期使用の安全性を検証したりする場合もある。第Ⅲ相は検証的臨床試験とも呼ばれる。第Ⅲ相が終了した時点で，通常は，規制当局への認可申請が行われ，承認を受ければ晴れて効果と安全性が確認された医薬品として日常診療で使われることになる。

補足になるが，規制当局で認可されることと健康保険が適応されることは同じではない。今後，わが国でも医療資源がひっ迫してくると，認可は受けていながら健康保険が適応されない医療行為や医薬品が増加することが予想される。

〔4〕　医薬品の技術評価システム──市販後の臨床試験

規制当局の承認で医薬品の技術評価システムが終了したわけではない。治験はあくまでも最低限の効果と安全性を確保してくれるだけである。実際に世の中で医薬品が使用される際

には，対象の年齢層の幅が拡がり，多くの合併症を有した数多くの患者に使用される。そこで初めて個人や社会における"真の恩恵とリスク"がわかる。この真の恩恵とリスクを明らかにするための臨床試験が"市販後の臨床試験"と呼ばれるものである。

市販後の臨床試験は，通常数百人から数千人を対象として行われ，比較の指標（アウトカム指標）として治験のような検査数値の改善，生存期間の延長，副作用の有無に留まらず，生活・生命の質（QOL）や費用対効果などの指標が加えられることが多い。

これらの試験の結果は，真に個人や社会の利益になる医療技術を選択的に生き残らせるためにフィードバックされ（**図3.8.1**），診療ガイドラインに"お薦め治療"として掲載されたり，新たな効能があるとして厚生労働省への追加承認申請が可能になったりすることもある。逆に，治験では問題がなくても，市販後の臨床試験で命に関わるような重篤な有害事象が発見されたり，期待される効果が得られなかったりした場合，認可そのものが取り消されることもある。

以上概説してきたような医薬品の技術評価システムがうまく機能することにより，個人や社会が安心して使える医薬品が産み出されるのである。

3.8.2　医療・福祉制度の現状と課題

〔1〕　医療と福祉の接点——歴史的観点

わが国では永年にわたり，諸外国に比べて医療と福祉との接点がほとんどなかった。この違いは，国の政治や宗教的背景や歴史と関係があるといわれている。例えば，ヨーロッパでは，病院はおもにキリスト教などの宗教活動の一つとしての「施療所」の開設から始まったとされる。そこでは，低所得者層に対して食事や療養の場を与えることがおもな目的であった。当然，そこで働く専門職としては，医師よりも看護師や宗教家やさまざまなケアを行う職種が重宝された。病院で医師が活躍をし始めたのは，効率よく医療を行うため（低所得者は一般に低栄養や不衛生のために病気にかかる人も少なくない）と医学教育や研究の場として活用されるようになってからとされる。一方，ごく一部のお金持ちは自宅に医師や看護師，宗教家を招いて医療やケアを受けたのである。

明治以降，わが国の医学・医療はドイツの影響を強く受け，研究重視の傾向があった。また，富国強兵政策から，健康な兵隊をいかに生み出すかという観点で健康・医療政策が行われた（現在でも米国をはじめ多くの国では健康政策と軍事政策は深く結び付いている）。一方，結核など難治性の感染症や精神神経疾患の一部については，公衆衛生上の観点から隔離政策が進められた。また，福祉については低所得者と障害者の最低限の生活保障が長年の政策の中心であった。医療と福祉の具体的な接点が生まれたのはごく最近のことであり，2000年4月に介護保険制度が始まってからといっても過言ではない。

日本の平均寿命は，1950年には，女性が61歳，男性が58歳と，主要先進国中最下位であった。ところが，それから半世紀経った現在，女性87歳，男性79歳にまで急速に伸びた。また，十数年後には65歳以上の人口が3人に1人になる見込みであり，世界に例を見ない急速な高齢化が進行している。この状況はある程度予想されていたにも関わらず，わが国の医療福祉政策は後手に回り，2000年からドイツの制度を参考にした介護保険制度をあわてて見切り発車させたしだいである。また，高齢者医療制度は現在混迷をきわめていることは周知の通りである。

　高齢者は長生きするほど多くの疾病を持つようになり，医療を必要とする。また，自然の身体的・精神的な衰えに伴い，介護が必要となってくる。このような事態になってはじめて，"介護"を通して医療と福祉の深い接点が発生したといえる。しかし，いまだに，「介護は守備範囲でない」という意識を持った専門職が医療の側にも福祉の側にも一部残っており，今後は介護についての理解を深めるとともに，いかに効率よくかつ落とし穴がないような医療・福祉・介護の協力態勢が作れるかがわが国の課題である。

〔2〕　わが国の医療の現状――欧米先進国との比較

　20世紀後半から，「3時間待ちの3分診療」，「医師の説明不足」，「医療訴訟の増加，」「米国よりも医療技術レベルが遅れているのではないか？」などなど，わが国の医療に対する不満や問題が蓄積していた。しかしながら，医療機関へのアクセス制限がほとんどないこと，また平等性と質の高さにおいてわが国の医療は，実際には，世界で最も高いレベルにあると認識されている（世界保健機関（WHO））。また，医療制度がどのくらい貢献しているかは検証されていないが，前述したように平均寿命も世界トップレベルを達成していることも世界的には評価されている。

　医療の平等性を支えてきたシステムは1961年に始まった「国民皆保険制度」である。第二次世界大戦後，米軍の占領下でさまざまな政策指導が行われた。憲法と同様，アメリカ国内では実現できなかったさまざまな施策がわが国で試みられたといわれており，その一つが公的医療制度の国民皆保険制度である。この制度は基本的な考え方は英国などと類似し，衡平（equity；弱者に配慮する公平のこと）を重視する考えに基づいている。保険証があれば，誰もがどの医療機関にでも自由に受診できる（フリーアクセス）制度である。

　一方，アメリカでは，一部高齢者と低所得者のための公的医療制度はあるが，一般人は民間の医療保険に加入しなければならない。受けられる医療の質と量は財力しだいである。実際，アメリカ人の5人に1人以上は残念ながらどの医療保険にも加入できない事態に陥っている（最近，オバマ大統領は公的医療制度の拡充を試みているが，それにより人気にかげりが見えたために先行きは不透明である）。

　わが国の医療制度を考えるときには，まず，イギリス型の公的医療制度かアメリカ型の民

間医療制度かあるいは中間型か（両方の良いところ取りが可能か）？」という判断が必要である。イギリス型に近い制度（税金の投入割合は大きく異なるが）を取りつつ，アメリカ型のいい点（医療機関の競争による質の改善や個人の負担に応じたサービスの向上）を今後取り入れたいところであるが，アメリカの医療制度の失敗を見て躊躇しているというのが現状である。

　医療制度を考える際のもう一つ大事な視点は，「そもそも国家としてどれくらいのコストを医療に配分するか？」という問題である。例えば，アメリカでは医療も市場原理に基本的に任せている。その結果，ほかの多くの国で医療費が国内総生産（GDP）にある程度比例した配分になっているのに対して，アメリカでは医療への配分が特に多い。具体的には，日本約8%，イギリス約9%，ドイツとフランス約10%，に対して，アメリカでは年々増加して現在では15～16%である。しかも，前述したように，その恩恵を被っているのはある程度以上の所得がある人達に偏り，医療の成果の一つの指標である平均寿命は，男女ともに，OECD先進諸国の中で長年最下位を保っている。もっとも，100歳以上の人口割合はわが国よりも多いという統計もあり（日本の高齢者に関しては，最近，"戸籍だけ"なり"住民登録だけ"の事例が多数判明しており，実数は不明というべきである），貧富の差と同様，医療の恩恵についても両極化が進行しているようである。

　一方，わが国と同じ公的医療制度であっても，イギリスは若干システムが異なる。例えば，イギリスでは医療機関の機能分化がとても進んでおり，基本的には，個人は家庭医と呼ばれる開業医を受診し，その家庭医の紹介を通してしか専門病院にかかることはできない。これに対して，わが国では保険証一つでフリーアクセスできる。どちらがよいか単純に決められないが，わが国では3時間待ちの3分診療に不満が溜まっているのに対して，イギリスでは家庭医の紹介から専門病院受診までの待ち期間が数か月単位は普通で，手術などは2年ほど待たなければならない事態が起きている。イギリスでは，20世紀後半に，医療費抑制政策から，専門病院受診までの待ち時間が許容範囲を超え，海外に患者を移送せざるを得ない事態までおきた。そのために，その後数年間で医療費を約1倍半増加して（それでやっと国内総生産（GDP）比でドイツやフランスに並ぶ），医療専門職育成の10～20%増加や医療のIT化促進などを行った。現在，その政策の総括をしつつあるところである。

3.8.3　わが国の医療が直面している課題

　前述したように，海外の医療で起きていることがあまり知られていない（マスコミも正しい情報を伝えない）状況で，わが国の医療への不満がそれなりにあった。しかし，WHOに指摘されるまでもなく，それなりにうまく回っていたのである。しかるに，ここ数年来のわが国の医療体制は医療崩壊とまでいわれる危機的状況に急速に陥っている。具体的には，地

方の基幹病院や特定の診療科における医師不足，患者の自己負担の増加，増加する高齢者に対応する適切な医療・介護体制の見通しが立たないこと，などが顕在化している．財源の問題もあるが，ここではほかの分野からお金を取ってくることは考えないことを前提として，「限られた医療資源をどのように配分するか？」に話題を絞って対策を考えてみる（**表3.8.1**）．

表3.8.1　わが国の医療が直面している課題

医療政策の方向付け
・欧州型（衡平・福祉重視の管理型）か，米国型（市場経済重視，自由放任型）か，あるいは第三の選択か．
適切な医療資源の配分
・医師などの医療専門家，コメディカルと呼ばれる医療を共同で行う専門職の適切な数と配置は？
・医療機関の適切な数と配置は？
・医療機関の機能分化を英国なみに進めるべきか？（その場合，フリーアクセスは制限される）
・医薬品，医療機器の開発体制（治験，臨床試験），規制は適切か？
・医療機関が受け取る診療報酬のシステムは適切か（出来高払い制 ⇒包括払い制（DRG/PPS またはDCP）への移行の効果は）？
・高齢者や障害者の医療介護制度をどうするか？
・混合診療導入（医療を市場に開放する）は国民の利益につながるか？
・予防医療の推進は本当に医療費削減とアウトカム改善につながるか？
・在宅医療推進は本当に医療費削減とアウトカム改善につながるか？
・医薬分業は今後どう進めるべきか？
・医療のICT化推進の効果はあるのか？

アメリカの医療の失敗を目の当たりにする中，医療への市場原理主義の導入が医療の質の向上につながらないことはほぼコンセンサスが得られている．しかしながら，イギリス型の管理医療も必ずしもうまくいっていないことも事実である．現状としては，両者の良い所を見習って組み合わせていく（これとは別の第3のアイディアを模索しながら）しか方法はないであろう．以下に，今後のわが国の医療において，重要となることを二つに絞って説明する．

一つ目は，"医師だけに頼る医療"は終焉を迎えなければならない（多職種によるチーム医療が必要である）ことである．これは，これまでの医師を頂点としたパターナリズム（父性主義）の医療ではなく，患者や家族が納得できるような懇切丁寧な説明を前提とした医療が行われなければならないことを意味する．その実現のためには，純粋の治療以外の，患者と家族（場合によっては，遺族も）に対する身体的・心理的・社会的サポートを行う専門職が必要となり，医師や看護師や薬剤師とそれらに関連する人達がチームを組み，たがいに連携を取りながら医療に携わる必要があるということである．「医師不足」とよくいわれるが，実態は，医師が何もかもを抱え込み過ぎたことにも原因がある．

二つ目は，一般国民に対して医療の不確実性を上手に伝えることの必要性である．現在おきている医療不信の多くは誤解に基づくものである．医療の専門家が素人に比べて圧倒的に

知識や技術があることは当たり前であるが，一般常識（世間知）に乏しい傾向がある。一方で，一般人は，インターネットの普及などを通して，情報量が（質は別として）きわめて多くなっている。医療関係者には，一般人の情報の質と量の格差を埋める努力が求められるのである。ただし，医療専門家の立場から気になるのは，一般人が医療に過大な期待を持ち過ぎているということである。医学・生命科学で現在知られていることは，生身の人体に比べると，ほんのわずかである。例えば，現在行われている診断や治療の 80％は何の科学的証拠もなく経験に基づいて行われているといっても過言ではなく，医療のほとんどは手探りで行われているのが実情である。ほとんどの病気は患者自身の自然治癒力により治っており，医療は少しお手伝いをしているだけであることを，もっと一般の人々に知ってもらうよう医療者側は努力をすべきであろう。

おわりに　限られた医療資源の中で，少しでも多くの人々が幸せと満足を感じることができるような医療・福祉制度の構築には，種類の異なる専門職のチームアプローチが必要である。また，専門職種と一般国民との情報格差を埋める努力が今後ますます重要になる。

3.9 医 療 倫 理

はじめに　倫理は，辞書には，「人として守り行うべき道。善悪・正邪の判断において普遍的な規準となるもの。道徳。モラル。（大辞泉）」とある。普遍的というのが強調されているようであり，どうも堅苦しく思える。むしろ「ある場面でその人が取る行為の判断基準」と考えるほうがよさそうである。個人の行為は"それなりに社会的に共通する規範（社会規範）"と"個人の価値判断（個人規範）"のバランスで決まるものであろう。通常は，社会規範のほうだけを倫理というようである。個人規範には経験や信条などによる個人差があるが，倫理を考えるときは，この点を無視するべきではない。なお，社会規範は，法律ほど強制力はないという点も認識しておく必要がある。本節では，このような点を踏まえて，医療における倫理（つまり，医療倫理）について考察する。

3.9.1 患 者 と 医 者

医療は患者と医者の間で成り立つ行為である。両者が協調することが望ましいことはいうまでもないが，時には対立することもある。したがって，対立を避けるための努力，工夫が求められる。このようなときに倫理が介入することになる（対立が生じてしまったあとでは，法律の介入が避けられないことが多い）。なお，近年では，医者個人ならびに患者個人としてではなく，医療者集団（医者を含む医療チームが含まれ，さらに広い意味では製薬企業なども含まれる）と被医療者集団（患者と患者の近親者などが含まれる）として考えられ

るようになっているが，以下には，簡潔のため"患者"と"医者"と表記する。

通常，医療現場では，医者は専門知識を持つ専門家であり，医療を実施する立場にあり，患者は専門知識のない素人であり，医療を受ける立場である。言い換えると，潜在的に，医者は強者，患者は弱者の立場にある。この点を考慮して，倫理的には，強者である医者の側に強い規制が求められる。医者に求められる倫理としては，つぎの四つの原則が挙げられる。

① **無危害原則**　「患者に対して害悪や危害を及ぼすべきではない」という原則であり，患者に危害を加えない責務および患者に危害のリスクを背負わせない責務が含まれる。

② **善行原則**　「医学的に最も適切で，かつ患者にとって利益が多いと思われる治療を行うように勤めるべきである」という原則であり，医者には，患者のために最善を尽くすことが求められる。ただし，患者のための最善は，医者が考えるものではなく，患者自身が考えるべきものである。なお，あらゆる問題には必ず利益と損害が表裏一体になっていることから，実際の医療現場では善行原則と無危害原則とを同時に考える必要がある。

③ **正義原則**　「社会的な利益や負担は正義の要求と一致するように配分されるべきである」という原則であり，正義とは正当な持ち分を公平に各人に与える意思のことを指す。ただし，医療現場では，形式的な正義（類似した状況にある患者は類似の医療を受けられるべきである）ではなく，現実的な正義（ある患者集団の利用可能な医療レベルを決めるには，その患者の個別事情を勘案するべきである）に即して判断することが求められる。

④ **自律尊重原則**　「患者が自分で考えて判断する自律性を尊重するべきである」という原則であり，自律とは「自由かつ独立して考え，決定する能力」に加えて「そのような考えや決定に基づいて行為する能力」を指す。医者は患者の自律的決定に必要な情報を提供し，患者に対する丁寧な説明等の支援を行い，患者の決定を尊重することが求められる。

また，医者はつぎの二つの義務を負うとされる。

① **誠　実**　「患者に真実を告げる，うそをいわない，だまさない」という義務である。患者との信頼関係なしに治療効果を期待することは不可能であり，医者が患者に対して正直であることが特に求められる。

② **忠　誠**　「患者に対して誠実であり続ける」という義務である。医者は患者からの情報提供なしに最善の治療を行うことはできない。したがって，忠誠の中に含まれる専心や献身，確約は，医者と患者の間の信頼関係に必須であり，医者に課せられる守秘義務や約束を守るという規則の基礎となる。

3.9.2 医療制度と医療倫理

"薬"は医療の中心の一つであり，厚生労働省が認可権を持つ．厚生労働省は薬事行政を主管し，各種審議会において，専門家としての医者・研究者の協力を得ている．新薬の承認や薬価の改定で厚生労働省の規制を受ける製薬業界は，一方で，研究・治験に医者や大病院の協力を受ける立場にある．そして，国民皆保険制度の下では，医者は薬の処方を通して製薬業界との利害関係を共有する立場にある．

こうして，現在，日本では，"製薬企業（産）−厚生労働省（官）−医者／研究者（学）"の密接な相互依存関係が形成され，肝心の患者が取り残されている趣がある．この相互依存関係を断ち切ることが広い意味での医療倫理の確立に資すると考えられる．そして，相互関係解消には，①厚生労働省に新薬の検査・審査を行う機関を設置（国立の病院の活用も含めて）して責任の所在を明確にすること，②製薬企業による大学・病院・研究機関などへの醵金を公明にする（個別研究室や個人への支出を禁止する）ことが求められる．

また，医薬分業の確立も必須条件である．明治以来，法律には「医者は患者に必要なだけの薬の処方箋を書き」，「保険センターは正規の処方箋料を医者に支払い」，「患者は自分が選んだ薬局に処方箋を持参し」，「薬剤師は医者の指定した薬に不審がなければその指示どおりの薬を調剤して患者に説明して渡す」ことが明記されている．このように，理念としての医薬分業は患者の参加を明確にしているが，日本における医薬分業の実践はまだ緒についたばかりである．医者が"患者に直接薬を渡す"ことにこだわるのは，薬による利益がある（医者は儲けの多い薬・余分な薬を処方することができる）ためである．医薬分業には「患者は診療所と薬局とを回らねばならない」という不便が伴うが，"診療所での待ち時間の短縮"と"患者自身による薬局の選定"という利点がある．

なお，現在，日本では老齢化が急速に進行しており，地方では限界集落（住民の50％以上が65歳以上で，生活道や林野の整備，冠婚葬祭などの共同体としての機能が果たせなくなり，維持が限界に近づいている集落）が社会問題になっている．それに呼応して，医療機関の地域的な偏りや質の格差が顕在化している．少数の意欲ある医者の献身によって地方医療が支えられている面が大きく，医者の個人的負担が増加しているのが現状である．打開策の一つとして，広域医療体制の確立が望まれるところである．

3.9.3 患者の人間性の尊重

「人間には，いかなる状態においても（植物状態になっても，脳死になっても，さらに死亡した後でも），人間としての尊厳をもって接しなければならない」というのが医療における原則である（これは，医者に限らず，すべての人に求められる他者への接し方である）．医者は患者が"自然的生"をできるだけ有意義に生きるための治療を考えなければならない

が，QOL（生命・生活の質）は医師の個人的な判断に委ねられるものではない（社会的コンセンサスに基づく評価が求められる）。とりわけ，安楽死・尊厳死には，医師の患者に対する慎重な配慮が求められる。

医療行為の実施においては，医者から患者への病気についての十分な説明と治療方針についての患者と医者の合意が尊重されなければならない。近年，"インフォームドコンセント（正しい情報を与えられた上での合意）"が重視されるようになっているが，それが患者の自己決定権にすべてを委ねることであってはならないし，患者が自主決定を盾に，利己的恣意を優先させることであってもならない。個人的自由や個人的幸福の追及は社会的な正義の枠組みのなかで求めるべきであり，インフォームドコンセントは「医者と患者が協調して最適の医療を模索するための行為」ととらえるべきである。

生殖医療，移植医療，遺伝子治療などの先端的な科学技術の開発・実用には，医者（研究者）の自制が求められる。人類はこれまで「実行可能なことはすべて実行しよう」としてきたが，現在，医療技術に関しては，「実行可能であっても実行すべきでない」という判断が必要な時期に立ち至っている。先端的ではあっても危険の伴う医療技術の濫用は厳に慎むべきである。また，代理母や脳死判定に制約を加えることも時には必要である（社会的コンセンサスの醸成が先決である）。

3.9.4 患者側の倫理意識

上ではおもに医者側の倫理意識について述べたが，ここで患者側の倫理意識について触れる。

現在，医学・医療技術の進歩に伴い，さまざまな病気の治療法が開発され，治療に生かされている。しかし，まだすべての病気が治癒できるわけではない（多分，将来もないであろう）。また，結核のように，治療法がすでに発見されている病気であっても死に至ることがある。ところが，「病院に行けばすぐに治る」，「薬によってすぐに治る」という過度の期待を抱く人もいる。そして，自分が予期した治療結果が得られないと，医者に対して強い不満をぶつけたり理不尽な要求を繰り返したりする患者が増え，社会問題化している。医療従事者や医療機関に対して自己中心的で理不尽な要求する（果てに暴言・暴力を繰り返す）患者をモンスターペイシェントと呼ぶ。医療現場でモラルに欠けた行動をとる患者のことである。医師法には，医者や医療機関に患者の診療義務を課すいわゆる応召義務が規定されており，その結果，病院は度を越した行動をとる患者に対して毅然とした対応をとりにくい。

また，病院に診療拒否権がないことを盾にとる患者が増加していることもモンスターペイシェントの増加の背景になっているとも考えられる。マスコミで医療事故が大きく扱われ，患者の権利が声高に叫ばれ，病院で患者が「患者様」と呼ばれるようになった時期にこうし

た患者が増え始めたとされるが，医師・看護師などの医療従事者や対応した事務員などがモンスターペイシェントの対処に追われて精神的に疲れ果て，病院から去ってしまうなどして，医療崩壊の一因となっている。また，医療費の不払いという問題も生じており，病院経営の困難の原因にもなっている。

なお，医療過誤は，本来，医療事故が明白な（客観的な過失がある）場合や司法的な判断の結果が医師ないしは医療担当者の過失によるとされた場合にのみ使うべきであるが，一般には，医療事故が発生したとして医療担当者の法律上の責任を問うときに用いられている。医療事故が係争となったとしてもそれがただちに医療行為そのものを評価するものではないのは当然であり，医療事故の一表現として医療過誤とするのは妥当ではない。むしろ，医療担当者の萎縮をもたらす結果になることに留意する必要がある。

3.9.5 事 例 集

医療倫理に関する事例は枚挙に暇がない。以下に，いくつかの事例（網羅的でも体系的でもない）について，医療倫理との関連を解説する。

〔1〕 和田心臓移植事件

1968年（昭和43年）8月8日に，北海道立札幌医科大学第二外科の和田寿郎教授によって，日本初（世界で第30例目）の心臓移植手術が行われた。しかし，患者は同年10月29日（手術から83日目）に死亡した。患者の死亡約1か月後（12月3日）に，大阪の漢方医ら6名が和田教授を殺人罪，業務上過失致死罪，死体損壊罪で刑事告発した。大阪地裁は1968年1月20日に札幌地裁へ申し送り，札幌地裁が本格的な調査を行った。札幌地検は疑惑の立証を試みたが，手術室という密室の行為であること，また専門知識の壁に阻まれ，問題の心臓移植手術から約2年後の1970年8月31日，不起訴処分（嫌疑不十分）とした。その1年後の10月14日に札幌検察審査会は地検に再捜査を要求したが，札幌地検は新たな証拠を得られないまま，翌年8月14日に再び嫌疑不十分として不起訴を決定した。

◎ 和田心臓移植手術は裁判では無罪（嫌疑不十分）の判定を受けたが，「和田教授の功名心による手術ではなかったか？」という疑念は払拭されたとはいえない。その影響で，日本の移植手術は世界の医療レベルに比べて40年は遅れをとったといわれている。また，この事件が国民に不信感を抱かせたこともあり，日本で臓器移植法が成立したのは事件後約30年の1993年（平成9年）になってからである。

〔2〕 薬害エイズ事件

血友病（凝結因子欠損のため出血が止まらない）の治療には血液凝固因子製剤（血液製剤）が使われる。ヒト免疫不全ウイルス（HIV）に感染したと推定される外国の供血者からの血液を原料にして製造された血液凝固因子製剤をウイルスを不活性化しないままに使用す

ると，血友病患者はこのウイルスに感染し，エイズを発症する（後に，ウイルスを加熱処理で不活性化した加熱製剤が登場したため，従前の非加熱で薬害の原因となったものを非加熱製剤と呼ぶ）。HIV に汚染された非加熱製剤が流通し，それを投与された患者が HIV に感染してエイズを発症したことから世界的に多数の死者を出した。世界でも日本だけは，加熱製剤が開発された後も 2 年 4 か月以上の間放置されたままなかなか承認されず，非加熱製剤を使い続けたためにエイズの被害が拡大した。そして，1989 年 5 月に大阪で，同年 10 月に東京で，非加熱製剤を製造・販売した製薬会社と非加熱製剤を承認した厚生省（現厚生労働省）に対して損害賠償を求める民事訴訟が提訴され，1996 年 2 月に厚生大臣が謝罪し，3 月に和解が成立した。

◎ この事例は，医薬品に関する情報の開示（製薬会社，研究者）と情報の伝達（製薬会社，研究者）の重要性を強く示唆する。また，日本において，製薬会社，監督官庁，研究機関の間の明朗な関係の樹立が立ち遅れていることを明示した。

〔3〕 ES 細胞論文捏造事件

2004 年 2 月に，韓国ソウル大学のファン教授の研究チームは「体細胞由来のヒトクローン胚から胚性幹細胞（ES 細胞）を作製することに世界ではじめて成功した」と発表した（サイエンス誌 2004 年 3 月 12 日号・電子版同年 2 月 12 日付）。それまでヒツジ（ドリー），ウシなどの体細胞由来クローン技術はある程度確立されていたが，ヒトはおろか，サルなどの霊長類の体細胞由来クローンの成功例はなく，世界中の生物学者を驚かせた。さらに，2005 年 5 月には，「患者の皮膚組織から得た体細胞をクローニングして，それから患者ごとにカスタマイズされた ES 細胞 11 株を作製した」と発表した（サイエンス誌 2005 年 6 月 17 日号・電子版 5 月 19 日付）。これは脊椎損傷やさまざまな病気を抱える世界中の患者に希望の光を与えるニュースであった。また，この際に使用した卵子が 184 個に過ぎないという異常な効率のよさも脚光を浴び，クローン技術の実用化への可能性が高まった。

ところが，2005 年 11 月前後から，韓国国内で，ヒト卵子の売買，不法に採取した卵子による人工授精や代理母の斡旋などが明らかになりだし，ブローカーや産婦人科病院などに警察の捜査が入った。その中に，ファン教授と共に長年幹細胞研究を行い 2005 年論文の共著者でもあったノ医師（ミズメディ病院理事長）も含まれていた。そして，2005 年 11 月 10 日，2005 年論文の共著者の 1 人である米ピッツバーグ大学のシャッテン教授が「ファン教授が卵子を違法に入手している」とメディアに公表した。これが発端となり，ファン教授が研究対象となる卵子を入手した方法が倫理基準に照らして問題があることが判明した。加えて，2005 年論文に添付された培養細胞の写真が 2 個を 11 個に水増しした虚偽のものであることが明らかになった（本人はコピーミスとしている）。2005 年 12 月 15 日，卵子提供で協力関係にあり，ファン教授とともに ES 細胞の論文を発表したノ医師が「ファン教授は論文

の内容が虚偽だったことを認めた」ことを明らかにした。これにより，サイエンス誌に発表された論文のES細胞に対する疑惑が高まり，その後の調査の過程で完全な捏造であることが確定した。そして，サイエンス編集部の判断で，2006年1月に，サイエンス誌に発表されたES細胞に関するファングループの二つの論文（2004年2月，2005年5月）はすべて撤回された。

ファン教授はヒトクローン胚作製の成功，ヒトES細胞の作製の成功だけではなく，BSE耐性を持つとされるクローン牛，これまで難しいとされてきた犬のクローンなどを成功させたと発表していたが，調査結果により犬のクローン以外はすべて捏造であると報告された。

◎ この事件により，「クローニングによってES細胞の製造ができる」という前提のもとに行われていた研究は一時期すべて灰燼に帰した状態となり，2007年11月の京都大学の山中伸弥教授のiPS細胞の研究発表まで，ES細胞に関する研究は遅滞した。また，韓国はファン教授の研究を国家計画として推進する方針であった（ファン教授は，一時期，ノーベル賞受賞者候補と目された）が，それも頓挫した。この事件は"研究者の成果主義"と"国家の権威主義"とが研究を歪曲させた事例として明記するべきである（日本においても，少なくない数の実験データー捏造の事例がある）。

〔4〕 大野病院事件

2004年（平成16年）12月17日，福島県の大野病院で，帝王切開手術中の女性が死亡し，2006年2年18日に，執刀医の福島県立大野病院産婦人科医が業務上過失致死などの罪に問われた。2008年8月20日，福島地裁は無罪判決を下し，同29日に無罪が確定した。なお，判決は，「癒着胎盤を認識した時点で剝離を中止して，子宮摘出手術などに移行するのは可能であった」ことや「大量出血の予見が可能であった」ことなどは検察側主張を認めたが，「剝離を継続した場合の具体的危険性が証明されず，継続が注意義務に反することにはならない」と判断したものである。

◎ この事件の係争中に，「医者が手術の結果によって逮捕される」ことを恐れて産科医志望者が激減し，国内の産科医不足が加速した。

〔5〕 高齢者所在不明事件

2010年7月29日，東京都足立区の民家で，1899年（明治32年）7月22日生まれで戸籍上は111歳（東京都内最高齢）とされていた男性がミイラ化した遺体で見つかった。死後約30年間経過しているとみられ，この男性の妻（2004年8月に死亡）には遺族共済年金が支給されていた。警視庁千住署は保護責任者遺棄致死と詐欺の疑いで長女（81歳）を調べた。2011年1月21日に，東京地裁は詐欺罪に問われた長女が死亡したとして，公訴棄却を決定した。なお，この事件を受けて法務省が高齢者の現況把握のための調査を緊急に実施し，2010年9月10日に結果を発表した。それによると，戸籍が存在しているにもかかわらず現

住所が確認できない100歳以上の高齢者が全国で23万4000人に上った。このうち120歳以上は7万7118人，150歳以上は884人であった。

◎ 日本は世界に冠たる長寿国である。今回の事件によって，国民の平均寿命には大きな違いは生じないであろうが，統計データそのものが杜撰であることが明らかになった。また，死者の隠匿が保険金の搾取につながっている例が多く，倫理上の大きな問題であることが明らかになった。

おわりに 「これまでに医者（病院）に行ったことがない」という読者は皆無であろう。しかし，「患者として主体的に医療に関わった」といえる読者はどれだけいるであろうか？　このつぎに医者（病院）に行くときは，少しは自覚・覚悟を持って行くことを期待するしだいである。

3.10　生命倫理

はじめに　医療倫理と似た言葉に生命倫理がある。似たというよりも，多くの場合は同義語として使われる。これは，生命科学が医学と同義語として使われるのが多いことと連動している。この点も含めて，以下，生命倫理（バイオエシックス）について概説する。

3.10.1　生命倫理（バイオエシックス）とは

"バイオエシックス（bioethics）"は生命を意味するバイオ（bio）と倫理を意味するエシックス（ethics）を結びつけた造語であり，アメリカのガン研究者のポッター（Potter, 1911-2001）が生存の科学（the Science of Survival）として提唱した。この言葉は1970年代初めにアメリカで広がったが，現在ではポッターの意図とは離れた意味で使われるようになっている。

近年の分子生物学の進展とそれに伴うバイオテクノロジーの開発により，人間が自身ならびにほかの生物の生命を操作することが可能になってきた。それに伴い，それまで不可触であった生命の意味が揺らぎ始めた。そして，このことから，"生命に対する人間の姿勢"を見直そうとする（新たに構築しようとする）運動として始まったのがバイオエシックスである。

"bioethics"という概念を日本に導入する際に，生命倫理ならびに生命倫理学という語が当てられたが，バイオエシックスも使われる。生命倫理学は生命に関する倫理的問題を扱う学問分野であり，生物学，医学，政治学，文化人類学，法学，哲学，経済学，社会学などさまざまな分野とのつながりを持つ。生命倫理は，本来は，すべての生命体の生命に対する人間の対応の仕方を議論の対象とするものであるが，現実には，医学的に重要な生命（つま

り，人間の生命）に対する人間の対応の仕方が強調されることが多い。これが生命倫理が医療倫理の同義語として使われることが多い所以である。

なお，欧米では人工妊娠中絶問題がバイオエシックス形成の契機となった大きなテーマであったが，日本の生命倫理では中絶についてはほとんど議論が行われない。一方，日本では脳死問題が重要視されてきた。これ以外に，人間の生命に関わる倫理的問題としては，人工授精，代理母出産，着床前遺伝子診断，人工妊娠中絶などの「誕生前後の医療技術（生殖医療）」，臓器移植に関わる「移植医療・再生医療」，脳死，安楽死・尊厳死，終末期医療などの「死に関わる医療技術」，インフォームドコンセント，看護倫理などの医療現場における「倫理観」，ヒトクローン研究，遺伝情報保護などの「先端的研究とその応用」などが取り上げられる。また，より広い意味では，実験動物の扱い，遺伝子組換えによるバイオハザードの規制，遺伝子組換え作物による遺伝子汚染なども生命倫理の対象として含まれる。

3.10.2 zoe-logy と zoe-ethics の提唱

古代ギリシャ語で"生命"を意味する言葉には bios（個別の生命）と psyche（魂）と zoe（永遠の生命）がある。いずれも，本来は"人間の生命"を意味した（動物の生命，植物の生命という考えがそもそもなかった）。ところが，その後，bios は"個々の生命体に宿る生命：有限の生命"，psyche は"人間の魂"，zoe は"生きとし生けるものを産み出す生命：無限の生命"を指す言葉に転じた。いうまでもなく，biology（生物学）ならびに biological science（生物科学）は bios に由来する言葉であり，bioethics も然りであり，psychology（心理学）は psyche に由来する言葉である。これに対して，zoe に由来する言葉は現在の英語にはない。言葉がないということは，その意味するところがない（少なくとも，明確には意識されていない）ことを意味する。

この点を踏まえて，本書では，生命体全体を探求する学（zoe-logy）ならびに生命全体に対する倫理（zoe-ethics）を提唱する。本書の表題にしている『生命科学』を zoe につながる学問 zoe-logy と位置づけたいと考えている。そして，すべての生命体に対する人間の姿勢（対等の立場での）を zoe-ethics と位置づけたいと考えている。

なお，zoe-logy に対応する日本語としては"和の生物学（生物科学，生命科学でもよい）"を考えている。理由は，① biology が bios（個々の生物に宿る生命）に由来する語であり，基本的に個々の生物および個々の生物種に関する知識の体系化を基本としているのに対して，zoe-logy は zoe（よろずの生命を産み出す生命）に由来し，生命体全体を対象とする学問であること，② biology が個々の生物を対象とすることにより，相互関係を考えるときには対立が基本となっている（"自然淘汰"が例として挙げられる）が，zoe-logy は生命体全体を対象とし，その調和（構成員である生命体の協調）を基本と考えること，③ "和"には

"和風（日本的）"というニュアンスがあることの3点である．そして，zoe-logyの対語であるbiologyは"個（孤）の生物学"とでもいうべきであろう．また，zoe-ethicsは"和の生命倫理（学）"ということになる．

「自然界は，原子，分子，細胞，個体，生態系（これは宇宙にまで広がっている）など，すべてのレベルにおいて，"（調）和"の上に成り立っている」，「人間も自然界の一員としてzoe-logyの対象になることはいうまでもないが，特殊な一員としては扱わない」というのがzoe-logyの基本理念である．筆者はzoe-logyにはこのような漠然としたイメージを描いてはいるが，実体は現在のところはあいまいである（むしろ"無"の状態である）．zoe-logyの内実化（そして，場合によってはイメージそのものも）は筆者をはじめこの本にかかわった人々（読者も含む）の今後の課題であると考えている．

おわりに　生命倫理の各論に関してはさまざまな議論があるが，本節では個別の議論に立ち入ることは避けた（読者が自力でそれらの議論に触れられることを切望する）．むしろ，本節では"ありうべき学"としてzoe-logyとzoe-ethicsを提唱することにした．提唱するといっても具体的なイメージを持ち合わせているわけではなく，筆者ならびに読者への宿題という意味で考えている．

引用・参考文献

1. 生命科学とは
岩崎武雄：西洋哲学史（再訂版），有斐閣（1975）
T.S. Kuhn 著，中山 茂 訳：科学革命の構造，みすず書房（1971）
八杉龍一：生物学の歴史（上・下），NHK ブックス（1984）
遠山 益：生命科学史，裳華房（2006）
中村桂子：生命科学，講談社サイエンティフィック（1975）
手塚治虫：鉄腕アトム，サンコミックス（1975）
C.M. Schulz 著，谷川俊太郎 訳：スヌーピー全集（1971-1980），角川書店（1981）
J. Siegel：スーパーマン，講談社（1979）

2. 生物体のなりたち
2.1
佐藤七郎：細胞，東京大学出版会（1975）
太田次郎：細胞の科学——細胞生物学入門——（改訂版），裳華房（1992）
吉里勝利 編：生物科学の基礎，培風館（1995）
中村 運：生命科学，化学同人（1996）
村松瑛子，安田正秀：《基礎固め》生物，化学同人（2002）
東京大学教養部図説生物学編集委員会 編：図説生物学，東京大学出版会（2010）
2.2
佐藤七郎：細胞，東京大学出版会（1975）
吉里勝利 編：生物科学の基礎，培風館（1995）
泉屋信夫，野田耕作，下東康幸：生物化学序説，化学同人（1992）
有坂文雄：スタンダード生化学，裳華房（1996）
2.3
立命館中・高等学校生物科 編著：生命 〜いのちのサイエンス〜，立命館中・高等学校（2006）
丸山圭蔵：生命とはなにか，共立出版（1986）
和田 博：生命のしくみ，化学同人（1992）
蛋白質研究奨励会 編：タンパク質ものがたり，化学同人（1998）
（社）日本必須アミノ酸協会 編：タンパク質・アミノ酸の科学，工業調査会（2007）
東久保勝彦：フレッシュマンのための生化学，廣川書店（1982）
2.4
荒木忠雄ほか：現代生物学図説，培風館（1977）
松村瑛子，安田正秀：《基礎固め》生物，化学同人（2002）
越田 豊ほか：♂と♀のはなし，培風館（1985）
2.5
W. George 著，長野 敬 訳：メンデルと遺伝学，東京図書（1979）
山口彦之：大学の生物学 遺伝学（改訂版），裳華房（1992）
山口彦之：DNA の遺伝学，裳華房（1988）

茅野 博：遺伝と染色体，共立出版（1980）
石田寅夫：ノーベル賞からみた 遺伝子の分子生物学入門，化学同人（1998）

2.6
石田寅夫：ノーベル賞からみた 遺伝子の分子生物学入門，化学同人（1998）
吉里勝利：生物科学の基礎 情報の流れから見た新しい生物学，培風館（1995）
柳田充弘：「いのち」のサイエンス 生命科学はこんなに面白い，日本経済新聞社（2000）
大嶋泰治ほか 編著：バイオテクノロジーのための基礎分子生物学，化学同人（2004）

2.7
石田寅夫：ノーベル賞からみた 遺伝子の分子生物学入門，化学同人（1998）
大隈良典，下田 親 編：酵母のすべて，シュプリンガー・ジャパン（2007）
柳田充弘 編：酵母［究極の細胞］，共立出版（1996）
B. Alberts et al.：Molecular Biology of the Cell, Garland Publishing, Inc.（2001）

2.8
石田寅夫：ノーベル賞からみた 遺伝子の分子生物学入門，化学同人（1998）
吉里勝利：生物科学の基礎 情報の流れから見た新しい生物学，培風館（1995）
柳田充弘：「いのち」のサイエンス 生命科学はこんなに面白い，日本経済新聞社（2000）
大嶋泰治ほか 編著：バイオテクノロジーのための基礎分子生物学，化学同人（2004）
永田和宏：タンパク質の一生——生命活動の舞台裏，岩波新書（2008）
田澤 仁：マメから生まれた生物時計，学会出版センター（2009）

2.9
半田 宏 編著：わかりやすい遺伝子工学，昭晃堂（1997）
大山 徹，渡部俊弘 編著：初歩からのバイオ実験 ゲノムからプロテオームへ，三共出版（2002）
久保 幹，吉田 真 編著：生命体の科学と技術，培風館（2006）

2.10
石田寅夫：ノーベル賞からみた 遺伝子の分子生物学入門，化学同人（1998）
加納 圭：ヒトゲノムマップ，京都大学学術出版会（2008）
DNA 生命を支配する分子（ニュートン別冊），ニュートンプレス（2008）
中村義一 編集：RNA と創薬（遺伝子医学 BOOK 4），株式会社メディカルドゥ（2006）

2.11
浅島 誠，木下 圭：新しい発生生物学，講談社（2003）
上野直人，黒岩 厚 編：生物のボディープラン，共立出版（2002）
S.S. Bhoiwani, S.P. Bhatnagar 著，足立泰二，丸橋 亘 訳：植物の発生学，講談社（1995）

3. 人間と医療

3.1
高橋長雄 編：からだの地図帳，講談社（1989）
坂井建雄，松村讓兒 監修：プロメテウス 解剖学アトラス，医学書院（2007）
雑学博士協会 編：世界で一番ふしぎな「人体」の地図帳，青春出版社（2008）
坂井建雄，橋本尚詞：ぜんぶわかる人体解剖図，成美堂出版（2010）

3.2
B. D. Davis, et al.：Microbiology 4th edition, J. B. Lippincott Company（1990）
水島 裕 編：今日の治療薬——解説と便覧 2009，南江堂（2009）
私立学校教職員共済組合 編：みんなで読めるエイズの本，講談社ベック（1997）

3.3
井村裕夫：進化医学からわかる肥満・糖尿病・寿命，岩波書店（2008）

田川邦夫:からだの働きからみる代謝の栄養学,タカラバイオ(2003)
香川靖雄:生活習慣病を防ぐ——健康寿命をめざして——,岩波書店(2000)

3.4
がんを知り,がんを治す(別冊日経サイエンス160),日経サイエンス(2008)
黒木登志夫:がん遺伝子の発見——がん解明の同時代史(中公新書),中央公論社(1996)
R.A. Weinberg:がんの生物学,南江堂(2008)

3.5
後藤正治:生体肝移植——京大チームの挑戦,岩波書店(2002)
小松美彦,市野川容孝,田中智彦:いのちの選択——今考えたい脳死・臓器移植,岩波書店(2010)
京都大学iPS細胞研究所 編:幹細胞ハンドブック からだの再生を担う細胞たち,京都大学iPS細胞研究所(2010)
若山照彦:クローンマンモスへの道 クローン技術最前線の捜術における発生・再生医療技術を探る,丸善(2009)

3.6
柴原浩章 編著:エビデンスを目指す 不妊・不育外来実践ハンドブック,中外医学社(2009)
吉村泰典 編:不妊症——臨床と研究の最前線,医歯薬出版(2008)
堤 治:新版 生殖医療のすべて,丸善(2002)
K.L. Moore, T.V.N. Persaud 著,瀬口春道,小林俊博,Eva Garcia del Saz 訳:原著第6版 受精卵からヒトになるまで 基礎的発生学と先天異常,医歯薬出版(2007)

3.7
W. Kahle, M. Frotscher 著,長島聖司,岩堀修明 訳:分冊 解剖学アトラスIII 第5版,文光堂(2003)
J.M. Fuster 著,福居顕二 監訳:前頭前皮質——前頭葉の解剖学,生理学,神経心理学 第3版,新興医学出版社(2006)
八木剛平,田辺 英,日本精神病治療史,金原出版(2002)
M.C. Jacquart 著,岡本重慶,和田 央 訳:絵とき精神医学の歴史,星和書店(2002)
S.Baron-Cohen 著,長野 敬,長畑正道,今野義孝 訳:自閉症とマインド・ブラインドネス,青土社(2002)
J.G. Nicohlls 著,金子章道 訳:ニューロンから脳へ 第3版 細胞・分子生物学から脳へのアプローチ,広川書店(1998)

3.8
池上直己:ベーシック 医療問題 第4版(日経文庫),日本経済新聞出版社(2011)
西村周三:医療と福祉の経済システム(ちくま新書),筑摩書房(1997)
広井良典:ケアを問いなおす——「深層の時間」と高齢化社会(ちくま新書),筑摩書房(1997)

3.9
橋本 肇:高齢者医療の倫理——高齢者にどこまで医療が必要か,中央法規出版(2000)
伊藤道哉:医療の倫理 資料集,丸善(2004)
T. Hope 著,児玉 聡,赤林 朗 訳:医療倫理,岩波書店(2007)
伏木信次,樫 則章,霜田 求:生命倫理と医療倫理,金芳堂(2008)

3.10
森岡正博:生命学への招待 バイオエシックスを超えて,勁草書房(1988)
竹田純郎:生命の哲学,ナカニシヤ書店(2000)
伏木信次,樫 則章,霜田 求:生命倫理と医療倫理,金芳堂(2008)

あとがき

　日本では，文社系受験を希望する高校生が選択する理科科目は"生物"が圧倒的に多いという。これは，「生物はなにも考えずに丸暗記すればよい科目」と認識されていることを意味する（物理と化学は論理的思考が必要な科目と認識されているということでもある）．大学の生物学（特に，導入期教育における生物学）もほぼ同じように認識されている。ところが，アメリカの多くの大学では，生物学は，理工系・文社系を問わず，必須科目に位置づけられており，分子生物学の成果が広く取り入れられ，教科書には生物機能・生命機能の分子機構が詳細に記述されている．

　ところで話は変わるが，「幽霊の正体見たり，枯れ尾花」という俳句がある．怖い，怖いと思っていると，枯れ尾花（枯れたススキ）も幽霊に見えるという意味である．いささかとっぴかもしれないが，近世以後の生物学が明らかにしてきた"生物・生命"を表しているように思える．というのは，生物学とその流れを汲む生物科学・生命科学は，物理学（天文学）から始まった"創造説からの脱却（つまり，人間中心主義からの脱却）"にとどめを刺したからである．そして，また，「霊（幽霊）は存在せず，存在するのは物体（枯れたススキ）である」ことを明確にした．しかしながら，講義で「生物が物質の塊であり，物質はすべて物理化学的な法則に従っている（したがって，生物も物理化学的な法則に従う）」と口をすっぱくして言っても，学生のレポートには，"神秘の生命"，"生物・生命は奥が深い"というような陳腐な言葉が出てくる（理工系の学生相手の講義でさえもこのようであるから，文社系の学生はなおさらであろう）．日本の学生にとって，生物・生命はいまだに"ありがたい存在"でなければならないようである．"花を愛で，虫の音に親しむ"のは現在の日本ではほとんど見られなくなった風情ではあるが，生物との付き合い方としては共感を覚えるし，ぜひとも引き継いで欲しいと思う．「生物が物質の塊であり，物質はすべて物理化学的な法則に従っている」からといって，"花を愛で，虫の音に親しむ"というような生物との付き合い方ができなくなるとは思えないが如何であろうか？

　ところで，分子生物学の発展に伴って進展してきた先端的医療技術（遺伝子情報の解析とその利用を含む）に関しては，「人間だから特別の配慮が必要」ということがいわれるようになっている．人間中心主義へ回帰と思える風潮であり，気がかりではある．この点に関しては，改めて，"人間が生物であることを踏まえた上での科学技術（バイオテクノロジーに限らず）の利用"を考える必要がある．

分子生物学は"還元論"の基盤に立って生物・生命の解明を目指し，20世紀後半，華々しい成果を挙げた。ところが，21世紀の現在，"還元論"が分子生物学の限界要因になっている気配が見て取れる。DNAの塩基配列だけで生物が理解できないことが明らかになってきている。「部分部分が理解できれば全体が理解できるのか？」は永遠に答えが出ない問いであるかもしれないが，全体を全体として理解する道があってもよいことはわかるであろう。『生命科学1および2』がその道への手がかり，足がかりになるのを期待すること大である。

編集後記 立命館大学は2008年に生命科学部と薬学部を開設した。薬学部はまったくの新設（一部教員の理工学部ならびに情報理工学部からの移籍はあった）であったが，生命科学部は理工学の応用化学科と化学生物工学科と情報理工学部の生命情報学科を統合・改編することで誕生した。生命科学部（応用化学科，生物工学科（化学生物工学科から改称），生命情報学科，生命医科学科（新設））と薬学部（薬学科）は一体的に運営するという新しい試みをしている。両学部開設を契機に，生物系ならびに化学系の科目（特に，導入期科目）を見直し，両学部の教員が全学の関連科目を年次交代で担当する体制を確立することにした（それまでは，多くの科目に非常勤講師を充てていた）。

そして，生物系科目に関しては，理工系学部学生に『生物科学1および2（1・2回生向けの専門基礎科目）』を，文社系学生に『生命科学1および2（1・2回生向けの教養科目）』を開講することにした。理工系学生向けには，対象が"物"であることを学生にアピールすることを目的に，科目名を『生物科学』とした。これに対して，文社系学生向けの科目には，学生の"受け"を狙って"生命"が付いた『生命科学』（世間的には，"生命"はやわらかいニュアンスを与えるようである）にしたしだいである（学内的には，理工系学生向けの『生物科学』との区別を容易にするための事務的な要請があった）。当初は，「『生命科学』は『生物科学1および2』のダイジェスト版でよかろう」と安易に考えていたが，議論を進めている間に「文社系の学生にも，生物ならびに生物学の基礎をきちんと提供するべき」という意見が出てきた。特に，若い教員からそのような意見が強く出たのには驚くとともに，「年寄りもやらねばならぬ」という意を強くしたしだいである。ということで，"新しい趣向"も盛り込んで本書が出来上がった。学生諸君をはじめ読者諸氏の反響が楽しみである。

後になったが，執筆の労を取っていただいた方々に，編集者の無理な要望に応えていただいたことを深く感謝する。そして，最後の最後に，編集に付き合っていただいたコロナ社の関係各位に深甚の意を表する。

索　　引

―― 用　語 ――

【あ行】

悪性新生物 ……………… 161
アグロバクテリウム …… 100
味の素 …………………… 23
アディポサイトカイン …… 158
アテニュエーション …… 77
アデノシン3リン酸 …… 27
アニミズム ……………… 8
アポトーシス …… 116, 166
アミノアシル-tRNA …… 71
アミノアシル-tRNA合成酵素
　………………………… 71
アミノ酸 ………………… 23
アルコール発酵 ………… 39
アレルギー ……………… 133
アロステリック効果 …… 89
アンチコドン …………… 71
アンフィンゼンのドグマ … 87
安楽死 …………………… 200

イオン結合 ……………… 18
意識の性 ………………… 56
一塩基多型 ……………… 110
遺　伝 …………………… 57
遺伝暗号表 ……………… 67
遺伝子 …………………… 59
遺伝子組換え作物 ……… 99
遺伝子工学 ……………… 94
遺伝子発現制御 ………… 75
遺伝的な性 ……………… 56
医薬品 …………………… 190
医薬分業 ………………… 199
医療過誤 ………………… 201
医療と福祉 ……………… 193
医療倫理 ………………… 197
インスリン ……………… 154
インスリン抵抗性 ……… 156
インターフェロン ……… 110
インターロイキン ……… 132
イントロン ………… 70, 103
インフォームドコンセント
　………………………… 200
インフルエンザ ………… 146

ウイルスフリー ………… 115

運動器系 ………………… 123
エイズ …………… 142, 145
液性免疫 ………………… 132
エキソン ………………… 103
液　胞 …………………… 37
エクソン ………………… 70
エネルギー代謝 ………… 43
　――におけるATPの役割 ・44
エピジェネティクス …… 116
塩　基 …………………… 68
エントロピー …………… 65

横隔膜 …………………… 124
応召義務 ………………… 200
大野病院事件 …………… 203
オーガナイザー ………… 119
オーダーメイド医療 …… 110
オペレーター …………… 75
オペロン ………………… 69
オリゴ糖 ………………… 29
オルガネラ ……………… 37

【か行】

介　護 …………………… 194
外骨格 …………………… 11
介護保険制度 …………… 194
概日リズム ……………… 91
階層的ショットガン法 …… 101
解体新書 ………………… 9
解糖経路 ………………… 40
外皮系 …………………… 123
外分泌 …………………… 130
科　学 …………………… 1
科学技術 ………………… 4
化学結合 ………………… 15
化学反応と熱（エネルギー）
　………………………… 43
核　酸 …………………… 33
核　膜 ……………… 14, 68
核様体 …………………… 14
隔離政策 ………………… 193
活性化エネルギー ……… 43
カルス …………………… 115
カルビン・ベンソン回路 …… 47
がん ……………………… 160

がん遺伝子 ……………… 162
感覚器 …………………… 129
感覚器系 ………………… 128
がん原遺伝子 …………… 163
がん細胞 ………………… 174
感染症 …………………… 135
がん抑制遺伝子 ………… 165
偽遺伝子 ………………… 172
軌道電子 ………………… 15
機能ゲノム学 …………… 105
逆転写酵素 ……………… 74
吸エルゴン反応 ………… 43
鏡像異性体 ……………… 18
共役反応 ………………… 45
共有結合 ………………… 16
共優性 …………………… 62
極　体 …………………… 118
拒絶反応 ………………… 172
キラーT細胞 …………… 132

クエン酸回路 …………… 41
組換え …………………… 62
組換え食品 ……………… 100
組換え植物 ……………… 100
グリア細胞 ……………… 183
グリコシド結合 ………… 29
クロマチン ……………… 35
クローン ………………… 51
クローン動物 …………… 113

形　質 …………………… 61
形質転換 ………………… 94
血液型 …………………… 57
結　核 …………………… 140
血　管 …………………… 127
血糖値 …………………… 153
ゲノム科学 ……………… 105
ゲノムの可逆的変化 …… 112
ゲノムの不可逆的変化 …… 112
ゲノムプロジェクト …… 101
原核細胞 ………………… 13
原形質流動 ……………… 38
健康食品 ………………… 190
原　子 …………………… 15
原子核 …………………… 15

索引

減数分裂 ……………………… 52
元素 …………………………… 15
顕微授精 ……………………… 180
広域医療体制 ………………… 199
工学 …………………………… 4
光学異性体 …………………… 18
光学顕微鏡 …………………… 12
後成説 ………………………… 58
酵素 …………………………… 47
構造ゲノム学 ………………… 106
構造生物学 …………………… 106
抗体 …………………………… 132
公的医療制度 ………………… 194
後天性免疫不全症候群 ……… 143
高齢者医療制度 ……………… 194
高齢者所在不明事件 ………… 203
五感（五覚） ………………… 129
呼吸器系 ……………………… 124
国民皆保険制度 ……………… 194
こころと脳 …………………… 181
個人のゲノム解読 …………… 111
個体復元 ………………… 112, 115
骨格筋 ………………………… 123
コッホの四原則 ……………… 136
コドン ………………………… 67
個（孤）の生物学 …………… 206
ゴルジ体 ……………………… 37

【さ行】

再興感染症 …………………… 138
再生医療 ……………………… 173
細胞共生進化説 ……………… 37
細胞骨格 ……………………… 37
細胞質遺伝 …………………… 62
細胞小器官 …………………… 37
細胞性免疫 …………………… 132
細胞説 ………………………… 12
細胞培養 ……………………… 114
細胞分化 ……………………… 112
細胞分裂 ……………………… 51
細胞融合 ……………………… 116
サーカディアンリズム ……… 91
酸化的リン酸化 ……………… 43
　――によるATP合成 ……… 45
サンガー法 …………………… 97

ジェンダー論 ………………… 56
軸索 …………………………… 183
シグナル伝達系 ……………… 169
シグナル伝達連鎖 …………… 164
試験管内DNA組換え ……… 95
脂質 …………………………… 27
脂質二重層 …………………… 35

ジスルフィド結合 …………… 86
自然免疫 ……………………… 151
質量分析法 …………………… 88
ジデオキシヌクレオチド …… 97
シナプス ……………………… 184
自発的死 ……………………… 166
市販後の臨床試験 …………… 193
姉妹動原体 …………………… 52
社会的な性 …………………… 56
シャペロンタンパク質 ……… 90
自由エネルギー ……………… 44
樹状突起 ……………………… 184
受精 …………………………… 50
出芽酵母のGAL genes ……… 80
出芽酵母のMET genes ……… 80
出芽酵母のPHO genes ……… 80
主要組織適合遺伝子複合体
　……………………………… 172
循環器系 ……………………… 127
消化 …………………………… 6
消化器系 ……………………… 124
小胞体 ………………………… 37
情報の循環 …………………… 74
植物極 ………………………… 118
植物の花形成 ………………… 120
真核細胞 ……………………… 13
真核生物における遺伝子発現
　制御（一般モデル） ……… 82
心筋梗塞 ……………………… 157
神経インパルス ……………… 184
神経回路網 …………………… 185
神経系 ………………………… 128
神経細胞 ……………………… 183
　――の発火 ………………… 184
新興感染症 …………………… 138
人工授精 ……………………… 178
人工染色体ベクター ………… 95
人獣共通感染ウイルス ……… 146
身体の性 ……………………… 56
診療拒否権 …………………… 200

髄鞘 …………………………… 183
水素結合 ……………………… 19
スヌーピー …………………… 8
スーパーマン ………………… 7
スプライシング ……………… 70

生活環 ………………………… 50
生活習慣病 …………………… 153
制限酵素 ……………………… 95
生殖器系 ……………………… 126
生殖細胞 ……………………… 50
性染色体 ……………………… 56
生体臓器移植 ………………… 172

生体膜 ………………………… 35
正の制御 ……………………… 76
生物化学 ……………………… 4
生物学 ………………………… 4
生物工学 ……………………… 93
生物時計 ……………………… 90
性ホルモン …………………… 57
生命科学 ……………………… 4
生命倫理 ……………………… 204
接合 …………………………… 51
施療所 ………………………… 193
染色体説 ……………………… 63
前成説 ………………………… 58
選択的スプライシング ……… 71
選択的透過性 ………………… 36
前頭前野 ……………………… 188
セントラルドグマ …………… 65
1000ドルゲノムプロジェクト
　……………………………… 111
全脳死 ………………………… 172
全能性 ………………………… 112
繊（線）毛 …………………… 38
臓器移植 ……………………… 170
相同動原体 …………………… 52
組織適合性 …………………… 172
組織培養 ……………………… 114
疎水相互作用 ………………… 21
尊厳死 ………………………… 200

【た行】

体外受精 ……………………… 179
体細胞 ………………………… 50
体細胞クローン ……………… 113
体細胞分裂 …………………… 52
体軸形成 ……………………… 117
大腸菌のアラビノースオペロン
　……………………………… 77
大腸菌のトリプトファンオペロン
　……………………………… 77
大腸菌のマルトースオペロン
　……………………………… 76
大腸菌のラクトースオペロン
　……………………………… 75
大脳皮質 ……………………… 183
対立形質 ……………………… 59
多核性胞胚 …………………… 117
多細胞生物 …………………… 13
多段階発がん仮説 …………… 167
多糖 …………………………… 29
ターミネーター ……………… 69
ターン ………………………… 85
単為生殖 ……………………… 55
単細胞生物 …………………… 13

炭水化物 …………………… 24
単糖 ………………………… 23
タンパク質 ………………… 31
　——の一生 ……………… 90
　——の構造解析 ………… 87
　——の構造予測 ………… 87

治験 ………………………… 191
知識の体系化(科学)のサイクル
　…………………………… 2
チーム医療 ………………… 197
チャネル …………………… 36
中間径フィラメント ……… 37
中性脂肪 …………………… 154
中毒症 ……………………… 135

強い結合 …………………… 21

低密度リポタンパク質 …… 157
デオキシリボース ………… 25
適応免疫 …………………… 151
哲学 ………………………… 2
鉄腕アトム ………………… 7
電子顕微鏡 ………………… 12
電子伝達系 ………………… 43
転写 ………………………… 66
天文学 ……………………… 5

統合失調症 ………………… 186
動物極 ……………………… 118
動脈硬化 …………………… 156
　——のリスクファクター … 157
独立の法則 ………………… 59
突然変異 ………………… 62, 63
ドメイン …………………… 86
ドラえもん ………………… 8
トランスジェニックマウス ‥99
トランスファーRNA ……… 35
トランスポーター ………… 36

【な行】
内骨格 ……………………… 11
内臓脂肪肥満 ……………… 156
内分泌 ……………………… 130
内分泌系 …………………… 128
生ワクチン ………………… 152

二重らせん ………………… 64
乳化 ………………………… 21
ニューロン ………………… 183

ヌクレオチド ……………… 25

ネガティブフィードバック
　ループ …………………… 93
脳幹死 ……………………… 172
脳梗塞 ……………………… 157
脳死 ………………………… 172
脳死臓器移植 ……………… 172
濃度依存的転写制御 ……… 117
脳の可塑性 ………………… 185
脳のしわ …………………… 182
ノックアウトマウス ……… 99
ノンコーディングRNA …… 108

【は行】
バイオエシックス ………… 204
バイオテクノロジー ……… 93
配偶子 ……………………… 50
博物学 ……………………… 4
橋渡し研究 ………………… 191
パターナリズム …………… 197
発エルゴン反応 …………… 43
発がんウイルス …………… 162
発酵 ………………………… 39
パラダイムシフト ………… 2
汎生説 ……………………… 58
パンデミィ ………………… 135
比較ゲノム学 ……………… 107
光合成 ……………………… 46
　——の暗反応 …………… 46
　——の明反応 …………… 46
微小管 ……………………… 37
微生物 ……………………… 12
ヒツジのドリー …………… 113
ヒトゲノムプロジェクト … 101
ヒト免疫不全ウイルス …… 142
泌尿器系 …………………… 126
皮膚 ………………………… 123
肥満 ………………………… 157
ヒューマノイド …………… 7
ファンデルワールス力 …… 20
フォルミルメチオニン …… 71
不活性ワクチン …………… 152
不完全優性 ………………… 62
複合糖質 …………………… 25
複製 ………………………… 66
物質代謝 …………………… 39
不妊症 ……………………… 177
不妊治療 …………………… 178
負の制御 …………………… 75
プライマーDNA …………… 98
プラスミド ………………… 95
プリオン …………………… 136

プロトプラスト …………… 115
プロトン濃度勾配 ………… 46
プロモーター …………… 69, 76
分化全能性 ………………… 175
分化多能性 ………………… 175
分子遺伝学 ………………… 65
分子生物学 ………………… 65
分子モデリング …………… 106
分離の法則 ………………… 59

ベクター …………………… 94
ペプチド結合 ……………… 31
ヘルパーT細胞 …………… 132
変異原性 …………………… 167
扁桃体 ……………………… 183
鞭毛 ………………………… 38

ボーアの軌道モデル ……… 15
母性遺伝 …………………… 62
母性効果遺伝子 …………… 117
骨 …………………………… 123
ホメオスタシス …………… 130
ホールゲノムショットガン法
　…………………………… 103
本草学 ……………………… 5
翻訳 ………………………… 66

【ま行】
マイクロフィラメント …… 37
マクサム・ギルバート法 … 96
膜電位 ……………………… 185
マクロファージ …………… 132

ミトコンドリア ………… 37, 43
民間医療制度 ……………… 194

無性生殖 …………………… 51

メカノイド ………………… 7
メタボリックシンドローム
　…………………………… 155
メッセンジャーRNA ……… 35
メモリーB細胞 …………… 133
免疫 ………………………… 132
免疫拒絶反応 ……………… 114
免疫グロブリン …………… 133
メンデルの法則 …………… 58
メンデルの法則の再発見 … 61

モルフォゲン ……………… 117
モンスターペイシェント … 200

【や行】
薬害エイズ事件 …………… 201

索引

【や行】
薬学 5
有性生殖 50
誘導適合 89
誘導の連鎖 119
優劣の法則 59
輸血 171

【よ行】
葉緑体 37, 46
抑制因子 165
弱い結合 21

【ら行】
理学 4
リソゾーム 37
リプレッサー 75
リボザイム 35
リボース 25
リボソーマル RNA 35
リボソーム 71
リンパ管 127
ループ 85

【れ行】
連合野 187
連鎖 62

【ろ行】
ロボット 7
ロボトミー 188

【わ行】
ワクチン 151
和田心臓移植事件 201
和の生物学 205
和の生命倫理 206

【A】～【Z】
ATP 27
Bリンパ球 133
cAMP 27
CD4 .... 142, 145
DNA 33
DNA シークエンサー 101
DNA リガーゼ 96
ES 細胞 114, 173
ES 細胞論文捏造事件 202
F 因子 54
HIV 142, 144
iPS 細胞 114, 176
LDL コレステロール ... 157
MHC 172
mRNA 35, 66
ORF 103
p53 165
PCR 法 98
QOL 200
Rb 遺伝子 165
RNA 35
RNA 干渉 107
RNA レプリカーゼ 73
rRNA 35, 66
TATA box 82
tRNA 35, 66, 70
URE 82
X 線回折法 88
X 連鎖 63
zoe-ethics 205
zoe-logy 205

【α】,【β】
αヘリックス 84
β酸化 42
βシート 84

—— 人名 ——

アウグスチヌス 58
アベリー 64
アリストテレス 3
ウイルムット 112
ガードン 112
ガリレイ 6
ガレノス 5
カント 3
ギャロッド 66
キルケゴール 3
クリック 64
ケールロイター 58
コッホ 136
コラーナ 67
コレンス 61
サットン 63
サルトル 3
ジェンナー 152
ジャコブ 75
シャルガフ 64
シュレディンガー 65
ソクラテス 3
外山亀太郎 61
ダーウィン 6
田中耕一 88
ダビンチ 6
チェイス 64
チェルマック 61
ディルタイ 3
デカルト 3
テータム 66
ドフリース 61
ドレー 187
ニーチェ 3
ニーレンバーグ 67
ハイデッガー 3
ハーシェイ 64
パスツール 6
ビードル 66
ヒポクラテス 58
ファイア 107
ブフナー 6
プラトン 3
ブレナー 116
ヘーゲル 3
ベルクソン 3
ベンター 111
ペンフィールド 188
ヘンレ 136
マラー 63
マルクス 3
ミーシャ 64
メロー 108
メンデル 6, 58
モーガン 63
モノー 75
モンタニエ 144
ヤスパース 3
山内半作 170
山極勝三郎 166
山中伸弥 114
ヤンセン 186
ラマルク 6
ランドシュタイナー 171
リービッヒ 6
レアマー 58
レーベンフック 58
ロック 3
ワトソン 64, 111

生 命 科 学 1 ── 生物個体から分子へ ──
Life Science 1 ── From Individual To Molecule ──

Ⓒ生命科学編集委員会　2012

2012 年 5 月 18 日　初版第 1 刷発行　　　　　　　　　　　　　　　★

	編　者	生命科学編集委員会
検印省略	発行者	株式会社　コロナ社
	代表者	牛来真也
	印刷所	萩原印刷株式会社

112-0011　東京都文京区千石 4-46-10
発行所　株式会社　コロナ社
CORONA PUBLISHING CO., LTD.
Tokyo Japan
振替 00140-8-14844・電話(03)3941-3131(代)
ホームページ http://www.coronasha.co.jp

ISBN 978-4-339-06742-2　　（柏原）　　（製本：グリーン）
Printed in Japan

本書のコピー，スキャン，デジタル化等の無断複製・転載は著作権法上での例外を除き禁じられております。購入者以外の第三者による本書の電子データ化及び電子書籍化は，いかなる場合も認めておりません。

落丁・乱丁本はお取替えいたします